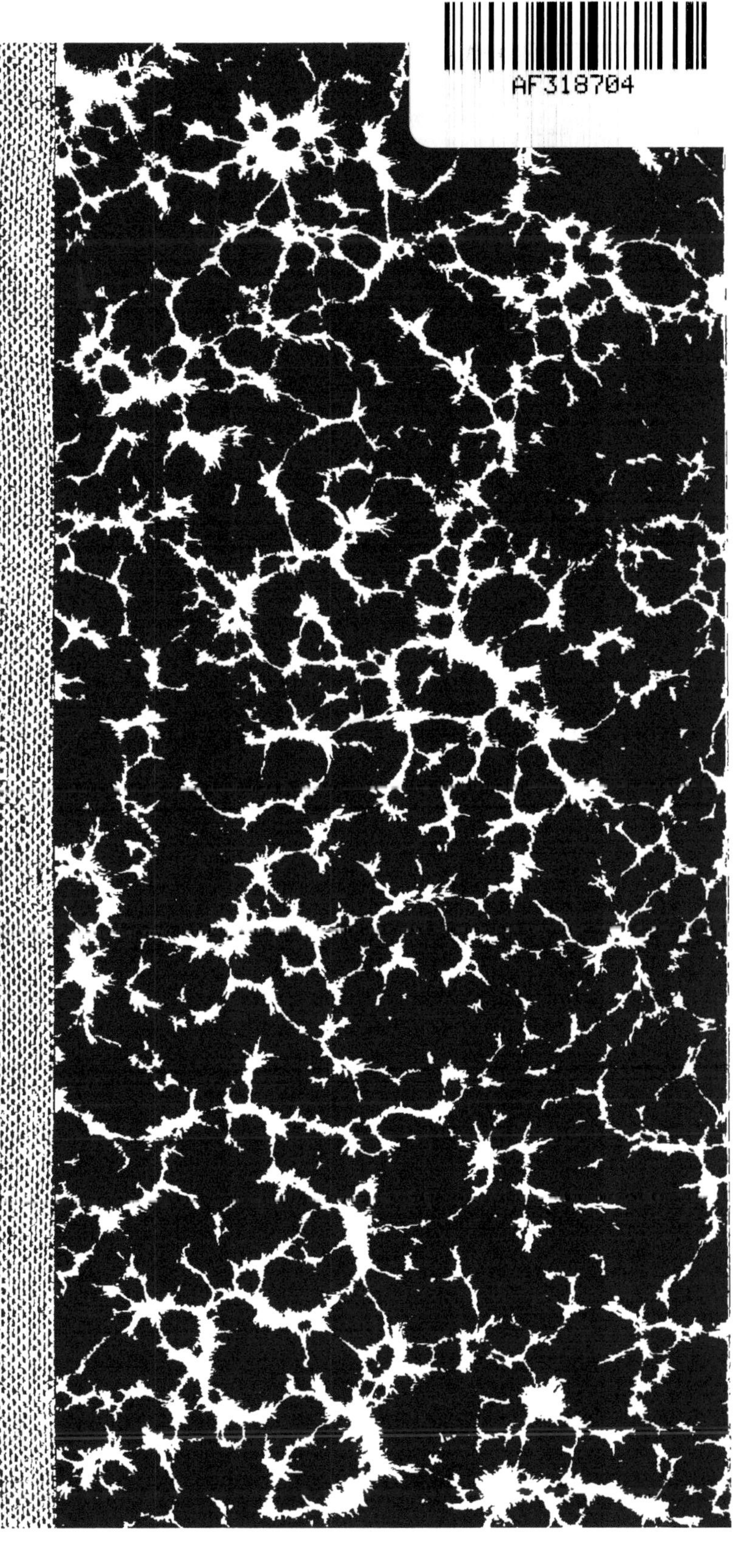

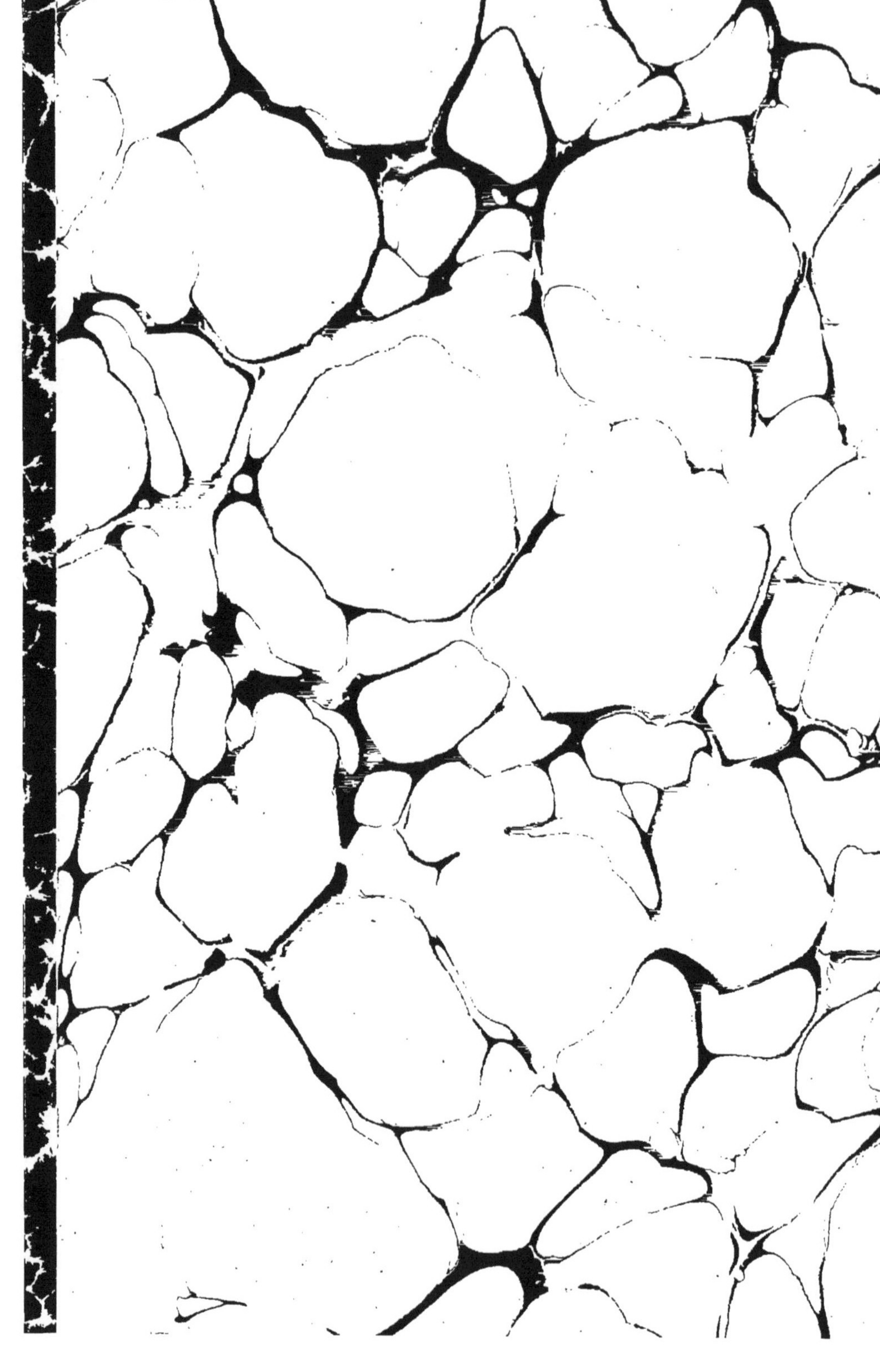

THÉORIE

DES

MOTEURS HYDRAULIQUES

ET

APPLICATIONS.

Paris. — Imprimerie de GAUTHIER-VILLARS, quai des Augustins, 55

THÉORIE

DES

MOTEURS HYDRAULIQUES,

APPLICATIONS ET TRAVAUX

EXÉCUTÉS POUR L'ALIMENTATION

DU CANAL DE L'AISNE A LA MARNE

PAR DES MACHINES;

Par H. GÉRARDIN,

INGÉNIEUR EN CHEF DES PONTS ET CHAUSSÉES.

TEXTE.

PARIS,

GAUTHIER-VILLARS, IMPRIMEUR-LIBRAIRE

DE L'ÉCOLE POLYTECHNIQUE, DU BUREAU DES LONGITUDES,

SUCCESSEUR DE MALLET-BACHELIER,

Quai des Grands-Augustins, 55.

1872

AVANT-PROPOS.

Appelé dans ces dernières années à projeter et à construire à Condé-sur-Marne une usine destinée à élever à une assez grande hauteur un volume d'eau considérable pour l'alimentation du canal de l'Aisne à la Marne, j'ai été conduit à étudier quelques points de la théorie des moteurs hydrauliques, et particulièrement des turbines, afin de préparer les calculs qui devaient me servir à déterminer les formes et les proportions du système élévatoire.

Cette étude m'a fourni, pour l'expression du travail utile recueilli par un moteur hydraulique quelconque, une nouvelle *équation* très-simple, quoique mathématiquement vraie, qui, appliquée aux cas de la pratique, permet de résoudre facilement un grand nombre des questions que soulève l'établissement de ces machines.

L'usine de Condé est mise en mouvement par des turbines du système Kœchlin ; elle fonctionne depuis le mois d'octobre 1869, et, seule, elle alimente un canal de 58 kilomètres de longueur, dont la fréquentation annuelle est déjà de près de 400 000 tonnes. Elle a été soumise à de nombreuses expériences, qui ont montré que, avec son rendement élevé, elle remplit complétement et économiquement le but proposé, et qu'elle est capable de satisfaire non-seulement aux besoins du présent, mais encore à ceux de l'avenir.

Quelques ingénieurs ont pensé que dans un moment où,

soit pour perfectionner d'anciennes navigations, soit pour en créer de nouvelles, on devrait recourir vraisemblablement pour plusieurs canaux au mode d'alimentation par machines, il y avait intérêt à faire connaître les dispositions adoptées à Condé et les recherches entreprises sur un sujet qui offre encore aujourd'hui si peu de précédents.

J'ai, d'après leurs conseils, groupé les plus intéressants résultats de théorie et d'expérience que j'avais obtenus; j'y ai joint la description et les dessins des travaux exécutés, et j'en ai fait l'objet de cet Ouvrage.

Je le présente, non comme un traité sur la matière, mais comme un simple exposé de faits et de documents, qui seront peut-être de quelque utilité, ne fût-ce que comme éléments de comparaison, pour les ingénieurs qui seraient appelés à projeter ou à exécuter de semblables travaux. Et comme les fautes des devanciers sont souvent aussi utiles à connaître que leurs succès, j'aurai soin de signaler les plus importantes de celles que j'ai commises et que l'expérience des faits m'a révélées.

L'Ouvrage est divisé en deux Livres.

Le premier est uniquement consacré à la théorie des moteurs hydrauliques.

Le second contient l'application de cette théorie, des expériences, la description raisonnée des travaux de l'alimentation du canal de l'Aisne à la Marne, leur mode d'exécution, les méthodes de calcul qui ont été employées pour déterminer les proportions des éléments du système, le résumé des dépenses de premier établissement et d'exploitation, les prix comparatifs de l'élévation de l'eau par des machines mues par l'eau ou par des machines à vapeur. Il contient enfin une étude sur les usines hydrauliques de la ville de Paris, que M. Nouton, ingénieur du service municipal, a bien voulu y insérer.

Pour établir la théorie qui fait le sujet du Livre I, j'ai d'abord pris la question de son point de vue le plus général ; j'ai considéré les corps solides, liquides et gazeux, qui sont en présence dans les machines hydrauliques, comme des réunions de molécules disjointes, exerçant des actions réciproques les unes sur les autres, et étant animées, en outre de leur mouvement principal, de mouvements vibratoires plus ou moins compliqués. J'ai, avec les théorèmes de la Mécanique rationnelle, posé, pour l'ensemble des éléments matériels composant un volume liquide compris entre des limites déterminées, l'équation des forces vives dans le mouvement absolu et dans le mouvement relatif. J'ai exprimé ensuite, d'après le principe de l'égalité de l'action et de la réaction, l'action des organes de la machine sur le liquide, en fonction de l'action du liquide sur les organes, c'est-à-dire en fonction du travail qu'il transmet à la machine. J'ai distingué dans ce travail transmis la part qui correspond au mouvement principal des organes, et qui est le travail utile, et la part qui correspond au mouvement vibratoire, et qui est un travail perdu dans les machines hydrauliques.

J'ai obtenu ainsi, pour les forces vives dans le mouvement absolu et dans le mouvement relatif, deux équations, qui ont de commun les termes qui ne dépendent que des positions relatives des éléments matériels, ceux par conséquent qui proviennent des mouvements vibratoires. Ces termes s'éliminent en retranchant les équations l'une de l'autre, et l'on arrive à *l'équation* dont j'ai parlé, qui est simple, générale et mathématiquement exacte, et qui a particulièrement ceci de remarquable, que dans les récepteurs dont toutes les parties en contact avec le liquide moteur sont mobiles, comme c'est le cas de la plupart des turbines, l'expression du travail utile n'est plus fonction que des moments des forces extérieures et des quantités de mouvement du liquide, et ne contient plus de termes provenant des frottements et des résistances passives dont les lois mathématiques sont encore inconnues.

L'équation à laquelle on arrive, et qui convient à toutes les allures des récepteurs, offre de précieux avantages pour en discuter la marche.

Chemin faisant, et par de simples transformations analytiques, on trouve, dans le cas du mouvement absolu et dans le cas du mouvement relatif, un théorème fondamental sur la variation de la *puissance motrice* que possède un liquide en mouvement, aux différentes sections de la masse que l'on considère.

La *puissance motrice* d'un liquide, dans une section donnée, se mesure par la quantité de travail que la masse, rapportée à l'unité de temps, qui traverse cette section, pourrait, en supposant qu'il n'y ait pas de pertes dans la transmission, communiquer soit à un organe, soit à un liquide. Et cette quantité de travail dépend évidemment non-seulement de la force vive emmagasinée dans la masse, mais encore de son état de tension résultant des pressions normales et des actions tangentielles qu'elle supporte et qu'elle peut à son tour exercer.

Ce théorème de la variation de la *puissance motrice* est donné pour le cas d'un mouvement quelconque ; il montre l'importance de l'erreur qu'on commet, quand on introduit l'hypothèse de la permanence ; il donne, comme cas particulier, le théorème de Bernoulli, et il fournit pour chaque récepteur une équation qui complète, quand il est nécessaire, l'équation générale, et permet de résoudre toutes les questions que soulève l'établissement d'une machine.

La discussion de ces deux équations conduit à des conséquences remarquables et d'une grande importance industrielle ; elle montre pour des récepteurs hydrauliques, comme les turbines Kœchlin, Fourneyron, Fontaine, etc., qu'il suffit d'étudier le meilleur type théoriquement et expérimentalement, à une échelle quelconque, et que, quand on l'a obtenu, on doit, dans la fabrication, le reproduire géométriquement semblable, quelles que soient la chute et la puissance, en variant seulement le module d'après les indications d'une formule élémentaire qu'un simple contre-maître peut résoudre, et en conservant le même titre de rendement qui ne dépend plus que du rapport entre la vitesse de la roue et la vitesse relative de l'eau qui la traverse.

Le Livre I se termine par une étude des turbines dites à libre déviation, des roues turbines à axe horizontal de Girard, et enfin de la roue Poncelet, qui a toujours un grand intérêt théorique et qui n'est qu'une roue-turbine primitive.

La théorie exposée et la méthode suivie diffèrent de celles généralement en usage dans l'Hydraulique et même dans l'Hydrodynamique : j'ai cherché à conduire les calculs rigoureux aussi loin que possible, sans introduire, ainsi qu'on le fait d'ordinaire, dès le début, aucune des hypothèses de simplification, comme la perfection du liquide, la régularité et la permanence du mouvement, le parallélisme des tranches, etc., etc....

La méthode suivie est exacte, elle conduit à une *équation générale* absolument vraie, qui offre cet avantage que, quand on l'applique aux faits, on peut apprécier d'avance la limite des erreurs que l'on commettra.

C'est ainsi, par exemple, qu'au n° 30 il est démontré que, en substituant dans *l'équation générale* au mouvement total du liquide son mouvement principal, on ne commet qu'une erreur qui est, par rapport à ce que l'on conserve, du même ordre que les amplitudes vibratoires sont par rapport aux dimensions de la machine ; et qu'en remplaçant à son tour le mouvement principal par le mouvement moyen, on commet au plus une erreur qui est du même ordre, par rapport aux quantités conservées, que sont, par rapport aux dimensions de la machine, les amplitudes des écarts du mouvement principal sur le mouvement moyen.

La comparaison entre les expériences consignées dans différents Ouvrages et les formules du Livre I m'a indiqué une concordance parfaite. Je ne la reproduis point, parce que je n'écris pas ici un traité d'Hydraulique ; elle est d'ailleurs facile à faire, et je me borne à la donner pour les expériences qui sont relatives à l'usine de Condé, et qu'on trouvera discutées au § III, Chap. IV, Liv. II.

Le Livre II est particulièrement technique ; mais, tout en traitant spécialement des travaux de l'alimentation du canal de l'Aisne à la Marne, il renferme l'étude d'un certain nombre de questions générales relatives à l'art de l'ingénieur.

Ainsi des calculs de résistances et des considérations sur les ouvrages en fonte font voir les avantages qu'on peut retirer de l'emploi de ce métal dans les ponts en arcs avec articulations, dans les vannages et dans les ouvrages où, d'après leur destination, les pièces peuvent offrir, dans les parties soumises à la traction, des surfaces un peu grandes par rapport à celles des parties où le métal travaille à la compression.

Des recherches théoriques accompagnées d'expériences en grand sur la résistance des voûtes à l'effort d'une sous-pression, montrent qu'avec des dispositions convenables on peut reculer les limites de l'emploi de la maçonnerie, qui est plus économique que la fonte des tuyaux auxquels on a ordinairement recours dans la construction des aque-ducs qui siphonnent.

Le mode de calcul employé pour déterminer les pro-portions du système élévatoire est général : il fait voir qu'on ne doit pas hésiter, dans les applications, à se mé-nager les moyens de faire varier, suivant les besoins, qu'on ne connaît bien qu'à la mise en marche, la puissance du moteur.

La question des soupapes ou clapets qui doivent ouvrir ou fermer les orifices de passage de l'eau est une des plus importantes et des plus difficiles que doive résoudre le constructeur d'un système élévatoire. La disposition à laquelle j'ai été conduit par les considérations exposées au Chapitre IV, et qui consiste à commander la marche des clapets par un excentrique calé avec de l'avance sur l'arbre moteur, me paraît susceptible de recevoir d'autres appli-cations, pour lesquelles on devra toujours avoir soin de se ménager un jeu de 2 à 3 centimètres entre les parois de la chapelle et les bords des clapets, afin de faciliter le déga-gement de l'eau aux approches de la fermeture, sans cepen-dant créer un trop brusque changement de section.

On est souvent, dans l'étude des questions d'élévation d'eau, embarrassé pour faire le choix d'un système, par le manque de renseignements sur le prix de revient de la marche des moteurs ; aussi j'ai pensé qu'il y avait intérêt à présenter les documents que j'avais recueillis sur ce sujet au canal de jonction de la Sambre à l'Oise, à l'usine de Condé et dans les usines de la ville de Paris, parce que ces documents résultent des chiffres de consommation de machines bien établies et bien conduites, et qu'ils sont obtenus, non dans des expériences de courte durée, mais dans des exploitations normales et réelles, et d'après les comptes réguliers de plusieurs mois de marche.

Mon camarade et ami, M. Nouton, ingénieur du service municipal de Paris, a bien voulu me donner sur ce sujet de précieux renseignements concernant les machines qu'il dirige, et on lira avec le plus grand intérêt l'étude qu'il a faite sur les usines hydrauliques de la ville de Paris, et qui forme le § III du Chap. VIII, Liv. II.

L'exécution des travaux de l'alimentation du canal de l'Aisne à la Marne a présenté des difficultés de bien des sortes, dont j'ai rappelé quelques-unes, en laissant toutefois de côté celles qui, tenant à des circonstances toutes locales, ne se représenteront certainement pas ailleurs. Mais si l'accomplissement de ma tâche a été souvent très-pénible, elle m'a été bien facilitée aussi par le concours et par le dévouement d'un personnel d'élite, auquel je tiens à témoigner toute ma gratitude, et je remercierai ici particulièrement MM. les conducteurs Minguin, Lacour, Métayer et Lamaudière qui, par leurs aptitudes, leurs connaissances et le sentiment élevé qu'ils ont de leur devoir, font honneur au Corps auquel ils appartiennent.

THÉORIE

DES

MOTEURS HYDRAULIQUES.

ALIMENTATION DU CANAL DE L'AISNE A LA MARNE PAR DES MACHINES.

LIVRE PREMIER.

THÉORIE DES MOTEURS HYDRAULIQUES.

CHAPITRE PREMIER.

DES MOTEURS HYDRAULIQUES.

§ I. — GÉNÉRALITÉS SUR LES MOTEURS HYDRAULIQUES.

1. *Travail disponible d'une chute d'eau.* — Quand un volume d'eau descend d'un courant supérieur à un courant inférieur, l'action de la gravité développe un travail qui a pour valeur le produit du poids de l'eau qui descend, multiplié par la différence de niveau des deux courants, différence qu'on nomme la *hauteur de la chute.*

2. *Moteurs hydrauliques.* — Les moteurs ou récepteurs hydrauliques sont les machines destinées à recueillir et à rendre utilisable une partie de ce travail.

3. *Mode d'action de l'eau et classification des moteurs.* — L'eau peut agir sur les organes d'une machine de trois façons différentes : elle peut agir par son poids, par sa pression et par sa force vive.

Il est rare que dans une même machine les trois modes d'action ne soient pas mis en jeu ; néanmoins, l'un des trois a d'ordinaire la part principale : aussi les moteurs hydrauliques, au point de vue du mode d'action de l'eau, peuvent se diviser en trois classes.

Dans les moteurs de la *première classe,* l'eau n'est animée que d'une faible vitesse et n'est soumise qu'à une pression à peu près constante ; on la tire du bief supérieur par sa superficie, on la reçoit dans des compartiments qui la descendent avec lenteur jusqu'au bas de la chute, pendant qu'elle agit sur eux par son propre poids. Telles sont les roues lentes en dessus, les chaînes à augets, les roues de côté, etc.

Dans les moteurs de la *deuxième classe*, la chute sert à produire une différence entre la pression du liquide à son entrée dans la machine et la pression à la sortie. On peut alors obtenir un travail en faisant exercer par le liquide une poussée sur un organe mobile, comme un piston par exemple. Telles sont les machines à colonne d'eau, les presses hydrauliques, les grues mues par l'eau qu'on emploie dans les docks.

Enfin, dans les moteurs de la *troisième classe*, la plus forte partie de la chute est employée à donner à l'eau, avant de l'introduire dans les organes, une grande quantité de force vive, que la machine doit ensuite lui reprendre pour en faire du travail.

A cette classe appartiennent les roues en dessous, à palettes planes ou à palettes courbes (roues Poncelet), les roues-turbines (roues Girard), les turbines de tous les genres.

4. *Disposition générale des moteurs.* — Dans la presque totalité des moteurs hydrauliques, les organes mobiles constituent un système tournant d'un mouvement continu autour d'un axe fixe, qui est tantôt horizontal, tantôt vertical, et qui pourrait être plus ou moins incliné.

Dans quelques moteurs, les organes mobiles ont un mouvement rectiligne continu (chaînes à augets) ou rectiligne alternatif (machine à colonne d'eau). Ce mouvement rectiligne peut être considéré comme un mouvement rotatoire continu ou alternatif, dont l'axe de rotation serait infiniment loin.

§ II. — Principes servant de base a la théorie des moteurs hydrauliques.

5. *Travail utile.* — Aucun moteur hydraulique, quelle que soit la disposition qu'on adopte, ne pourra jamais recueillir qu'une partie du travail de la chute d'eau. Cette partie, qu'on nomme le *travail utile*, varie d'une machine à l'autre, et nous allons chercher, avec les principes de la Mécanique, à en trouver la valeur, en tenant compte de la constitution de la matière.

6. *Constitution de la matière.* — Commençons par rappeler ce qu'on admet aujourd'hui sur cette constitution de la matière. Il résulte d'un grand nombre de phénomènes que tous les corps, dans les actions mécaniques comme celles que nous avons à étudier, peuvent être considérés comme des réunions de molécules disjointes exerçant les unes sur les autres des actions mutuelles. On est conduit à admettre que ces molécules, outre le mouvement principal, soit relatif, soit absolu, dont elles sont animées, exécutent presque toujours des mouvements plus ou moins compliqués autour d'une position fictive, dont elles s'écartent de quantités très-petites, en même temps qu'elles ont vraisemblablement, du moins dans les fluides, des rotations variées sur elles-mêmes.

Il semble même impossible que ces rotations n'existent pas. En effet, dans un fluide en mouvement, on reconnaît par expérience que les molécules voisines, même celles qui suivraient des routes parallèles, ont des vitesses différentes, en sorte que, si l'on considère trois files, celle de droite, par exemple, marchera plus vite que la centrale, laquelle à son tour aura une vitesse plus grande que celle de gauche. Dès lors une molécule de la file centrale éprouvera, sur la droite, un frottement qui l'entraînera dans le sens du mouvement et, sur la gauche, un frottement qui la retiendra dans le sens opposé; et il paraît difficile qu'avec la mobilité des éléments fluides il n'en résulte pas pour la molécule un mouvement de rotation de droite à gauche et un déplacement qui l'éloignera de sa position moyenne, autour de laquelle elle oscillera. Ces rotations de molécules seront une des causes que, dans un fluide en mouvement dont les molécules suivraient même un chemin rectiligne, la résultante des actions du fluide sur un élément plan doit en général s'écarter de la normale à cet élément.

Les dimensions des molécules, leurs distances, l'amplitude de leurs vibrations, sont des quantités extrêmement petites, mais ce sont des quantités finies, et nous pourrons les décomposer en éléments infiniment petits dans le sens en usage dans le calcul infinitésimal.

Si donc on considère une molécule, on peut, dans la substance qui la constitue, distinguer des éléments matériels qui, bien que formant un ensemble rigide, auront des mouvements différents les uns des autres, chaque fois que la molécule se déplacera autrement que parallèlement à elle-même.

Ces mouvements peuvent être très-compliqués, et, si on les rapporte à trois axes rectangulaires, en désignant par x_m, y_m, z_m les coordonnées variables avec le temps du centre d'une molécule fictive qui serait douée du mouvement principal, les coordonnées d'un élément matériel dm de la molécule réelle pourront s'exprimer par

$$x = x_m + \xi, \quad y = y_m + \eta, \quad z = z_m + \zeta.$$

Les quantités ξ, η, ζ sont alors les coordonnées de l'élément matériel, par rapport à un système d'axes parallèles aux axes fixes, et ayant pour origine mobile le centre de la molécule fictive. Elles auront des valeurs qui, dans une même vibration, changeront de signes et resteront toujours extrêmement petites relativement aux dimensions du corps et au chemin qu'il parcourt.

Le mouvement principal, qu'on pourrait aussi nommer le *mouvement sensible*, parce que c'est à peu près celui qu'on rendrait sensible aux yeux, en introduisant dans le liquide un corps pulvérulent de densité égale qui se mêlerait avec lui, le mouvement principal est lui-même souvent assez compliqué.

La régularité de la marche d'une molécule liquide à cause de sa grande mobilité est dérangée par le moindre obstacle qui la jette hors de sa route.

Il se produit alors dans le sein de la masse, outre les vibrations dont nous avons parlé, des tourbillons qui souvent semblent naître et se transformer avec une sorte de périodicité, et qui sont emportés dans la vitesse générale de l'écoulement.

Le mouvement principal ou sensible d'une molécule d'un courant liquide peut à son tour être regardé comme la résultante de deux autres mouvements, l'un simple et régulier, qu'on nomme le *mouvement moyen*, l'autre plus ou moins compliqué, produisant les écarts qui existent entre la molécule animée du mouvement principal et une molécule animée du mouvement moyen.

En Hydraulique, on ne cherche à faire figurer dans les équations que le mouvement moyen, et, pour certaines relations, on y parvient avec une rigueur suffisante dans la pratique, quand les termes qui proviennent des écarts du mouvement principal sur le mouvement moyen entrent avec des signes contraires dans une même somme où ils s'annulent, sinon entièrement, du moins en grande partie.

7. *Égalité de l'action et de la réaction.* — On admet comme un des principes fondamentaux de la Mécanique que, si deux éléments matériels dm, dm' agissent l'un sur l'autre par attraction ou répulsion, l'action de dm' sur dm étant une force F dirigée suivant la droite qui les joint, l'action de dm sur dm' sera une force égale à F, dirigée également suivant la même droite, mais en sens contraire de la première.

C'est le principe de l'égalité de l'action et de la réaction.

Ces hypothèses sur la constitution et sur les propriétés de la matière ne peuvent être vérifiées directement; mais les conséquences qu'on en déduit s'étant montrées d'accord avec les faits observés, on est en droit, dans les études qui vont suivre, de traiter les corps comme si réellement ils avaient la nature et les propriétés que nous venons d'indiquer.

CHAPITRE II.

ÉQUATION GÉNÉRALE DU TRAVAIL DANS UNE MACHINE HYDRAULIQUE.

§ 1. — Mouvement absolu de la masse motrice.

8. *Mouvement d'un élément matériel.* — Ces préliminaires posés, nous allons établir l'équation du travail dans une machine hydraulique, en prenant d'abord le problème dans toute sa généralité.

Un certain volume d'eau motrice A a pénétré dans les organes d'un récepteur, et il s'agit de déterminer la quantité de travail utilisable qu'il lui transmettra.

Soit, à un moment donné, un élément matériel dm appartenant à une des molécules de ce volume d'eau.

Cet élément est soumis à des forces extérieures, comme la pesanteur; il reçoit l'action provenant du contact d'autres corps solides, liquides ou gazeux, s'il est à la surface du volume considéré ou à une petite profondeur; enfin les autres éléments matériels appartenant au même volume A agissent sur lui.

Le mouvement de l'élément dm sera celui d'un point matériel qui serait soumis à ces forces extérieures et aux forces qui représenteraient ces actions.

Rapportons les positions de l'élément à trois axes fixes rectangulaires, celui des x se confondant avec l'axe de rotation de la machine, celui des z étant dans le plan vertical qui passe par l'axe de rotation et étant dirigé vers le bas, enfin celui des y étant horizontal et dirigé vers la gauche (*fig.* 1, *Pl.* 20).

Nommons :

X, Y, Z les projections sur les axes de la résultante des

forces extérieures qui agissent sur l'élément dm quand il est au point (x, y, z) à l'instant t;

E_x, E_y, E_z les composantes de l'action d'un élément matériel appartenant à un corps solide, liquide ou gazeux, extérieur au volume considéré A, ces forces pouvant être nulles si dm est en dehors de la sphère d'activité des molécules extérieures;

F_x, F_y, F_z les composantes de l'action d'un élément matériel appartenant à une des molécules liquides comprises dans le volume moteur considéré;

u, v, w les projections de la vitesse U de dm sur les axes; elles sont fonctions de x, y, z et t.

Dans le temps dt, l'élément dm ira du point (x, y, z) au point $(x + dx,\ y + dy,\ z + dz)$ tel, que $dx = u\,dt$, $dy = v\,dt$, $dz = w\,dt$, et il aura, en y arrivant, une vitesse dont la projection sur l'axe des x sera

$$u + \left(\frac{du}{dx}\frac{dx}{dt} + \frac{du}{dy}\frac{dy}{dt} + \frac{du}{dz}\frac{dz}{dt} + \frac{du}{dt} \right) dt,$$

ou

$$u + \left(\frac{du}{dx}u + \frac{du}{dy}v + \frac{du}{dz}w + \frac{du}{dt} \right) dt.$$

D'après le principe de d'Alembert, on aura

$$dm\left(\frac{du}{dx}u + \frac{du}{dy}v + \frac{du}{dz}w + \frac{du}{dt} \right) = X + \Sigma E_x + \Sigma F_x;$$

de même, suivant les autres axes

$$dm\left(\frac{dv}{dx}u + \frac{dv}{dy}v + \frac{dv}{dz}w + \frac{dv}{dt} \right) = Y + \Sigma E_y + \Sigma F_y,$$

$$dm\left(\frac{dw}{dx}u + \frac{dw}{dy}v + \frac{dw}{dz}w + \frac{dw}{dt} \right) = Z + \Sigma E_z + \Sigma F_z,$$

les signes Σ étant étendus à tous les éléments matériels, soit extérieurs, soit intérieurs, qui exercent une action sur l'élément dm.

Ajoutons ces trois équations, après les avoir respectivement multipliées par les valeurs indiquées plus haut de dx,

dy, dz ; la somme donnera

$$d\,\frac{dm\,\mathrm{U}^2}{2} = (\mathrm{X}\,dx + \mathrm{Y}\,dy + \mathrm{Z}\,dz)$$
$$+ (dx\,\Sigma\mathrm{E}_x + dy\,\Sigma\mathrm{E}_y + dz\,\Sigma\mathrm{E}_z)$$
$$+ (dx\,\Sigma\mathrm{F}_x + dy\,\Sigma\mathrm{F}_y + dz\,\Sigma\mathrm{F}_z).$$

9. *Mouvement du volume moteur.* — On peut poser une équation semblable pour chacun des éléments matériels composant le volume moteur considéré A, et en les ajoutant toutes membre à membre, on aura

$$d\sum \frac{dm\,\mathrm{U}^2}{2} = \Sigma(\mathrm{X}\,dx + \mathrm{Y}\,dy + \mathrm{Z}\,dz)$$
$$+ \Sigma(dx\,\Sigma\mathrm{E}_x + dy\,\Sigma\mathrm{E}_y + dz\,\Sigma\mathrm{E}_z)$$
$$+ \Sigma(dx\,\Sigma\mathrm{F}_x + dy\,\Sigma\mathrm{F}_y + dz\,\Sigma\mathrm{F}_z).$$

C'est l'équation des forces vives, indiquant que la variation de la force vive de la masse liquide motrice est égale à la somme des quantités de travail élémentaire dues :

1º A l'action des forces extérieures sur chaque élément matériel ;

2º A l'action des éléments matériels extérieurs sur chaque élément matériel de la masse considérée ;

3º A l'action exercée les uns sur les autres par les éléments matériels de la masse considérée.

Nous allons analyser chacun des termes du second membre de cette équation.

§ II. — Travail des forces extérieures.

10. *Forces extérieures.* — Les forces extérieures qui agissent sur la masse liquide motrice se réduisent à la pesanteur, quand il s'agit du mouvement absolu ; plus loin, en posant l'équation du mouvement relatif, nous aurons à y joindre la force centrifuge et d'autres forces fictives.

En désignant par β l'angle que l'axe des z fait avec la verticale, on aura

$$\mathrm{X} = dm\,g\sin\beta, \quad \mathrm{Y} = 0, \quad \mathrm{Z} = dm\,g\cos\beta.$$

Le premier terme du second membre, qui est la somme des éléments du travail des forces extérieures, deviendra par la substitution de ces valeurs

$$\Sigma(X\,dx + Y\,dy + Z\,dz) = g\sin\beta\,\Sigma\,dm\,dx + g\cos\beta\,\Sigma\,dm\,dz;$$

dx et dz sont, dans cette égalité, les déplacements absolus de l'élément dm. Toutefois, nous ferons observer que quand il s'agit de calculer le travail des forces extérieures pendant un temps, même assez court, on peut ne pas tenir compte des mouvements vibratoires, et supposer les éléments matériels animés simplement du mouvement principal de la molécule fictive.

Soit, en effet, X la composante suivant les x d'une force extérieure agissant sur l'élément matériel dm : le travail produit dans un temps t par cette composante sera

$$\int_0^t X\frac{dx}{dt}\,dt = \int_0^t X\left(\frac{dx_m}{dt} + \frac{d\xi}{dt}\right)dt = \int_0^t X\frac{dx_m}{dt}\,dt + \int_0^t X\frac{d\xi}{dt}\,dt.$$

La première intégrale seule a une valeur sensible, elle exprime le travail qui serait dû à la force X agissant sur l'élément dm s'il avait le mouvement principal de la molécule fictive.

La seconde intégrale $\int_0^t X\dfrac{d\xi}{dt}\,dt$ a une valeur très-petite; en effet, la force X, d'après son origine, est à peu près indépendante de ξ, et, en tous cas, elle ne change pas de signe avec ξ, comme pourrait le faire une force intérieure. Désignons par D la plus grande valeur de X pendant le temps t, on aura

$$\int_0^t X\frac{d\xi}{dt}\,dt < D\int_0^t \frac{d\xi}{dt}\,dt.$$

Mais $\int_0^t \dfrac{d\xi}{dt}\,dt$ est au plus égal à la projection sur les x d'une demi-amplitude de vibration, c'est-à-dire à une quantité petite devant le moindre déplacement dû au mouvement principal. $\int_0^t X \frac{d\xi}{dt} dt$ sera donc, même pour un temps t assez court, entièrement insensible devant $\int_0^t X \frac{dx_m}{dt} dt$.

§ III. — TRAVAIL DU A L'ACTION DES ÉLÉMENTS MATÉRIELS EXTÉRIEURS.

11. *Actions moléculaires.* — Mais, quand il s'agit des forces résultant des actions des molécules, on ne peut plus raisonner ainsi, parce que vraisemblablement le sens de la force peut être modifié par celui de la vitesse vibratoire, de manière à donner à chaque instant un produit de même signe, aussi on doit alors tenir compte de l'état vibratoire.

Le second terme $\Sigma(dx \Sigma E_x + dy \Sigma E_y + dz \Sigma E_z)$ de l'équation que nous analysons représente le travail dû aux actions exercées sur le volume de l'eau motrice par les corps qui sont en contact avec lui.

Ces corps sont : 1° les organes de la machine; 2° l'air, quand il a accès dans l'intérieur du récepteur; 3° l'eau, qui touche aux surfaces fictives, qui, du côté de l'arrivée et du côté de la sortie, servent de limite au volume liquide moteur A.

12. *Actions des organes de la machine.* — Considérons deux molécules, assez voisines pour être dans la sphère d'activité de l'une sur l'autre, et situées près de la surface de séparation des deux milieux, l'une dans le liquide moteur, l'autre dans l'organe de la machine.

Un élément dm' de la molécule de l'organe exercera sur un élément dm de la molécule du liquide une action E dont les composantes suivant les axes seront E_x, E_y, E_z, et à cette action sera due, pendant le temps dt, un élément de travail

$$d\theta = E_x dx + E_y dy + E_z dz,$$

x, y, z étant les coordonnées de l'élément liquide dm.

A son tour, l'élément dm exercera sur l'élément dm',

dont les coordonnées sont x', y', z', une action dont les composantes seront $- E_x$, $- E_y$, $- E_z$, et qui, dans le temps dt, produira un travail élémentaire

$$d\theta' = - E_x\, dx' - E_y\, dy' - E_z\, dz'.$$

En ajoutant $d\theta$ à $d\theta'$, on a

$$d\theta + d\theta' = E_x(dx - dx') + E_y(dy - dy') + E_z(dz - dz'),$$

qui, d'après les propriétés géométriques des projections, peut s'exprimer par $E\, dr_e$, dr_e étant la variation, dans le temps dt, de la distance r_e des éléments matériels dm, dm'; on aura donc

$$d\theta + d\theta' = E\, dr_e,$$

qu'on peut aussi écrire

$$d\theta = E\, dr_e - d\theta';$$

mais on a

$$\begin{aligned}
d\theta' &= - E_x\, dx' - E_y\, dy' - E_z\, dz' \\
&= \left(- E_x\, dx'_m - E_y\, dy'_m - E_z\, dz'_m\right) + \left(- E_x\, d\xi' - E_y\, d\eta' - E_z\, d\zeta'\right).
\end{aligned}$$

Les termes renfermés dans la première parenthèse sont l'expression de l'élément de travail transmis par l'eau au récepteur, et correspondant au mouvement principal de la molécule solide à laquelle appartient dm', et les termes de la seconde parenthèse sont l'expression du travail correspondant au mouvement vibratoire de dm'.

De ces deux quantités de travail, celle qui correspond au mouvement principal de dm' est la seule qui ait une valeur dans la pratique quand il s'agit, comme ici, de la puissance d'un moteur; la seconde quantité, qui peut être, dans certains cas, bien plus grande que la première, est considérée comme un travail perdu pour l'usage industriel.

Nommons : dT_e le travail dû à l'action de l'eau, et qui correspond au mouvement principal de la molécule de l'organe; $d\tau_e$ le travail qui correspond au mouvement vibratoire. On aura

$$d\theta' = dT_e + d\tau_e,$$

d'où
$$d\theta = \mathrm{E}\,dr_e - d\mathrm{T}_e - d\tau_e.$$

L'équation est générale.

Si l'organe était fixe, la molécule à laquelle appartient dm' n'aurait pas de mouvement principal, $d\mathrm{T}_e$ serait nul, et l'équation serait toujours vraie.

L'action totale due aux organes de la machine sur le liquide sera la somme d'expressions semblables étendue à tous les points matériels des organes et du volume liquide A pris deux à deux, l'un dans le liquide, l'autre dans les organes. Cette somme sera

$$\Sigma\,d\theta = \Sigma\mathrm{E}\,dr_e - \Sigma\,d\mathrm{T}_e - \Sigma\,d\tau_e.$$

$\Sigma\,d\mathrm{T}_e$ ne comprend pas tout le travail correspondant au mouvement principal que reçoit la machine; il n'exprime que ce qui est dû à l'action de l'eau, et, pour avoir le travail total utile $\dfrac{d\mathrm{T}_u}{dt}\,dt$ recueilli par l'organe, il faut encore y joindre celui qui correspond au même mouvement, et qui provient de l'action de l'air.

Dans un grand nombre de machines, en effet, comme les turbines Girard et les diverses roues hydrauliques, l'air est en contact avec les organes récepteurs, et, en en pressant les surfaces, il exerce une action qu'il faut introduire dans le calcul. Soit $\Sigma\,d\mathrm{T}_0$ la quantité totale d'action transmise par l'air à l'organe et correspondant au mouvement principal des molécules de celui-ci, on aura

$$\frac{d\mathrm{T}_u}{dt}\,dt = \Sigma\,d\mathrm{T}_e + \Sigma\,d\mathrm{T}_0,$$

d'où
$$\Sigma\,d\mathrm{T}_e = \frac{d\mathrm{T}_u}{dt}\,dt - \Sigma\,d\mathrm{T}_0.$$

Calculons cette action de l'air.

Considérons, comme plus haut, deux molécules voisines de la surface de contact et appartenant l'une à l'air, l'autre à l'organe; un élément $d\mu$ de la molécule de l'air exercera sur un élément dm' de la molécule de l'organe une action G qui produira sur l'organe une quantité de travail

$$d\mathfrak{D}_0 = G_x dx'_m - G_y dy'_m - G_z dz'_m + (G_x d\xi' + G_y d\eta' + G_z d\zeta').$$

Les termes renfermés dans la première parenthèse sont l'expression de l'élément de travail $d\mathrm{T}_0$ transmis par l'air au récepteur, et correspondant au mouvement principal de la molécule de l'organe.

Quant aux termes renfermés dans la seconde parenthèse, ils sont l'expression de l'élément de travail correspondant au mouvement vibratoire de l'organe. On a donc

$$d\mathrm{T}_0 = G_x dx'_m + G_y dy'_m + G_z dz'_m;$$

ce que, d'après la théorie des projections, on peut aussi exprimer en disant que $d\mathrm{T}_0$ est égal au produit de la force G multipliée par la projection sur sa direction, du chemin parcouru par la molécule solide fictive animée du mouvement principal.

Ce chemin parcouru par le centre de la molécule fictive peut être considéré comme la résultante d'un chemin dn_0 parcouru suivant la normale à la surface de séparation des milieux et d'un chemin dl_0 parallèle au plan tangent à cette surface.

De même, la force G peut se décomposer en trois forces rectangulaires : l'une dirigée suivant la normale, une seconde située dans le plan tangent et dirigée parallèlement à la projection dl_0, et la troisième également dans le plan tangent et dirigée perpendiculairement à dl_0.

On a ainsi une série de forces réparties sur la surface de séparation des milieux et dirigées les unes normalement, les autres parallèlement aux plans tangents.

Groupons toutes les forces qui correspondent à un élément infiniment petit $d\omega$ de la surface ; les forces normales pourront être considérées comme parallèles et auront une résultante dont le rapport à l'élément $d\omega$ donnera au point considéré la valeur de l'action normale rapportée à l'unité de surface. C'est ce qu'on appelle la *pression*. Désignons-la par p_0, et la force normale agissant sur $d\omega$ sera $p_0 d\omega$.

On peut grouper de même les composantes tangentielles. Nous nous occuperons seulement de celles qui sont dirigées parallèlement à dl_0, les autres, qui sont perpendiculaires, devant disparaître dans l'équation du travail. Les forces parallèles à dl_0, qui agissent sur $d\omega$, ont une résultante dont la division par l'élément $d\omega$ donnera au point considéré la valeur de l'action tangentielle suivant dl_0 rapportée à l'unité de surface; nous la désignerons par L'_0, en sorte que $L'_0 d\omega$ sera la résultante des forces tangentielles dirigées suivant dl_0, et qui proviennent de l'action de l'air sur les éléments matériels de l'organe, qui sont compris dans le petit cylindre normal à la surface de séparation des milieux et de base $d\omega$.

Cette force se nomme le *frottement*, et L'_0 est la valeur du frottement rapporté à l'unité de surface au point considéré.

La somme des quantités d'action dues à l'air et correspondant au mouvement principal de l'organe est alors

$$\Sigma d T_0 = \Sigma d\omega\, p_0\, dn_0 + \Sigma d\omega\, L'_0\, dl_0,$$

d'où, en combinant avec l'équation trouvée plus haut,

$$\Sigma d T_e = \frac{d T_u}{dt}\, dt - \Sigma d\omega\, p_0\, dn_0 - \Sigma d\omega\, L'_0\, dl_0,$$

et l'on aura définitivement pour l'action totale due aux organes de la machine sur le liquide moteur A

$$\Sigma d\theta = \Sigma E\, dr_e - \frac{d T_u}{dt}\, dt + \Sigma d\omega\, p_0\, dn_0 + \Sigma d\omega\, L'_0\, dl_0 - \Sigma d\tau_e.$$

13. *Action de l'air sur le liquide moteur.* — L'action de l'air sur le liquide moteur se déterminera par des considérations analogues à celles qui nous ont donné son action sur l'organe.

Considérons, en effet, deux molécules voisines de la surface de contact et appartenant l'une à l'air, l'autre au liquide moteur; un élément $d\mu$ de la molécule de l'air exercera sur un élément dm de la molécule liquide une action G qui produira sur le liquide, dans le temps dt, une quantité élémentaire de travail représentée par

$$(G_x\, dx_m + G_y\, dy_m + G_z\, dz_m) + (G_x\, d\xi + G_y\, d\eta + G_z\, d\zeta).$$

Les termes renfermés dans la première parenthèse sont l'expression de l'élément de travail transmis par l'air au liquide, et correspondant au mouvement principal de la molécule liquide; désignons-le par dT_a. Les termes renfermés dans la seconde parenthèse sont l'expression de l'élément de travail correspondant au mouvement vibratoire de dm; nous le désignerons par $d\sigma_a$.

La quantité d'action imprimée par l'élément gazeux $d\mu$ à l'élément liquide dm sera

$$dT_a + d\sigma_a,$$

et l'action totale due à l'air sur le liquide sera

$$\Sigma dT_a + \Sigma d\sigma_a.$$

la somme étant étendue à tous les points matériels de l'air et du volume liquide A, pris deux à deux, l'un dans l'air, l'autre dans l'eau, qui peuvent être dans la sphère d'activité de l'un sur l'autre. Nommons : dn_e le chemin parcouru par le centre de la molécule liquide fictive suivant la normale à la surface de séparation des milieux; dl_e le chemin parcouru parallèlement au plan tangent à la surface; p_e la résultante des composantes normales rapportée à l'unité de surface, et L'_e la résultante également rapportée à l'unité de surface des composantes parallèles à dl_e; enfin $d\varepsilon$ l'élément infiniment petit d'une des surfaces de contact du liquide et de l'air. On aura

$$\Sigma dT_a = \Sigma d\varepsilon\, p_e\, dn_e + \Sigma d\varepsilon\, L'_e\, dl_e,$$

et la somme des quantités d'action dues à l'air et reçues par le liquide moteur A sera

$$\Sigma d\varepsilon\, p_e\, dn_e + \Sigma d\varepsilon\, L'_e\, dl_e + \Sigma d\sigma_a.$$

14. *Action du liquide extérieur.* — Le volume du liquide moteur A dont l'équation du n° 9 exprime le mouvement est limité, du côté de l'arrivée de l'eau et du côté de la sortie, par des surfaces fictives, qui sont jusqu'à un certain point arbitraires, et qui n'ont à satisfaire, si nous voulons avoir le travail total recueilli par le moteur pendant le temps dt, qu'à la condition de ne laisser en dehors aucun des éléments liquides qui sont en contact avec le récepteur.

L'équation du n° 9 exprime en effet le mouvement d'une masse liquide qui, sur sa route, sera soumise à diverses actions, dont quelques-unes, comme nous l'avons vu, peuvent s'exprimer en fonction du travail utile que reçoit le moteur.

Nous pourrons choisir pour ces surfaces limites, soit le cylindre extérieur de la roue quand l'eau entre et sort par cette surface cylindrique, comme dans les roues hydrauliques, soit le cylindre intérieur et le cylindre extérieur quand l'eau, comme dans les roues Girard et les turbines Fourneyron, entre par une de ces surfaces et sort par l'autre, soit des plans perpendiculaires à l'axe de rotation, quand l'entrée et la sortie de l'eau se font, comme dans les turbines Fontaine et Kœchlin, par des orifices ouverts dans ces plans.

Nous pourrons prendre enfin dans certains cas des plans passant par l'axe de rotation ou parallèles à cet axe, par exemple, s'il s'agit de la surface limite du côté de l'arrivée dans un système de palettes recevant le choc de l'eau, cet axe de rotation pouvant être situé à l'infini quand le système récepteur se meut en ligne droite.

Cela posé, cherchons l'expression à introduire dans le second membre de l'équation du n° 9, pour représenter l'action qu'éprouve le volume liquide A de la part du liquide qui, du côté de l'arrivée et du côté de la sortie, se trouve au delà des surfaces que nous venons de définir.

Cette action peut se calculer et s'exprimer d'une manière analogue à celle que nous avons donnée pour l'air agissant sur le liquide; en sorte que si l'on désigne par p la résultante, rapportée à l'unité de surface, des composantes normales de l'action du liquide extérieur sur un élément infiniment petit $d\Omega$ des surfaces limites; par L la résultante des composantes tangentielles; si l'on nomme $d\sigma_e$ le travail reçu par un élément matériel du volume A, et correspondant au mouvement vibratoire de cet élément; si, de plus, on observe que λ étant l'angle aigu de la normale sur $d\Omega$, avec la vitesse U_m de la molécule fictive animée du mouvement principal et qui traverse $d\Omega$, les chemins parcourus par le centre de la molécule fictive normalement à la surface et parallèlement au plan tangent sont $U_m \cos\lambda\, dt$ et $U_m \sin\lambda\, dt$; si enfin l'on désigne par μ l'angle de $U_m \sin\lambda$ avec L, on aura, pour la quantité d'action du liquide extérieur sur le liquide moteur A,

$$\Sigma\, d\Omega\, p\, U_m \cos\lambda\, dt + \Sigma\, d\Omega\, L\, U_m \sin\lambda \cos\mu\, dt + \Sigma\, d\sigma_e.$$

Sur la plus grande partie de la surface d'entrée la vitesse U_m est nécessairement dirigée du dehors au dedans, c'est-à-dire dans le même sens que p, et la quantité d'action reçue de ce côté par le liquide moteur est positive. Sur l'orifice de sortie, c'est l'inverse qui a lieu.

Nommons, pour la surface d'entrée, p' la valeur absolue de p sur l'élément $d\Omega'$; U'_m la vitesse du mouvement principal en ce point (cette vitesse étant positive quand elle est dirigée vers l'intérieur du volume A); λ' l'angle aigu que fait U'_m avec la normale à $d\Omega'$; enfin L' et μ' les valeurs de L et de μ.

Nommons semblablement p'', $d\Omega''$, U''_m, L'', λ'' et μ'' les quantités analogues pour l'orifice de sortie (la vitesse U''_m étant positive quand elle est dirigé vers le dehors du volume A).

On aura avec ces notations

$$\Sigma\, d\Omega\, p\, U_m \cos\lambda\, dt$$
$$= \Sigma\, d\Omega'\, p'\, U'_m \cos\lambda'\, dt - \Sigma\, d\Omega''\, p''\, U''_m \cos\lambda''\, dt,$$

$$\Sigma\, d\Omega\, L\, U_m \sin\lambda \cos\mu\, dt$$
$$= \Sigma\, d\Omega'\, L'\, U'_m \sin\lambda' \cos\mu'\, dt - \Sigma\, d\Omega''\, L''\, U''_m \sin\lambda'' \cos\mu''\, dt,$$

et la somme des quantités d'action dues au liquide extérieur et reçues par le liquide moteur A sera

$$\Sigma\,d\Omega'\,p'\,\mathrm{U}'_m\cos\lambda'\,dt - \Sigma\,d\Omega''\,p''\,\mathrm{U}''_m\cos\lambda''\,dt$$
$$+ \Sigma\,d\Omega'\,\mathrm{L}'\,\mathrm{U}'_m\sin\lambda'\cos\mu'\,dt - \Sigma\,d\Omega''\,\mathrm{L}''\,\mathrm{U}''_m\sin\lambda''\cos\mu''\,dt + \Sigma\,d\sigma_e.$$

§ IV. — Travail du a l'action exercée par les éléments matériels intérieurs les uns sur les autres.

15. *Actions mutuelles des éléments intérieurs.* — Le volume moteur en traversant les organes de la machine ne se meut pas tout d'une pièce, il doit se modeler aux formes des sections d'écoulement, et les actions qu'il reçoit à sa surface, en se transmettant dans sa masse, occasionnent des déplacements relatifs dans les éléments qui la composent, et d'où résulte un travail dont il faut tenir compte.

On peut reprendre pour deux éléments matériels liquides intérieurs les mêmes considérations qui ont été présentées au sujet de l'action de deux éléments matériels appartenant à des milieux différents. On reconnaîtra qu'en faisant la somme des quantités de travail dues aux actions intérieures du groupe des molécules constituant le volume A, on pourra réunir les éléments matériels par couples dm, dm', de sorte que, F étant l'action que le premier exerce sur le second, — F l'action que le second exerce sur le premier, et dr étant la variation de leur distance pendant le temps dt, la somme des quantités de travail s'exprimera par

$$\Sigma\,\mathrm{F}\,dr.$$

§ V. — Équation du mouvement absolu et théorème fondamental de l'hydraulique.

16. *Substitution des valeurs dans l'équation du mouvement.* — Revenons maintenant à l'équation que nous avons posée au n° 9, pour le mouvement de la masse liquide A, et remplaçons les termes du second membre par les valeurs que nous venons de trouver, nous aurons

$$d \sum dm \frac{U^2}{2} \quad \text{(variation de la force vive du liquide moteur A)}$$

$$= g \sin\beta \, \Sigma dm (dx_m + d\breve{\xi}) + g \cos\beta \, \Sigma dm (dz_m + d\zeta) \quad \text{(action de la pesanteur)}$$

$$+ \Sigma E \, dr_e - \frac{dT_u}{dt} dt + \Sigma d\omega L'_0 \, dl_0 - \Sigma d\tau_e \quad \text{(action des organes)}$$

$$+ \Sigma d\varepsilon \, p_e \, dn_e + \Sigma d\varepsilon L'_c \, dl_e + \Sigma d\sigma_a \quad \text{(action de l'air)}$$

$$\left. \begin{aligned} &+ \Sigma d\Omega' p' U'_m \cos\lambda' \, dt + \Sigma d\Omega' L' U'_m \sin\lambda' \cos\mu' \, dt \\ &- \Sigma d\Omega'' p'' U''_m \cos\lambda'' \, dt - \Sigma d\Omega'' L'' U''_m \sin\lambda'' \cos\mu'' \, dt \\ &+ \Sigma d\sigma_e \end{aligned} \right\} \begin{aligned} &\text{(action} \\ &\text{du liquide} \\ &\text{extérieur)} \end{aligned}$$

$$+ \Sigma F \, dr \quad \text{(actions intérieures)}.$$

Cette équation peut subir une réduction par le groupement des termes relatifs à l'action de l'air sur le liquide et sur les organes de la machine.

En effet, quand on examine un récepteur hydraulique où l'air est en contact avec le liquide moteur et avec les organes, une roue, par exemple, on voit, dans l'intervalle de deux aubes, la portion que l'eau n'occupe pas remplie d'air, qui agit sur les surfaces libres du liquide et de la machine, et qui forme comme une sorte d'atmosphère emportée avec la roue, et dont la pression peut être considérée comme sensiblement la même, dans toutes les parties d'un même compartiment qui sont en communication les unes avec les autres.

En outre, dans certains cas, on remarque des bouillonnements de l'eau qui sont produits par des globules d'air plus ou moins considérables, enfermés dans le liquide et possédant une tension, qui est la même en tous les points d'un globule, mais qui peut varier d'un globule à l'autre.

Les termes de l'équation qui représentent l'action de l'air sont pour l'action sur le liquide

$$\Sigma d\varepsilon \, p_e \, dn_e + \Sigma d\varepsilon L'_c \, dl_e + \Sigma d\sigma_a,$$

et pour l'action sur les organes

$$\Sigma d\omega \, p_0 \, dn_0 + \Sigma d\omega L'_0 \, dl_0.$$

Soit b le volume d'un globule rempli d'air à la pression p, la partie qui, dans la somme $\Sigma d\varepsilon\, p_e\, dn_e$, provient de l'air de ce globule, sera, comme on le sait, $p\, db$, en sorte que celui provenant de l'air renfermé dans tous les globules sera $\Sigma p\, db$.

Soit maintenant p_a la pression de l'air qui remplit comme une atmosphère le vide B, laissé par le volume liquide A dans l'intervalle C des aubes, la portion des sommes

$$\Sigma d\varepsilon\, p_e\, dn_e + \Sigma d\omega\, p_0\, dn_0$$

provenant de l'action de cet air sur l'eau et sur l'organe sera aussi $p_a\, dB$. Mais on a

$$B = C - A,$$

d'où, C étant constant

$$dB = -\, dA.$$

Or on a évidemment pour la variation du volume A

$$dA = \Sigma\, db + \Sigma\, d\Omega'\, U'_m \cos\lambda'\, dt - \Sigma\, d\Omega''\, U''_m \cos\lambda''\, dt\, ;$$

alors

$$\Sigma\, d\varepsilon\, p_e\, dn_e + \Sigma\, d\omega\, p_0\, dn_0$$
$$= \Sigma p\, db + p_a\, dB$$
$$= \Sigma p\, db - p_a\left(\Sigma\, db + \Sigma\, d\Omega'\, U'_m \cos\lambda'\, dt - \Sigma\, d\Omega''\, U''_m \cos\lambda''\, dt\right).$$

17. *Équation du mouvement absolu.* — En substituant ces valeurs, il viendra, pour l'équation du mouvement absolu,

$$d\sum dm\, \frac{U^2}{2} = g\sin\beta\, \Sigma\, dm\,(dx_m + d\xi) + g\cos\beta\, \Sigma\, dm\,(dz_m + d\zeta)$$
$$+ \Sigma\, d\Omega'\,(p' - p_a)\, U'_m \cos\lambda'\, dt + \Sigma\, d\Omega'\, L'\, U'_m \sin\lambda'\, \cos\mu'\, dt$$
$$- \Sigma\, d\Omega''\,(p'' - p_a)\, U''_m \cos\lambda''\, dt - \Sigma\, d\Omega''\, L''\, U''_m \sin\lambda''\, \cos\mu''\, dt$$
$$- \frac{dT_u}{dt}\, dt$$
$$+ \Sigma\,(p - p_a)\, db + \Sigma\, d\omega\, L'_0\, dl_0 + \Sigma\, d\varepsilon\, L'_e\, dl_e$$
$$+ \Sigma E\, dr_e - \Sigma\, d\tau_e + \Sigma\, d\sigma_a + \Sigma\, d\sigma_c + \Sigma F\, dr.$$

Cette équation, qui montrerait comment se compose le travail utilisable recueilli par le récepteur pendant le temps dt, ne doit pas nous servir sous cette forme. Elle contient des termes dont l'expérience montre que la somme est négative, qui représentent le travail consommé en pure perte par les frottements, les vibrations, etc., et dont le calcul ne saurait être abordé directement.

Nous tournerons la difficulté en les éliminant par la considération du mouvement relatif, qui nous fournira une seconde équation dans laquelle ils entreront, et qu'il suffira de retrancher de celle-ci pour obtenir une relation facilement applicable aux cas de la pratique.

18. Théorème. — Mais auparavant nous allons déduire de l'équation du n° 17 un théorème important, dont l'énoncé habituel du théorème de Bernoulli n'est qu'un cas particulier, et, pour la facilité du langage, nous commencerons par définir quelques expressions dont nous ferons usage.

Considérons un volume d'eau A animé d'un mouvement quelconque et limité entre deux sections que nous nommerons, l'une Ω' section d'entrée, l'autre Ω'' section de sortie.

La masse qui, pendant le temps dt, traverse une section intermédiaire Ω, a pour valeur, π étant le poids de l'unité de volume, $dt\,\Sigma\,\dfrac{\pi}{g}\,d\Omega\,U_m\cos\lambda$. Cette masse, s'il n'y avait pas de perte dans la transmission, pourrait communiquer, soit à un organe, soit à un liquide, une quantité de travail qui ne dépendrait pas seulement de la quantité de force vive qu'elle emmagasine, mais encore de son état de tension résultant des pressions normales et des actions tangentielles qu'elle supporte et qu'elle peut à son tour exercer.

La quantité de force vive que possède cette masse est

$$dt\,\Sigma\pi\,d\Omega\,U_m\cos\lambda\,\frac{U^2}{2g}.$$

La quantité de travail que, par sa tension, elle peut produire, a pour valeur, en désignant toujours par p_a la pression de l'air ambiant,

$$\Sigma\,(p - p_a)\,d\Omega\,U_m\cos\lambda\,dt + \Sigma L\,d\Omega\,U_m\sin\lambda\,\cos\mu\,dt.$$

En rapportant ces quantités à l'unité de temps, c'est-à-dire en divisant par dt et en les ajoutant, on aura

$$\Sigma \pi \, d\Omega \, U_m \cos\lambda \left(\frac{U^2}{2g} + \frac{p - p_a}{\pi} + \frac{L}{\pi} \, \mathrm{tang}\,\lambda \, \cos\mu \right).$$

Nous appellerons cette somme la *puissance motrice* du liquide dans la section Ω.

Menons un plan horizontal supérieur au volume A, et désignons par h la distance de l'élément $d\Omega$ à ce plan; nous appellerons *moment du débit* de la section Ω la somme $\Sigma h \pi \, d\Omega \, U_m \cos\lambda$.

La puissance motrice varie d'une section à l'autre, mais elle suit une loi que l'équation du n° 17 va nous fournir en l'analysant.

Cette équation, qui exprime la variation qu'éprouve entre deux instants séparés par le temps dt la force vive d'une masse d'eau, exige, pour être appliquée, que l'on considère au premier et au dernier instant le même ensemble de particules ou éléments matériels.

Alors, s'il s'agit du groupe des particules qui, au premier instant, forment le volume A et possèdent une certaine somme de forces vives, on devra examiner ce que devient, au second instant, le volume de ces particules, faire de nouveau la somme de leurs forces vives, en retrancher la somme trouvée au premier instant, et le reste de la soustraction sera ce qu'exprime le premier membre de l'équation du n° 17, que nous allons évaluer par cette méthode.

Les éléments matériels considérés occupent, au premier instant, un espace A; ils se déplacent, et, au second instant, ils occupent l'espace A'. Ces deux espaces ont une partie commune comprise entre deux portions non communes, qui ont pour valeur : celle appartenant à A, et qui est située près de la section d'entrée $\Sigma \, d\Omega' \, U'_m \cos\lambda' dt$; celle appartenant à A', et qui est située en aval de la section de sortie $\Sigma \, d\Omega'' \, U''_m \cos\lambda'' dt$.

Si le mouvement était permanent, les particules qui se succèdent dans la même place auraient la même masse et la même vitesse, et par conséquent la même force vive, et,

quand on ferait la soustraction indiquée plus haut, la force
vive des particules comprises dans l'espace commun dispa-
raîtrait, et il ne resterait plus que la différence entre la
somme des forces vives des particules contenues dans
$\Sigma\, d\Omega''\, U''_m \cos\lambda''dt$ et la somme des forces vives des particules
contenues dans $\Sigma\, d\Omega'\, U'_m \cos\lambda'dt$.

Mais le mouvement n'étant pas supposé permanent, les
particules qui se succèdent en une même place peuvent
n'avoir ni la même masse ni la même vitesse, et, quand on
fera la soustraction, il restera, avec la différence que nous
venons d'indiquer, une somme de termes qui ne sera autre
que la différentielle partielle de $\displaystyle\sum dm\,\frac{U^2}{2}$ prise par rapport
au temps.

Le signe Σ étant étendu à tous les points de l'espace
commun ou de l'espace A tout entier, si l'on néglige les
infiniment petits d'un ordre supérieur à ceux qu'on conserve, nous désignerons cette différentielle partielle par
$\displaystyle dt\,\frac{\delta \sum dm\dfrac{U^2}{2}}{dt}$, en sorte qu'on aura

$$d\sum dm\,\frac{U^2}{2} = dt\,\Sigma\pi\, d\Omega''U''_m \cos\lambda''\,\frac{U''^2}{2g}$$
$$- dt\,\Sigma\pi\, d\Omega'U'_m \cos\lambda'\,\frac{U'^2}{2g} + dt\,\frac{\delta \sum m\dfrac{U^2}{2}}{dt}.$$

Par des considérations de même nature, on établirait que
les termes

$$g\sin\beta\,\Sigma dm\,(dx_m + d\xi) + g\cos\beta\,\Sigma dm\,(dz_m + d\zeta)$$

peuvent se remplacer par

$$dt\,\Sigma h''\pi\, d\Omega''U''_m \cos\lambda'' - dt\,\Sigma h'\pi\, d\Omega'U'_m \cos\lambda' + dt\,\frac{\delta \Sigma mgh}{dt},$$

$\displaystyle\frac{\delta \Sigma mgh}{dt}$ étant la dérivée partielle du moment du poids de
l'eau contenue dans l'espace commun ou dans l'espace A,
si l'on néglige les infiniment petits d'ordre supérieur.

Cette dérivée partielle, prise par rapport au temps, serait nulle si le même point de l'espace commun était occupé au premier et au dernier instant par des particules de même masse.

Substituons maintenant ces valeurs dans l'équation du n° **17**, groupons les termes, représentons le travail des résistances passives par $-\dfrac{dT_f}{dt}\,dt$, nous aurons, en divisant par dt,

$$\Sigma\pi\,d\Omega''U''_m\cos\lambda''\left(\frac{U''^2}{2g}+\frac{p''-p_a}{\pi}+\frac{L''}{\pi}\tan\lambda''\cos\mu''\right)\quad\text{(puissance mo-}$$

trice du liquide dans la section Ω'')

$$=\Sigma\pi\,d\Omega'U'_m\cos\lambda'\left(\frac{U'^2}{2g}+\frac{p'-p_a}{\pi}+\frac{L'}{\pi}\tan\lambda'\cos\mu'\right)\quad\text{(puissance}$$

motrice du liquide dans la section Ω')

$$+\Sigma h''\pi\,d\Omega''U''_m\cos\lambda''-\Sigma h'\pi\,d\Omega'U'_m\cos\lambda'\quad\text{(différence des mo-}$$

ments du débit dans les sections Ω'' et Ω')

$$-\frac{dT_u}{dt}\quad\text{(travail utile transmis aux organes dans l'intervalle des}$$

sections Ω'' et Ω' et rapporté à l'unité de temps)

$$+\frac{1}{dt}\Sigma(p-p_a)\,db\quad\text{(travail produit par la dilatation)}$$

$$-\frac{\delta\sum m\dfrac{U^2}{2}}{dt}\quad\text{(variation de force vive, due à la non-permanence}$$

dans l'espace A)

$$+\frac{\delta\Sigma mgh}{dt}\quad\text{(variation de moment due à la non-permanence dans}$$

l'espace A)

$$-\frac{dT_f}{dt}\quad\text{(travail perdu en frottement, vibrations, actions mu-}$$

tuelles, etc.).

Cette équation pourra se calculer au moins approximativement dans tous les cas, et, quand on y introduira l'hypothèse de la permanence dans l'écoulement, quand on y remplacera les vitesses en chaque point des sections par des vitesses moyennes, qu'on y supposera le fluide uniquement formé d'eau incompressible, et qu'on négligera les valeurs de L′ et L″ comme on le fait habituellement, elle deviendra, en appelant Q le débit,

$$\frac{U''^2}{2g} + \frac{p''-p_a}{\pi} - h'' = \frac{U'^2}{2g} + \frac{p'-p_a}{\pi} - h' - \frac{1}{\pi Q}\left(\frac{dT_u}{dt} + \frac{dT_f}{dt}\right),$$

et, pour le cas particulier où $\dfrac{dT_u}{dt} = 0$, elle donnera l'équation de Bernoulli, telle que M. Bresse l'a généralisée pour en faire, dans son excellent *Cours d'Hydraulique*, la base fondamentale de presque toutes ses démonstrations.

§ VI. — ÉQUATION DU MOUVEMENT RELATIF.

19. *Principes sur le mouvement relatif.* — Le mouvement relatif, dont nous allons chercher l'équation, est celui que le liquide paraîtrait avoir pour un observateur qui serait emporté avec le récepteur. Nous devons, pour l'établir, commencer par rappeler quelques principes sur lesquels nous nous baserons.

Un point matériel ayant un mouvement quelconque rapporté à un système de trois axes de coordonnées, mobiles dans l'espace, éprouvera, dans un temps dt, le même déplacement absolu que si, d'abord lié géométriquement au système des trois axes, il les avait suivis dans leur mouvement d'entraînement, et si ensuite il avait exécuté son mouvement relatif par rapport aux axes.

En sorte que si l'on conçoit une première ligne égale et parallèle au mouvement d'entraînement des axes et, à partir de l'extrémité de celle-ci, une seconde ligne égale et parallèle au mouvement relatif, on aura deux côtés d'un triangle dont le troisième côté sera égal et parallèle au mouvement absolu du point pendant le temps dt. Les côtés de ce triangle sont proportionnels aux trois vitesses absolue, relative et d'entraînement.

Cette proposition peut s'énoncer en disant que la vitesse absolue est la résultante de la vitesse d'entraînement et de la vitesse relative, ou que la vitesse relative est la résultante de la vitesse absolue et de la vitesse d'entraînement prise en sens contraire.

Dès lors, si l'on projette sur une droite de direction quelconque les chemins parcourus pendant le temps dt, la projection du déplacement absolu est égale à la somme algébrique des projections du déplacement d'entraînement et du déplacement relatif; ou bien encore la projection du déplacement relatif est égale à la somme algébrique de la projection du déplacement absolu, à laquelle on ajoutera la projection du déplacement d'entraînement pris en sens contraire.

Ces considérations vont nous permettre de poser très-facilement l'équation du travail dans le mouvement relatif, en nous servant d'un théorème de mécanique générale que nous allons rappeler.

Coriolis a établi que, dans le mouvement relatif d'un point matériel par rapport à un système animé d'un mouvement de rotation autour d'un axe, il suffit, pour obtenir l'accroissement de la force vive relative, de calculer le travail des forces en multipliant ces forces par la projection sur leur direction de l'élément de chemin relatif, et d'y ajouter l'élément de travail relatif dû à une force égale et directement opposée à celle qui serait capable de produire le mouvement d'entraînement du point matériel avec les axes mobiles.

Il résulte de ce théorème que la variation de la force vive relative du liquide moteur A pour un observateur emporté dans le mouvement de la roue s'obtiendra au moyen de l'équation du n° 17, en substituant aux projections des déplacements absolus sur les forces les projections des déplacements relatifs sur les mêmes forces et en ajoutant l'élément de travail relatif dû à la force d'entraînement, prise en sens contraire.

20. *Notations.* — Pour faire cette substitution dans les termes de l'équation du n° **17**, nommons :

W la vitesse relative d'un élément matériel dm du liquide moteur A ;

ρ la distance à un moment donné de dm à l'axe de rotation ;

φ la vitesse principale angulaire de la roue, le sens de φ
étant compté comme positif, quand il tend à aug-
menter les z pour les points qui sont situés dans
l'angle des coordonnées pôsitives des axes fixes ;

α l'angle de la vitesse absolue U d'un élément dm avec la
vitesse d'entraînement $\varphi\rho$ du point qu'il occupe dans
l'espace.

21. *Éléments de travail dans le mouvement relatif.* — Le
travail d'une force **F**, dans le mouvement relatif, étant égal
au produit de cette force multipliée par la projection du
déplacement relatif sur sa direction, est égal, d'après ce
que nous avons rappelé au n° **19**, au produit de la force
multipliée par la somme de la projection du déplacement
absolu et de la projection du déplacement d'entraînement,
pris en sens contraire.

Le déplacement d'entraînement est $\rho\varphi\,dt$.

Le produit de la force **F** par la projection sur sa direction
de ce déplacement pris en sens contraire a donc pour valeur

$$- \mathrm{F}\rho\varphi\,dt \cos\left(\widehat{\mathrm{F},\,\rho\varphi}\right),$$

c'est-à-dire $-.\varphi\,dt$ multiplié par le moment $\mathfrak{M}(\mathrm{F})$ de la
force **F** par rapport à l'axe de rotation.

Le travail dans le mouvement relatif peut donc s'exprimer
d'une manière générale par

$$\text{Travail dans le mouvement absolu} - \varphi\,dt\,\mathfrak{M}(\mathrm{F}).$$

Cela posé, passons en revue les différentes forces dont
le travail doit figurer dans l'équation du mouvement relatif.

Commençons par les forces extérieures. Elles se réduisent à la gravité dont le moment, par rapport à l'axe de
rotation, a pour valeur

$$\mathfrak{M}(g) = g\cos\beta\,\Sigma\,dm\,y;$$

l'élément de travail dû à la gravité dans le mouvement relatif sera alors

$$g\sin\beta\,\Sigma\,dm(dx_m + d\xi) + g\cos\beta\,\Sigma\,dm(dz_m + d\zeta - y\,\varphi\,dt).$$

Passant ensuite aux autres forces, nous distinguerons d'abord, dans les quantités de travail qu'elles produisent, celles qui ne correspondent qu'aux déplacements des points matériels les uns par rapport aux autres, comme sont les vibrations, les dilatations, etc.

Les expressions de ces quantités de travail sont dans l'équation du mouvement absolu

$$\Sigma E \, dr_c - \Sigma \dot{d\tau}_e + \Sigma d\sigma_a + \Sigma d\sigma_e + \Sigma F \, dr + \Sigma (p - p_a) \, db ;$$

elles devront évidemment se retrouver les mêmes dans l'équation du mouvement relatif, puisque nous suivons la même décomposition dans les mouvements.

Nous allons voir maintenant ce que deviennent les autres quantités de travail.

22. En ce qui concerne celle qui est représentée par $- \dfrac{d T_u}{dt} \, dt$, laquelle a pour valeur affectée du signe négatif le travail transmis au récepteur et correspondant à son mouvement principal, il y a lieu de faire une distinction suivant la disposition des moteurs.

Dans certains moteurs, comme les roues Poncelet, les roues Girard, les turbines Fourneyron, Fontaine, etc., l'eau motrice, une fois entrée dans le récepteur limité aux surfaces que nous avons indiquées au n° 14, n'est plus en contact qu'avec des organes mobiles.

Dans d'autres moteurs, comme les roues de côté, les roues à palettes, les turbines Kœchlin, les machines à colonne d'eau, le liquide, pendant qu'il agit sur les parties mobiles du récepteur, est aussi en contact avec des organes fixes.

Si l'on a affaire à des moteurs de la première espèce, tous les organes récepteurs, pour l'observateur emporté dans le mouvement d'entraînement, deviennent immobiles, et le travail qui à ses yeux leur est transmis est nul. Aussi la substitution du déplacement relatif au déplacement absolu donne nécessairement zéro.

Mais s'il s'agit de moteurs de la deuxième espèce, les

parties du récepteur qui sont fixes pour l'observateur placé
en dehors deviennent mobiles pour l'observateur qui est
emporté dans le mouvement d'entraînement, et pour lui
elles éprouvent un mouvement principal qui est égal au
mouvement d'entraînement pris en sens contraire. Alors,
pour lui, un certain travail correspondant à ce mouvement
principal est transmis à ces organes, et il a pour valeur la
somme des produits des forces multipliées par les projections faites sur elles des déplacements d'entraînement des
points d'application pris en sens contraire.

En désignant par K_e la force rapportée à l'unité de surface qui, pour chaque élément de contact, représente l'action de l'organe fixe sur le liquide, et par $\mathfrak{M}(K_e)$ la somme
des moments de ces forces, on voit facilement que le
terme à introduire dans ce second membre de l'équation
du mouvement relatif est $-\varphi\,dt\,\mathfrak{M}(K_e)$.

23. Venons ensuite aux quantités exprimées par

$$\Sigma\,d\omega\,L'_0\,dl_0 + \Sigma\,d\varepsilon\,L'_e\,dl_e.$$

Elles ont une valeur très-petite, et d'ordinaire on n'en
tient aucun compte; elles sont la partie correspondante au
mouvement principal du travail dû aux actions tangentielles de l'air sur la surface de l'organe et sur la surface du
liquide. En calculant au n° 13 le terme $\Sigma\,d\varepsilon\,L'_e\,dl_e$, nous
avons décomposé la force tangentielle L_e en deux compo-
santes, dont l'une L'_e, parallèle au déplacement dl_e, a seule
figuré dans l'équation du mouvement absolu; l'autre, étant
perpendiculaire au déplacement, a donné un élément de
travail nul.

La règle du n° 21 donne, pour la quantité de travail correspondant au mouvement principal et due à la force L_e
dans le mouvement relatif,

$$\Sigma\,d\varepsilon\,L'_e\,dl_e - \varphi\,dt\,\mathfrak{M}(L_e).$$

Elle donnera de même, pour l'expression de la quantité
de travail due aux actions tangentielles de l'air sur les organes

$$\Sigma\,d\omega\,L'_0\,dl_0 - \varphi\,dt\,\mathfrak{M}(L_0).$$

24. La même règle nous donnera aussi l'expression des quantités de travail dues dans le mouvement relatif aux pressions et actions $p' - p_a$, $p'' - p_a$, L' et L'' qui sont exercées par le liquide extérieur sur les surfaces des sections d'entrée et de sortie Ω' et Ω''.

Ces quantités de travail ont pour valeur

$$\Sigma\, d\Omega'(p' - p_a)\, U_m'\cos\lambda'\, dt - \Sigma\, d\Omega''(p'' - p_a)\, U_m''\cos\lambda''\, dt$$
$$- \varphi\, dt\, \mathfrak{M}(p' - p_a) + \varphi\, dt\, \mathfrak{M}(p'' - p_a) + \Sigma\, d\Omega'\, L'\sin\lambda'\cos\mu'\, dt$$
$$- \Sigma\, d\Omega''\, L''\sin\lambda''\cos\mu''\, dt - \varphi\, dt\, \mathfrak{M}(L') + \varphi\, dt\, \mathfrak{M}(L'').$$

25. Il ne nous reste plus à déterminer que le travail relatif dû à la force d'entraînement prise en sens contraire.

La force d'entraînement est définie par Coriolis la force qui serait capable de produire le mouvement d'entraînement du point matériel avec les axes mobiles, c'est-à-dire le mouvement que prendrait ce point s'il était lié tout à coup d'une manière invariable avec les axes mobiles.

Une telle force, pour une particule de masse dm, devrait donc ici être capable de lui faire décrire un cercle de rayon ρ avec une vitesse angulaire variable φ. Il faudrait alors qu'elle eût pour composante, suivant le rayon, la force dite *centripète*, dont la valeur est $dm\,\varphi^2\rho$, et pour composante tangentielle au cercle $dm\,\rho\,\dfrac{d\varphi}{dt}$, les valeurs positives étant comptées dans le sens de la rotation.

La force fictive dont nous avons à chercher le travail relatif aura des composantes égales, mais de sens opposé.

Cherchons maintenant, suivant le rayon et suivant la tangente au cercle, les composantes du chemin relatif décrit.

D'abord, suivant le rayon, l'élément de chemin relatif sera $d\rho$, il aura le même sens que la composante fictive; quand ρ croîtra, c'est-à-dire quand $d\rho$ sera positif, le travail correspondant sera

$$dm\,\varphi^2\rho\, d\rho,$$

l'expression portant elle-même son signe.

Ensuite U étant la vitesse absolue de l'élément dm, et α étant l'angle que U fait avec la vitesse d'entraînement, la projection de l'élément de chemin relatif sur la tangente sera

$$(U \cos\alpha - \varphi\rho)\,dt.$$

Quand cette expression sera positive, et que $dm\rho\,\dfrac{d\varphi}{dt}$ le sera aussi, ce qui voudra dire que le chemin et la force sont dirigés dans le sens positif de la rotation φ, le travail de la composante fictive qui est de sens opposé à celui de $dm\rho\,\dfrac{d\varphi}{dt}$ sera négatif, et on devra le représenter par

$$- dm\rho\,\frac{d\varphi}{dt}(U\cos\alpha - \varphi\rho)\,dt.$$

Le travail total de la force fictive sur l'élément dm sera alors

$$dm\left(\varphi^2\rho\,d\varphi + \varphi\rho^2\frac{d\varphi}{dt}dt - \rho\,d\varphi\,U\cos\alpha\right),$$

qu'on peut écrire

$$dm\,d\,\frac{\varphi^2\rho^2}{2} - dm\rho\,d\varphi\,U\cos\alpha.$$

En sorte qu'en faisant la somme pour tous les éléments matériels du volume A, le travail à introduire dans l'équation du mouvement relatif sera

$$d\Sigma\,dm\,\frac{\varphi^2\rho^2}{2} - d\varphi\,\Sigma\,dm\,\rho\,U\cos\alpha.$$

26. *Équation dans le mouvement relatif.* — Les quantités de travail provenant des différentes actions réelles ou fictives, étant ainsi exprimées, nous obtiendrons, pour le mouvement relatif, l'équation des forces vives que nous disposerons comme celle du mouvement absolu, n° 17,

$$d\sum dm\,\frac{W^2}{2} = g\sin\beta\,\Sigma\,dm\,(dx_m + d\xi) + g\cos\beta\,\Sigma\,dm\,(dz_m + d\zeta - \gamma\varphi\,dt)$$
$$+ \Sigma\,d\Omega'\,(p' - p_a)\,U'_m\cos\lambda'\,dt + \Sigma\,d\Omega'\,L'\,U'_m\sin\lambda'\cos\mu'\,dt$$
$$- \varphi\,dt\,\mathfrak{M}\,(p' - p_a) - \varphi\,dt\,\mathfrak{M}\,(L')$$
$$- \Sigma\,d\Omega''\,(p'' - p_a)\,U''_m\cos\lambda''\,dt - \Sigma\,d\Omega''\,L''\,U''_m\sin\lambda''\cos\mu''\,dt$$

$$+ \varphi\, dt\, \mathfrak{M}(p'' - p_a) + \varphi\, dt\, \mathfrak{M}(L'')$$
$$- \varphi\, dt\, \mathfrak{M}(K_e)$$
$$+ \Sigma(p - p_a)\, db + \Sigma d\omega\, L'_0\, dl_0 + \Sigma d\varepsilon\, L'_e\, dl_e$$
$$- \varphi\, dt\, \mathfrak{M}(L_0) - \varphi\, dt\, \mathfrak{M}(L_e)$$
$$+ \Sigma E\, dr_e - \Sigma d\tau_e + \Sigma d\sigma_a + \Sigma d\sigma_e + \Sigma F\, dr$$
$$+ d\Sigma\, dm\, \frac{\varphi^2 \rho^2}{2} - d\varphi\, \Sigma\, dm\, \rho\, U \cos\alpha.$$

Avant de nous servir de cette équation pour éliminer les termes qui lui sont communs avec l'équation du n° 17, nous allons, en la mettant sous une autre forme, en déduire, pour le mouvement relatif, un théorème semblable à celui du n° 18.

27. *Autre forme de l'équation du mouvement relatif.* — Désignons par Q'_r, Q''_r les débits relatifs dans les sections Ω' et Ω'', débits qui peuvent être fort différents des débits absolus. On sera conduit, par des considérations analogues à celles employées au n° 18, à écrire :

$$d\sum dm\, \frac{W^2}{2} = dt\, \Sigma\pi\, dQ''_r\, \frac{W''^2}{2g} - dt\, \Sigma\pi\, dQ'_r\, \frac{W'^2}{2g} + dt\, \frac{\delta \sum dm\, \frac{W^2}{2}}{dt},$$

$$g\sin\beta\, \Sigma\, dm\, (dx_m + d\xi) + g\cos\beta\, \Sigma\, dm\, (dz_m + d\zeta - y\varphi\, dt)$$
$$= dt\, \Sigma\pi\, dQ''_r\, h'' - dt\, \Sigma\pi\, dQ'_r\, h' + dt\, \frac{\delta \Sigma\, dmgh}{dt} - \varphi\, dt\, \Pi A\, y_1 \cos\beta,$$

Π étant à un moment donné le poids moyen de l'unité de volume de A et y_1 se rapportant au centre de gravité de la masse A.

On a d'ailleurs, pour la valeur de Q'_r,

$$Q'_r = \Sigma\, d\Omega'\left[U'_m \cos\lambda' - \varphi\rho \cos\left(\widehat{\varphi\rho', p'}\right)\right],$$

en se rappelant que p' est dirigée suivant la normale à $d\Omega'$; on a aussi

$$\varphi\, dt\, \mathfrak{M}(p' - p_a) = \Sigma p'\, \varphi\, dt\, d\Omega'\, (p' - p_a) \cos\left(\widehat{\varphi\rho', p'}\right);$$

on en déduit

$$\Sigma\, d\Omega'\, (p' - p_a)\, U'_m \cos\lambda'\, dt - \varphi\, dt\, \mathfrak{M}(p' - p_a) = dt\, \Sigma\, dQ'_r\, (p' - p_a);$$

on trouverait de même

$$\Sigma\, d\Omega'\mathrm{L}' \sin\lambda'\cos\mu'\, dt - \varphi\, dt\, \mathfrak{M}\,(\mathrm{L}') = dt\, \Sigma\, d\mathrm{Q}'_r\, \mathrm{L}'\, \mathrm{tang}\,\lambda'\cos\mu',$$

et l'on aurait des transformations analogues pour les termes en $(p'' - p_a)$ et L''.

En substituant ces nouvelles expressions dans l'équation du n° 26,

$$\Sigma\, \pi\, d\mathrm{Q}''_r \left(\frac{\mathrm{W}''^2}{2g} + \frac{p'' - p_a}{\pi} + \frac{\mathrm{L}''}{\pi}\, \mathrm{tang}\,\lambda''\cos\mu'' \right) \quad \text{(puissance motrice}$$
$$\text{relative dans la section } \Omega'')$$

$$= \Sigma\, \pi\, d\mathrm{Q}'_r \left(\frac{\mathrm{W}'^2}{2g} + \frac{p' - p_a}{\pi} + \frac{\mathrm{L}'}{\pi}\, \mathrm{tang}\,\lambda'\cos\mu' \right) \quad \text{(puissance motrice}$$
$$\text{relative dans la section } \Omega')$$

$$+\; \Sigma h''\pi\, d\mathrm{Q}''_r - \Sigma h'\pi\, d\mathrm{Q}'_r \quad \text{(différence du moment des débits re-}$$
$$\text{latifs dans les sections } \Omega'' \text{ et } \Omega')$$

$$+\; \frac{1}{dt}\, \Sigma\,(p - p_a)\, db \quad \text{(travail produit par la dilatation des bulles}$$
$$\text{d'air)}$$

$$-\; \varphi\Pi\mathrm{A}y_1\cos\beta \quad \text{(travail dû au déplacement d'entraînement du}$$
$$\text{poids de la masse liquide A)}$$

$$+\; \frac{1}{dt}\left(d\Sigma\, dm\,\frac{\varphi^2\rho^2}{2} - d\varphi\,\Sigma\, dm\,\rho\mathrm{U}\cos\alpha \right) \quad \text{(travail des forces fic-}$$
$$\text{tives)}$$

$$-\; \frac{\partial \sum m\,\dfrac{\mathrm{U}^2}{2}}{dt} \quad \text{(variation produite dans la force vive absolue par}$$
$$\text{la non-permanence dans l'espace A)}$$

$$+\; \frac{\partial\Sigma\, mgh}{dt} \quad \text{(variation produite dans le moment du poids liquide}$$
$$\text{par la non-permanence dans l'espace A)}$$

$$-\; \frac{d\mathrm{T}'_f}{dt} \quad \text{(travail relatif perdu en frottements, vibrations, actions}$$
$$\text{mutuelles, etc.).}$$

Cette équation pourra se calculer, au moins approximativement, dans le cas d'un mouvement quelconque, et quand on y introduira, comme au n° 18, l'hypothèse de la permanence dans l'écoulement et de l'uniformité dans la rotation, quand on y remplacera les vitesses en chaque point des sections par des vitesses moyennes, quand on y supposera le fluide uniquement formé d'eau incompressible, et qu'on négligera les valeurs de L' et L'', comme on le fait habituellement, elle deviendra, en appelant Q_r le débit relatif,

$$\frac{W''^2}{2g} + \frac{p'' - p_a}{\pi} - h'' = \frac{W'^2}{2g} + \frac{p' - p_a}{\pi} - h'$$
$$- \frac{A}{Q_r} \varphi y_1 \cos\beta + \frac{(^2\varphi \rho''^2 - \rho'^2)}{2g} - \frac{1}{\pi Q_r} \frac{dT'_f}{dt};$$

pour le cas particulier où l'on fait $\beta = 90$ degrés, elle reproduit l'équation donnée par M. Bresse pour le mouvement d'un liquide homogène relativement à un système tournant uniformément autour d'un axe vertical.

Il ne faut pas perdre de vue, dans le calcul du terme $\dfrac{dT'_f}{dt}$, qu'on peut, d'après les considérations du nº 21, l'obtenir en retranchant du travail des résistances passives dans le mouvement absolu le produit de $\varphi\,dt$, multiplié par la somme des moments de ces résistances, pris par rapport à l'axe de rotation.

§ VII. — ÉQUATION DÉFINITIVE DU TRAVAIL UTILE.

28. *Équation générale.* — Si l'on retranche membre à membre l'équation du mouvement relatif, nº 26, de l'équation du mouvement absolu, nº 17, un grand nombre de termes disparaîtront, et si l'on remarque que $g\cos\beta \Sigma\,dm\,y$ est le moment du poids des éléments matériels liquides, par rapport à l'axe de rotation, il vient, en désignant par M la somme des moments du poids de la masse liquide A, et des forces $p' - p_a$, $p'' - p_a$, L', L'', L_e et K_e qui agissent sur elle, et de L_0 qui agit sur les organes

$$d\sum dm \frac{U^2 - W^2}{2} = \varphi\,dt\,M - \frac{dT_u}{dt} - d\Sigma dm \frac{\varphi^2 \rho^2}{2} - d\varphi\,\Sigma dm\,\rho U \cos\alpha.$$

Mais α étant l'angle formé à l'instant, considéré par la vitesse U, dont est animé dm, avec la vitesse d'entraîne-

ment $\varphi\rho$ du point occupé par *dm*, on aura géométriquement

$$W^2 = U^2 + \varphi^2\rho^2 - 2U\varphi\rho\cos\alpha.$$

Substituant dans l'équation précédente et réduisant, on
aura définitivement pour l'équation générale du travail utile

$$\frac{dT_u}{dt}\,dt = \varphi\,dt\,M - \varphi\,d\Sigma\,dm\,U\rho\cos\alpha.$$

29. *Généralité de l'équation.* — L'équation à laquelle
nous venons d'arriver, pour exprimer le travail utile recueilli par un récepteur hydraulique, est absolument exacte,
puisque pour l'obtenir nous n'avons dû faire aucune hypothèse sur la valeur des actions moléculaires ni sur la marche
des éléments matériels.

Elle a une généralité entière, elle s'applique à tous les
moteurs hydrauliques sans exception, elle ne suppose dans
le volume moteur ni la permanence ni la continuité; elle
admet tous les états vibratoires, tous les tournoiements
d'eau et les bouillonnements; elle est vraie, alors même
que, après des changements brusques dans les directions et
dans les vitesses, le liquide se disperserait en gouttes d'eau
isolées.

Nous établirons, d'après cette équation, la théorie de
quelques moteurs, et particulièrement des turbines; mais,
avant de l'appliquer à la pratique, nous devons en inter-
préter quelques termes et les ramener à ne plus contenir
que les données des mouvements observables.

30. *Équation ramenée au mouvement principal.* — Dans
l'équation

$$\frac{dT_u}{dt}\,dt = \varphi\,dt\,M - \varphi\,d\Sigma\,dm\,U\rho\cos\alpha$$

les quantités φ, ρ, U, α se rapportent à la position et aux
déplacements de l'élément matériel liquide *dm*, dont le
mouvement se compose, non-seulement du mouvement
principal ou sensible, mais encore d'un mouvement vibratoire autour du centre d'une molécule fictive, animée du
seul mouvement principal.

Nous allons démontrer que si l'on remplace y, ρ, U, α, pour tous les éléments d'une même molécule, par y_m, ρ_m, U_m, α_m, qui se rapportent au centre de la molécule fictive, animée du mouvement principal, les quantités qu'on négligera seront, par rapport à celles qu'on conservera, du même ordre que les amplitudes du mouvement vibratoire d'un élément dm sont par rapport aux dimensions de la machine.

La chose est évidente pour la substitution de y_m à y dans $\varphi\, dt\, g\cos\beta\, \Sigma\, dm\, y$ qui est la première partie du terme $\varphi\, dt$ M. En effet, $\Sigma\, dm\, y$ représente le moment de la masse du volume moteur A, par rapport au plan vertical zx. Ce moment de la masse peut s'écrire $y_1 \Sigma\, dm$, y_1 étant à l'instant considéré la distance du centre de gravité de A au plan zx. Mais si l'on substitue y_m à y, c'est comme si l'on déplaçait les molécules réelles de A pour leur faire occuper les positions des molécules fictives, et alors même que les vibrations seraient concomitantes et que tous ces déplacements se feraient dans le même sens, le changement apporté dans la distance du centre de gravité du nouveau système, par rapport au plan zx, ne dépassera pas une demi-amplitude de vibration.

Pour les autres parties du terme $\varphi\, dt$ M, on n'a pas à s'en occuper puisqu'elles ne renferment que des quantités relatives seulement au mouvement principal des molécules fictives.

Mais nous avons besoin d'entrer dans plus de détails pour ce qui concerne le terme $-\varphi\, d\Sigma\, dm\, U\rho \cos\alpha$. U, comme nous le savons, est la vitesse d'un élément matériel dm, appartenant à une molécule liquide m; ρ la distance de cet élément à l'axe de rotation, et α l'angle que fait U avec la tangente menée du côté de la vitesse d'entraînement à la circonférence de rayon ρ, passant par le point matériel dm et tracée dans un plan perpendiculaire à l'axe de rotation. Alors $\varphi\, dm\, U\rho \cos\alpha$ est le produit de la vitesse angulaire φ, multipliée par le moment de la quantité de mouvement de dm par rapport à l'axe.

Si, au lieu de projeter la vitesse U sur la tangente au cer-

cle, passant par l'élément matériel *dm*, pour multiplier ensuite la projection par le rayon de ce cercle, on la projetait
sur la tangente au cercle, qui correspond au centre de la
molécule fictive, pour multiplier ensuite la nouvelle projection par le rayon ρ_m de ce dernier cercle, on obtiendrait
un produit qui ne différerait de $U\rho\cos\alpha$ que d'une quantité qui serait, par rapport à $U\rho\cos\alpha$, du même ordre que
l'amplitude de la vibration de *dm* autour de la molécule
fictive est devant les dimensions de la machine.

Si donc on désigne par α' l'angle de U avec la tangente
au cercle, passant par la molécule fictive, on pourra, en ne
négligeant que des quantités de l'ordre indiqué, remplacer

$$dm\, U\rho\cos\alpha \quad \text{par} \quad dm\, U\rho_m\cos\alpha'.$$

On pourra en dire autant pour tous les autres éléments
matériels de la molécule *m*, en sorte qu'en les groupant ils
donneront une somme

$$\rho_m \, \Sigma\, dm\, U\cos\alpha',$$

Σ indiquant que la somme est étendue à tous les éléments
de la molécule *m*.

Cela posé, nommons :

x, y, z les coordonnées de l'élément matériel *dm*;

x_m, y_m, z_m les coordonnées du centre de la molécule fictive;

ξ_i, η_i, ζ_i les coordonnées du centre de gravité de la molécule réelle, par rapport à des axes parallèles aux premiers
et passant par le centre de la molécule fictive;

ξ', η', ζ' les coordonnées de l'élément matériel *dm* par rapport à des axes passant par le centre de gravité de la molécule réelle;

U_m la vitesse de la molécule fictive;

U_v la vitesse de vibration du centre de gravité de la molécule réelle autour du centre de la molécule fictive;

α_m, α_v les angles des vitesses U_m et U_v avec la tangente au
cercle de rayon ρ_m, menée au point occupé par le centre
de la molécule fictive et tracée du côté de la vitesse
d'entraînement;

a, b, c les angles que cette tangente fait avec les axes fixes.

D'après les principes des projections et en étendant la somme aux éléments matériels d'une même molécule m, on a

$$\Sigma\, dm\, \mathrm{U} \cos\alpha' = \Sigma\, dm \left(\frac{dx}{dt} \cos a + \frac{dy}{dt} \cos b + \frac{dz}{dt} \cos c \right);$$

mais

$$x = x_m + \xi_1 + \xi',$$
$$y = y_m + \eta_1 + \eta',$$
$$z = z_m + \zeta_1 + \zeta',$$

et

$$\Sigma\, dm\, \xi' = 0, \quad \Sigma\, dm = m,$$
$$\Sigma\, dm\, \eta' = 0,$$
$$\Sigma\, dm\, \zeta' = 0;$$

on en déduit

$$\Sigma\, dm\, \frac{dx}{dt} \cos a = m\, \frac{dx_m}{dt} \cos a + m\, \frac{d\xi_1}{dt} \cos a,$$

$$\Sigma\, dm\, \frac{dy}{dt} \cos b = m\, \frac{dy_m}{dt} \cos b + m\, \frac{d\eta_1}{dt} \cos b,$$

$$\Sigma\, dm\, \frac{dz}{dt} \cos c = m\, \frac{dz_m}{dt} \cos c + \zeta\, \frac{d\zeta_1}{dt} \cos c;$$

d'où

$$\Sigma\, dm\, \mathrm{U} \cos\alpha' = m\, (\mathrm{U}_m \cos\alpha_m + \mathrm{U}_v \cos\alpha_v).$$

Multipliant par ρ_m et faisant la somme d'expressions semblables pour toutes les molécules du liquide moteur A, on aura

$$- d\Sigma\, m\, \rho_m (\mathrm{U}_m \cos\alpha_m + \mathrm{U}_v \cos\alpha_v)$$

pour l'expression qu'on pourra substituer à

$$- d\Sigma\, dm\, \mathrm{U} \rho \cos\alpha$$

dans l'équation générale, en ne négligeant que des quantités de l'ordre indiqué.

Or que dit l'équation générale? Elle indique que le travail utile recueilli par le récepteur provient à chaque instant, pour une part, du produit de la variation de la somme des quantités de mouvement des divers éléments matériels du liquide moteur, multipliée par la vitesse angulaire de la machine; et cette part est exprimée maintenant, avec le degré d'approximation indiqué, par

$$- \varphi\, d \Sigma m\, \rho_m (\mathrm{U}_m \cos \alpha_m + \mathrm{U}_v \cos \alpha_v).$$

Considérons en particulier une des molécules du liquide moteur, et recherchons, dans son passage à travers le récepteur, la part de travail que de ce chef elle fournira à la machine.

Cette part sera exprimée par l'intégrale

$$- \int_{t''}^{t'} m \varphi\, \frac{d}{dt} (\rho^m \mathrm{U}_m \cos \alpha_m + \rho_m \mathrm{U}_v \cos \alpha_v)\, dt,$$

les limites t' et t'' répondant, la première à l'instant de l'entrée de la molécule dans les limites du volume **A**, la seconde à l'instant de sa sortie.

Pour la facilité du langage, figurons cette part géométriquement (*fig.* 3, *Pl.* **20**).

A cet effet, concevons deux plans perpendiculaires, l'un horizontal, l'autre vertical; prenons sur la ligne d'intersection, comme ligne d'abscisses à partir d'une origine, des longueurs proportionnelles au temps, et élevons sur chaque point de cette ligne, dans le plan horizontal, des ordonnées proportionnelles à la valeur de φ à l'instant correspondant et, dans le plan vertical, des ordonnées également proportionnelles à la valeur correspondante de

$$m\, \frac{d}{dt} (\rho_m \mathrm{U}_m \cos \alpha_m + \rho_m \mathrm{U}_v \cos \alpha_v).$$

Si maintenant on joint les extrémités de ces ordonnées par des courbes, et qu'avec ces courbes comme directrices on construise des cylindres droits sur les plans, on enfermera un espace dont la portion comprise entre deux plans perpendiculaires à la ligne d'abscisses, l'un en t', l'autre en t'', aura un volume proportionnel à l'intégrale, qui exprime le travail fourni à la machine.

Ce volume est terminé en dessus par une surface ondulée comme la courbe, dont l'ordonnée est

$$m \frac{d}{dt} \left(\rho_m U_m \cos\alpha_m + \rho_m U_v \cos\alpha_v \right);$$

et dont les dentelures seront en nombre égal à celui des oscillations du centre de gravité de la molécule réelle autour du centre de la molécule fictive et leur correspondront.

Imaginons dans le plan vertical une courbe coupant la première et se tenant à une distance moyenne telle, que chaque creux laissé en dessous soit égal en surface à la saillie voisine laissée en dessus.

Nous définirons *vitesse principale fictive* la vitesse dont la variation $m \dfrac{d}{dt} \left(\rho_m U_m \cos\alpha_m \right)$ sera proportionnelle à l'ordonnée de cette seconde courbe.

Il est aisé de voir qu'une molécule fictive, animée d'une semblable vitesse, ne s'écartera jamais de la molécule réelle que d'une quantité de l'ordre des amplitudes vibratoires.

Cela posé, si, au moment de son entrée dans les limites du volume **A**, la molécule se trouve justement au point de sa période vibratoire où les deux courbes se coupent, soit avant, soit après un creux, et si, au moment de sa sortie, la molécule est revenue à la même phase de sa vibration qu'à l'entrée, la somme des surfaces en creux sera égale à la somme des surfaces en saillie, et il est dès lors évident que la part de travail que la molécule transmettra, du chef que nous considérons, sera la même que celle que transmettrait une molécule qui ne vibrerait pas et qui ne serait animée que du mouvement principal.

Si, au moment de son entrée dans les limites du volume **A**, la molécule n'est point arrivée à la phase de sa vibration où la courbe ondulée couperait la courbe moyenne, elle était à ce point de ses phases vibratoires, un instant auparavant, quand elle occupait une position située en avant de l'orifice, à une distance qui est de l'ordre des amplitudes vibratoires. En sorte que si, au point où cette molécule traverse la surface fictive, qui, du côté de l'arrivée de l'eau, limite le volume A, on imagine un déplacement de cette surface qui la fasse passer par le point qu'occuperait le centre de la molécule réelle, au moment où la courbe ondulée aurait coupé la courbe moyenne, et si de même, à l'orifice de sortie, on déplace la surface en la repoussant du côté d'aval pour la faire passer par le point où la molécule se trouvera avoir accompli, entre les nouvelles limites de A, un nombre entier de vibrations complètes, on aura un système dans lequel la molécule considérée aura produit le même travail qu'une molécule qui n'aurait pas vibré et n'aurait été animée que du mouvement principal.

Or, avec ces modifications aux orifices d'entrée et de sortie, modifications que nous avons vu, au n° 14, qu'on peut, dans une certaine mesure, faire d'une manière arbitraire, le travail que, de tous les chefs réunis, la molécule transmet au récepteur, ne change pas.

Dès lors, si la modification de surfaces que nous avons introduite change la quantité de travail du chef que nous étudions, il faut, pour que la somme reste la même, qu'elle change d'une quantité de sens opposé, mais de valeur égale, la part que la molécule considérée fournira des autres chefs.

Ces autres chefs sont ceux qui donnent naissance au terme $\varphi\,dt\,\mathrm{M}$ de l'équation générale, et il est manifeste, en se reportant à leur signification, que le changement opéré dans les surfaces, en ce qui, de ces chefs, concerne la molécule considérée, ne modifie la valeur de l'action transmise que d'une quantité qui est à cette valeur du même ordre que les amplitudes vibratoires de la molécule sont par rapport aux dimensions de la machine.

On conclut définitivement que la substitution d'un liquide non vibrant au liquide vibrant ne fait commettre dans l'équation du travail qu'une erreur, qui est, par rapport à ce travail, du même ordre que les amplitudes vibratoires sont par rapport aux dimensions de la machine.

Les amplitudes vibratoires, telles que nous les avons définies, sont d'ordre négligeable devant la moindre dimension de la machine; aussi nous pourrons, sans erreur sensible, ne considérer dans les termes de l'équation que les quantités qui se rapportent au mouvement principal de chaque molécule.

Par des considérations analogues à celles qui viennent d'être présentées, on montrerait qu'en remplaçant à son tour le mouvement principal des molécules liquides dans les données de l'équation, par le mouvement moyen que nous avons défini au n° 6, on commettrait au plus une erreur, qui serait de même ordre, par rapport aux quantités conservées, que sont, par rapport aux dimensions de la machine, les amplitudes des écarts du mouvement principal sur le mouvement moyen.

§ VIII. — Travail transmissible.

31. *Mouvement principal du récepteur.* — Nous avons défini *mouvement principal d'une molécule liquide* le mouvement d'une molécule fictive, autour du centre de laquelle les éléments de la molécule réelle peuvent être regardés comme exécutant des vibrations.

Nous l'avons, au dernier numéro, précisé davantage en disant que, si l'on prend deux époques entre lesquelles le centre de la molécule liquide réelle aura exécuté un nombre entier de vibrations complètes, la variation du moment de la quantité de mouvement de la molécule fictive, par rapport à l'axe de rotation, sera égale à la variation du moment de la quantité de mouvement de la molécule réelle.

Quand il s'agit des molécules appartenant à un solide comme le récepteur, il existe entre elles une solidarité qui maintient, pour leur ensemble, une forme peu variable; aussi l'on peut, dans les calculs, décomposer le mouvement absolu d'un élément matériel solide en un mouvement vibratoire, qui pourra varier d'une manière quelconque d'un élément à l'autre, et en un mouvement principal qui, d'une molécule à l'autre, ne variera que d'après les liaisons de l'ensemble.

Si l'on désigne par m' la masse d'un élément matériel du récepteur, par r sa distance à l'axe de rotation, par u sa vitesse absolue, et par ε l'angle de u avec la tangente en m' au cercle de rayon r, tracé concentriquement à l'axe de rotation dans un plan perpendiculaire à cet axe, on pourra prendre pour vitesse angulaire principale de rotation

$$\varphi = \frac{\Sigma m' r u \cos \varepsilon}{\Sigma m' r^2}.$$

Il est manifeste que les molécules d'un corps rigide, qui serait animé de cette vitesse angulaire φ, s'éloigneraient au plus des molécules du corps vibrant de quantités qui seraient de l'ordre des amplitudes vibratoires.

En effet, soit ε' l'angle que la vitesse vibratoire w du centre d'une molécule solide réelle fait à l'instant considéré, avec la vitesse φr; la vitesse absolue u peut toujours être regardée comme étant la résultante de la vitesse φr qu'aurait un élément fictif et de la vitesse relative w de l'élément réel par rapport à l'élément fictif.

Dès lors on a, d'après les propriétés connues des projections,

$$u \cos \varepsilon = \varphi r + w \cos \varepsilon';$$

on en déduit

$$\Sigma m' r u \cos \varepsilon = \Sigma m' \varphi r^2 + \Sigma m' r w \cos \varepsilon',$$

et, comme φ est choisi de telle sorte que

$$\Sigma m' r u \cos \varepsilon = \Sigma m' \varphi r^2,$$

il s'ensuit qu'on doit avoir à tous les instants

$$\Sigma m' r w \cos \varepsilon' = 0.$$

Pour que cette somme soit nulle, il faut qu'elle renferme des termes positifs et des termes négatifs.

Or m' et r sont de leur nature positifs; il faut donc que $w \cos \varepsilon'$ soit positif pour certains éléments et négatif pour d'autres; c'est-à-dire qu'il faut que les éléments matériels réels s'éloignent des éléments fictifs, les uns dans le sens de rotation de gauche à droite, les autres dans le sens de droite à gauche. Les éléments fictifs occupent donc une sorte de position moyenne qui ne peut s'éloigner de la position des éléments réels que d'une quantité de l'ordre des amplitudes vibratoires.

Si les molécules ne vibrent pas, les éléments fictifs animés du mouvement tel qu'il est défini se confondent avec les éléments réels.

Il en est de même quand toutes les molécules vibrent ensemble en éprouvant alors un mouvement moyen de rotation compliqué d'une sorte d'oscillation autour de l'axe fixe.

Cette sorte de mouvement par saccades se produit quand les vibrations rotatoires sont de même sens et concordantes pour la plus grande partie des molécules.

La rotation angulaire φ du mouvement que nous nommons *principal* peut donc être saccadée, et il ne faut pas la confondre avec la rotation moyenne φ_1, qui est telle qu'on a

$$\int_{t_0}^{t} \varphi\, dt = (t - t_0)\varphi_1 \pm \delta,$$

δ étant au plus égal à une amplitude d'oscillation de φ.

Dans la Mécanique pratique, c'est au mouvement φ_1 que l'on cherche à ramener les calculs, et l'on peut voir, en recourant à des considérations analogues à celles déjà exposées, la limite des erreurs que cette substitution pourra faire commettre.

Le mouvement principal du récepteur, tel que nous l'avons défini, jouit d'une propriété remarquable que voici :

On a géométriquement

$$w^2 = u^2 + \varphi^2 r^2 - 2u\varphi r \cos\varepsilon,$$

d'où

$$\Sigma m'u \cos\varepsilon\, r = \Sigma m' \frac{u^2 + \varphi^2 r^2 - w^2}{2\varphi};$$

mais par construction on a

$$\Sigma mu \cos\varepsilon\, r = \Sigma m'\varphi r^2,$$

d'où l'on déduit, en substituant,

$$\frac{\Sigma m'u^2}{2} = \frac{\Sigma m'\varphi^2 r^2}{2} + \frac{\Sigma m'w^2}{2};$$

c'est-à-dire que la force vive d'une masse solide vibrante en
mouvement autour d'un axe est égale à la somme de la
force vive correspondant au mouvement principal et de la
force vive correspondant au mouvement vibratoire.

32. *Considération du travail transmissible donnant une
autre manière d'obtenir l'équation générale du travail.* —
Les organes du moteur reçoivent pendant le temps dt une
quantité d'action dont la partie qui correspond à leur mouvement principal a pour valeur

$$\frac{dT_u}{dt}\,dt = \gamma\,dt\,M - \varphi\,d\Sigma m\,U\rho\cos\alpha.$$

Cette quantité d'action ne se transmet entièrement à un
instant donné qu'autant que la vitesse de rotation est constante.

Si la vitesse de rotation est variable, il faut, pour avoir la
quantité de travail qui se transmet à un instant donné, tenir
compte de la variation du terme $\dfrac{\Sigma m'\varphi^2 r^2}{2}$ et de la quantité
de travail emmagasinée ou restituée par les déformations
élastiques des organes.

Le travail qui se transmet à un instant donné peut se représenter par $P\varphi'R\,dt$, P étant une force agissant tangentiellement à une circonférence de rayon R.

Le travail emmagasiné dans la masse de la roue ou restitué par suite des variations de φ peut se représenter par
$\varphi\,d\varphi\Sigma m'r^2$, cette expression portant son signe en elle-
même.

Le travail emmagasiné ou restitué par l'élasticité des organes pendant le temps dt peut être représenté, comme le
travail des actions mutuelles, par $PR\,\dfrac{d\psi}{dt}\,dt$, cette expression étant positive ou négative, suivant que l'accroisse-
ment $d\psi$ est de même sens que φ ou de sens opposé.

En supposant qu'on ne dépasse pas les limites de l'élasti-
cité, l'intégrale $\displaystyle\int\frac{d\psi}{dt}\,dt$ est nulle entre deux instants pour

lesquels ψ a repris la même valeur; d'ailleurs on a

$$\varphi\, dt = \varphi'dt + \frac{d\psi}{dt}\, dt.$$

Le travail total recueilli par le récepteur se partage de la manière suivante :

$$\frac{dT_u}{dt}\, dt = \mathrm{PR}\,\varphi'dt + \varphi\, d\varphi\, \Sigma\, m'r^2 + \mathrm{PR}\,\frac{d\psi}{dt}\, dt = \mathrm{PR}\,\varphi\, dt + \varphi\, d\varphi\, \Sigma\, m'r^2.$$

Mais, en vertu du théorème de Mécanique rationnelle sur les moments des quantités de mouvement, et en observant que, dans son application, les forces mutuelles disparaissent, on aura

$$d\,\Sigma\, m\, \rho\, \mathrm{U}\cos\alpha + d\varphi\, \Sigma\, m'r^2 = dt\,\mathrm{M} - \mathrm{PR}\, dt,$$

d'où l'on déduit, par combinaison avec l'équation précédente,

$$\frac{dT_u}{dt}\, dt = \varphi\, dt\,\mathrm{M} - \varphi\, d\,\Sigma\, m\,\mathrm{U}\,\rho\cos\alpha,$$

c'est-à-dire l'équation générale du travail trouvée plus haut.

CHAPITRE III.

ÉTUDE PARTICULIÈRE DES RÉCEPTEURS.

§ I. — APPLICATION DES ÉQUATIONS.

33. *Interprétation des termes de l'équation générale.* — Nous allons maintenant faire l'application à quelques récepteurs hydrauliques de la théorie générale que nous venons d'exposer.

L'équation du travail, en ne considérant plus que le mouvement principal, est

$$\frac{d\mathrm{T}_u}{dt}\, dt = \varphi\, dt\, \mathrm{M} - \varphi\, d\Sigma\, m\, \mathrm{U}\rho\cos\alpha.$$

Elle peut encore se simplifier dans les applications, et c'est ce que nous allons montrer en rappelant la signification des termes :

$\dfrac{d\mathrm{T}_u}{dt}\, dt$ est la quantité totale d'action correspondant à son mouvement principal, que le récepteur reçoit pendant le temps dt.

φ est la vitesse angulaire du mouvement principal du récepteur.

M est la somme des moments par rapport à l'axe de rotation des forces suivantes que nous allons passer en revue.

1° La pesanteur qui agit sur les molécules du volume d'eau moteur A enfermé à un instant déterminé entre les surfaces limites du récepteur, moment qui a pour expression $\Sigma mgy\cos\beta$, β étant l'angle que fait l'axe de rotation avec le plan horizontal, et y étant la distance de la molécule m au plan vertical qui passe par l'axe de rotation et par l'axe des z.

2° Les forces L_e. Ces forces sont les résultantes des actions tangentielles de l'air sur la surface du liquide renfermé dans le récepteur. Ces forces sont tellement faibles, qu'on n'en tient pas compte d'ordinaire, et si, de plus, on observe que les plans tangents aux différents points de la surface liquide sont tels, que les moments des forces qui y sont contenues ont de faibles bras de levier, on voit qu'on peut négliger les moments des forces L_e.

3° Les forces L_0. Ces forces sont les résultantes des actions tangentielles de l'air sur les parois intérieures du récepteur. Les actions sur les parois extérieures sont laissées parmi les résistances que le travail recueilli par le moteur doit vaincre. Les vitesses relatives de l'air et des parois intérieures étant faibles, les actions tangentielles sont tout à fait négligeables, et comme, en outre, pour la même raison que ci-dessus, les moments n'ont que de très-petits bras de levier, on peut, sans erreur sensible, n'en pas tenir compte.

4° Les forces L' et L''. Ces forces sont les résultantes de l'action tangentielle du liquide extérieur sur les orifices d'entrée et de sortie du liquide moteur. Elles sont extrêmement faibles, attendu que les molécules liquides, au passage de ces orifices, suivent ordinairement des routes à peu près parallèles et sont animées de vitesses très-peu différentes d'un point à un autre. Ces forces tiennent à diverses causes qu'il paraît bien difficile qu'on soumette jamais à une rigoureuse analyse. Toutefois, pour celles qui naissent de la cause indiquée au n° 6, on peut en donner, sinon la valeur, du moins le sens. Les forces provenant de la rotation des molécules paraissent en effet devoir, dans une section faite au travers d'une veine liquide, rayonner des points où la vitesse est la plus grande vers ceux où elle est moindre. Dès lors, comme, avec les formes adoptées dans les machines, le centre de figure de la section est à peu près le point de plus grande vitesse, tandis que les courbes de vitesses égales lui sont concentriques, il s'ensuit que les forces L' et L'' provenant de cette cause seraient dirigées suivant les rayons de la figure, et que par conséquent

4

la somme de leurs moments aurait une valeur nulle ou tout au moins très-petite, même par rapport à ces forces.

En tous cas, l'expérience montrant que ces forces sont très-faibles, on pourra, sans erreur sensible, les négliger dans les calculs pratiques, ainsi qu'on le fait d'ordinaire.

5° Les forces $(p' - p_a)$, $(p'' - p_a)$, qui agissent normalement sur les orifices d'entrée et de sortie. p' est la pression, rapportée à l'unité de surface, qui agit normalement sur l'orifice d'entrée; p'' est la même pression sur l'orifice de sortie, et p_a est la pression de l'air contenu dans le compartiment correspondant.

Les moments des forces $p' - p_a$ et $p'' - p_a$ sont nuls quand les orifices sont sur des surfaces cylindriques concentriques à l'axe ou sur des plans perpendiculaires à cet axe.

6° La force K_e. Cette force, dans les machines dont quelques parties du récepteur en contact avec le liquide moteur sont fixes, représente en chaque point de contact l'action de ces parties fixes sur le liquide moteur A.

U, ρ, α sont, pour la molécule m, sa vitesse principale absolue, la distance de son centre à l'axe de rotation et l'angle de sa vitesse avec la vitesse d'entraînement.

A l'aide de l'équation du n° 28 et des équations des n°ˢ 17 et 18 qu'on résoudra toujours, ne fût-ce que par des procédés géométriques, avec le degré d'approximation qu'on jugera convenable, on pourra traiter toutes les questions relatives à la marche et à la puissance des récepteurs hydrauliques, et, comme ces équations sont mathématiquement vraies et qu'elles se rapportent au mouvement le plus général, elles feront juger de l'importance des erreurs qu'on commettra lorsque, pour faciliter les calculs, on supposera pour les machines des conditions plus simples que celles de la réalité.

On verra par exemple, en discutant les équations mises sous la forme que nous leur avons donnée aux n°ˢ 18 et 27, que, dans la plupart des cas de la pratique, on peut se borner à étudier la marche des récepteurs hydrauliques, dans l'hypothèse d'un écoulement permanent et d'une rotation uniforme, attendu que les écarts autour de cette uniformité introduisent des termes de faible valeur et qui, tantôt positifs et tantôt négatifs, donnent des résultats à peu près nuls quand on intègre entre les limites d'une période.

Aussi, et bien que la question puisse se traiter d'une manière plus générale et par des méthodes assez simples, nous nous bornerons, dans ce qui va suivre, à donner des formules pour le cas de la permanence et de l'uniformité dans le mouvement.

§ II. — Moteurs de la première classe.

34. *Roue à augets ou en dessus.* — Nous n'avons en vue de traiter dans ce Mémoire que la théorie des moteurs de la troisième classe; toutefois, pour montrer la généralité de l'équation, nous allons brièvement l'appliquer à quelques moteurs des autres classes.

Commençons par la roue à augets ou en-dessus. Nous choisirons pour surfaces limites du volume moteur à l'entrée et à la sortie le cylindre enveloppe de la roue. Alors, le moment des pressions $p' - p_a$ et $p'' - p_a$ sera nul, puisqu'elles passent par le centre. Comme, de plus, toutes les parties du récepteur en contact avec le liquide sont mobiles et que l'axe de rotation est horizontal, le moment M se réduira à Σmgy, et l'équation du travail deviendra

$$\frac{dT_u}{dt}\, dt = \varphi\, dt\, \Sigma mgy - \varphi\, d\Sigma m U \rho \cos z.$$

On peut se proposer la solution de plusieurs problèmes.

On peut, connaissant les dimensions et la forme de la roue, le volume de l'eau motrice fourni par seconde, et la vitesse de rotation qu'on suppose d'abord uniforme, demander le travail utile recueilli à chaque instant.

Nommons :

R le rayon extérieur de la roue;

π le poids du mètre cube d'eau;

A le volume variable de l'eau contenue dans la roue;

y_1 l'ordonnée du centre de gravité de ce volume par rapport au plan vertical passant par l'axe de rotation et par l'axe des z.

Le premier terme du second membre de l'équation fournit une part de travail, qui à chaque instant est mesurée par l'expression

$$\pi \, \mathrm{A} y_1 \, \varphi \, dt.$$

On sait, par des méthodes géométriques, tracer la forme affectée à chaque instant par le volume liquide contenu dans la roue, et, par conséquent, trouver son moment, qui variera un peu par périodes correspondant au passage de chaque auget devant l'arrivée de l'eau.

Le second terme indique que chaque molécule de masse m, qui passe dans la roue, fournit de ce chef, depuis l'instant où elle a franchi l'orifice d'entrée jusqu'à celui où elle traverse l'orifice de sortie, une quantité de travail mesurée par le produit de φ, multipliant la différence entre le moment de sa quantité de mouvement à l'entrée, et le moment de sa quantité de mouvement à la sortie, et cela quelles que soient les circonstances de la route.

Cette quantité de travail s'exprimera par

$$\varphi \, m \, \mathrm{R} \, (\mathrm{U}' \cos \alpha' - \mathrm{U}'' \cos \alpha'').$$

Pour chacune des molécules du volume $\mathrm{Q} \, dt$ que débite le courant dans un temps dt, il en sera de même, et dans chaque temps dt un nouveau volume $\mathrm{Q} \, dt$ étant fourni au récepteur par le courant, c'est comme s'il lui fournissait, pendant cette durée, une quantité de travail utile représentée par

$$\varphi \, \mathrm{R} \, \Sigma \, m \, \mathrm{U}' \cos \alpha' - \varphi \, \mathrm{R} \, \Sigma \, m \, \mathrm{U}'' \cos \alpha'',$$

la somme Σ étant étendue à toutes les molécules du volume $\mathrm{Q} \, dt$,

Représentons maintenant par U_0 et α_0 les valeurs moyennes de U' et α'; on aura, avec le degré d'approximation en usage

$$\varphi \, \mathrm{R} \, \Sigma \, m \, \mathrm{U}' \cos \alpha' = \frac{\pi}{g} \, \mathrm{Q} \, dt \, \mathrm{U}_0 \cos \alpha_0 \, \varphi \, \mathrm{R}.$$

Observons ensuite que l'eau, à la sortie de la roue, s'échappe avec une vitesse relative, principalement due à la force centrifuge, et qu'on peut sensiblement regarder comme dirigée suivant le rayon ; dès lors, la composante $U'' \cos\alpha''$, suivant la tangente au cercle, sera φR pour toutes les molécules, et l'on aura

$$\varphi R \, \Sigma m U'' \cos\alpha'' = \frac{\pi}{g} Q \, dt \, \varphi^2 R^2.$$

Alors l'équation devient

$$\frac{dT_u}{dt} dt = \pi A y_1 \varphi \, dt + \frac{\pi}{g} Q \, dt (U_0 \cos\alpha_0 - \varphi R) \varphi R,$$

ce qui donne, à chaque instant, pour la valeur du travail rapportée à l'unité de temps

$$\frac{dT_u}{dt} = \pi A y_1 \varphi + \frac{\pi}{g} Q (U_0 \cos\alpha_0 - \varphi R) \varphi R.$$

On en pourrait tirer une discussion des formes les plus avantageuses au rendement.

Si l'on observe que le terme $\pi A y_1 \varphi \, dt$ peut aussi se traduire, en disant que c'est le travail que développerait pendant le temps dt la gravité sur le volume liquide A se mouvant en vertu du seul mouvement d'entraînement de la roue, on ramènera, par une simple transformation analytique, cette formule à celle donnée dans les Traités d'hydraulique, et dont M. le général Morin a vérifié par expérience la remarquable exactitude.

On pourrait aussi se proposer, pour la même roue recevant le même volume moteur, de déterminer la loi de la variation de la vitesse de rotation, connaissant la variation de la résistance à vaincre par la machine ; mais ce serait sortir du cadre que nous nous sommes tracé que de discuter cette question, qu'on pourra toujours résoudre à l'aide de l'équation, au moins par des méthodes approchées.

Nous allons maintenant dire quelques mots de la roue de côté.

35. *Roue de côté*. — Un des avantages de la théorie que nous exposons, c'est d'avoir une certaine latitude dans le choix des surfaces limites du volume moteur à l'entrée et à la sortie, et de pouvoir adopter celles où les conditions de la marche des molécules peuvent, au moins approximativement, se déterminer *à priori*, et celles qui simplifient le plus les calculs.

Par ces motifs, nous choisirons, comme dans la roue en dessus, pour surfaces limites du volume moteur à l'entrée et à la sortie, le cylindre enveloppe de la roue, ce qui d'abord rend nuls les moments des pressions $p' - p_a$ et $p'' - p_a$, et de plus nous fait connaître le moment de la quantité de mouvement de chaque molécule à sa sortie; car nous pouvons admettre que la vitesse relative est sensiblement dirigée suivant les aubes, c'est-à-dire suivant le rayon, en sorte que la composante tangentielle de la vitesse absolue à la sortie est φR.

Le moment de la pesanteur sur le volume d'eau A contenu dans le récepteur se déterminera en traçant pour les diverses positions la figure de ce volume d'eau. On remarquera que ce moment ne change pas, si l'on se borne pour son évaluation à ne considérer que le liquide A' situé au-dessus du niveau du bief d'aval pris immédiatement contre la roue; nous exprimerons sa valeur par $\pi A' \gamma'_1$.

Dans la roue de côté, toutes les parties du récepteur en contact avec le liquide ne sont pas mobiles, car celle qui constitue le coursier est fixe, et elle exerce sur le liquide A des actions K_e dont le moment est à joindre à celui de la pesanteur dans le second membre de l'équation générale.

L'action K_e peut se décomposer en actions dirigées normalement aux surfaces, et dont le moment par rapport à l'axe de rotation est nécessairement nul, et en actions dirigées tangentiellement dans le sens opposé au mouvement. L'ensemble de ces forces tangentielles rapportées à l'extrémité du rayon a, d'après M. Bresse, une valeur

$$f = 0^k,014 \frac{l(b + 2h)}{bh} \frac{\pi}{2g} Q \varphi^2 R^2,$$

l étant la longueur du coursier, b sa largeur et h la hauteur moyenne de la lame d'eau.

L'équation du travail pourra alors s'écrire

$$\frac{d\mathrm{T}_u}{dt} = \pi \mathrm{A}'y'_1\,\varphi - f\mathrm{R}\varphi + \frac{\pi}{g}\mathrm{Q}(\mathrm{U}_0\cos\alpha_0 - \varphi\mathrm{R})\varphi\mathrm{R}.$$

Sa discussion justifierait les dispositions proposées par M. Belanger pour l'établissement de ces sortes de roues.

En faisant sur $\pi\mathrm{A}'y'_1\varphi\,dt$ la même remarque que plus haut, on verrait, par une simple transformation analytique, que $\pi\mathrm{A}'y'_1\varphi$ peut se représenter moyennement par $\pi\mathrm{Q}\mathrm{H}'$, et qu'on retomberait sur la formule de M. Bresse, en supposant que H' représente la hauteur du centre de gravité de l'orifice d'entrée au-dessus du niveau d'aval mesuré immédiatement contre la roue.

En appliquant à deux moteurs de la première classe la théorie que nous exposons, nous voulions seulement montrer la concordance des résultats qu'elle donne avec ceux obtenus par d'autres méthodes; aussi nous ne nous étendrons pas davantage sur un sujet qu'on trouve complétement élucidé dans plusieurs Traités d'Hydraulique.

Nous nous abstiendrons, de même, de traiter la question des moteurs que nous avons rangés dans la deuxième classe, ceux qui utilisent plus spécialement la pression de l'eau, et nous allons aborder l'étude des moteurs de la troisième classe, dont la théorie est jusqu'à présent moins avancée.

CHAPITRE IV.

MOTEURS DE LA TROISIÈME CLASSE.

§ I. — ACTION D'UN LIQUIDE EN MOUVEMENT.

36. *Généralités.* — Les moteurs que nous avons rangés dans la troisième classe sont, comme nous l'avons dit en commençant, ceux dans lesquels on introduit l'eau, après lui avoir communiqué, au moyen de la chute, la plus grande force vive possible, que la machine doit ensuite lui reprendre pour en faire du travail.

Depuis l'invention récente des turbines et des roues-turbines et les perfectionnements de toutes sortes qu'on y a apportés, les moteurs de la troisième classe ont acquis une grande importance dans l'industrie.

D'abord ils ont un rendement élevé, et ensuite, comme conséquence du principe sur lequel ils sont basés, ils ont une marche rapide, en sorte que, sous un petit volume et avec des organes d'un faible poids, ce qui les rend peu encombrants et économiques, ils peuvent développer une puissance considérable.

Nous allons passer en revue les principaux de ces moteurs; mais auparavant, comme nous en aurons besoin plus tard, nous devons, à l'aide de notre équation générale de travail, étudier les effets qui se produisent dans la rencontre d'une palette mobile par une veine liquide en mouvement.

37. *Action d'une veine liquide sur un plan mobile.* — Comme nous ne traitons pas ce problème pour lui-même, mais pour l'usage que nous en devons faire, nous supposerons les conditions particulières suivantes (*fig.* 1 et 2, *Pl.* 20).

Une palette plane est attachée par son centre d'une manière invariable à l'extrémité d'un rayon R qui peut tourner d'un mouvement uniforme autour d'un axe fixe, en restant dans un plan perpendiculaire à cet axe, que nous désignerons par *plan de rotation du centre de la palette.*

Ce plan de rotation coupe la palette suivant une droite qui fait avec le rayon B un angle constant que nous nommerons χ, et la normale à la palette fait avec l'axe de rotation un angle également constant que nous nommerons δ.

Une veine liquide, qu'on suppose formée de filets parallèles entre eux, vient frapper la palette; elle s'y étale, et l'expérience montre que, si la palette a des dimensions suffisantes, toutes les molécules liquides, à partir d'un périmètre concentrique et intérieur à celui de la palette, ne possèdent plus qu'une vitesse relative parallèle à son plan. Ce fait de parallélisme du liquide qui s'échappe peut résulter également de dispositions telles que celles qu'on rencontre dans les machines que nous avons à étudier; aussi, bien que notre équation puisse donner avec une égale facilité la solution du cas général, nous ne surchargerons pas nos formules d'une complication inutile, et nous nous restreindrons au cas où les molécules liquides s'échappent avec une vitesse relative parallèle au plan de la palette.

Nous choisirons pour surfaces limites du volume liquide moteur A, du côté de la sortie, le cylindre droit élevé sur le périmètre de la palette, et, du côté de l'arrivée, une section Ω_0 perpendiculaire à la veine liquide, en un point assez éloigné de la palette pour que le mouvement des molécules soit ce qu'il serait sans la présence de l'obstacle.

Nommons en outre :

U_0 la vitesse des molécules liquides dans la section Ω_0;

R_0 la distance du centre de Ω_0 à l'axe de rotation;

α_0 l'angle que la vitesse U_0 fait avec l'élément de chemin que suivrait le centre de Ω_0 s'il était emporté dans la vitesse d'entraînement;

β l'angle que l'axe de rotation fait avec l'horizon;

γ_1 la distance du centre de gravité du volume A au plan des zx, qui est, comme on sait, le plan vertical passant par l'axe de rotation;

R_1 la distance du centre de gravité de A à l'axe de rotation ;

θ l'angle de R_1 avec l'axe des y ;

w'' la vitesse relative avec laquelle le liquide, en quittant la palette, traverse un élément $d\omega$ de l'orifice de sortie ;

ε l'angle de w'' avec la normale N à $d\omega$;

ρ'' la distance de $d\omega$ à l'axe de rotation ;

γ'' l'angle de w'' avec l'élément du chemin que décrit $d\omega$ quand il est emporté dans la vitesse d'entraînement.

Appliquons maintenant l'équation du travail en y introduisant la condition de la rotation uniforme ; elle est

$$\frac{d\mathrm{T}_u}{dt}\,dt = \varphi\,dt\,\mathrm{M} - \varphi\,d\,\Sigma m\,\mathrm{U}\rho\cos\alpha;$$

le moment M, toutes les parties étant mobiles, se compose du moment de la pesanteur et de celui des pressions dans les orifices d'entrée et de sortie.

Le moment de la pesanteur est

$$\pi\mathrm{A}y_1\cos\beta = \pi\mathrm{A}R_1\cos\beta\cos\theta.$$

Au sujet du moment des pressions dans les orifices, on observera d'abord que, pour l'orifice Ω_0, l'écoulement a lieu dans des conditions où les hydrauliciens admettent que la pression est en chaque point celle de l'atmosphère ambiante ; alors

$$p' - p_a = 0.$$

Quant à l'orifice de sortie, bien que la pression p'' doive différer bien peu de p_a, nous l'introduirons dans l'équation ; elle donne une pression résultante $(p'' - p_a)$ qui est normale à $d\omega$, fait un angle que nous nommerons η avec la tangente au cercle de rotation du point correspondant, et a pour moment $(p'' - p_a)\,d\omega\rho''\cos\eta$; on aura alors

$$\mathrm{M} = \pi\mathrm{A}R_1\cos\beta\cos\theta - \Sigma(p'' - p_a)\,d\omega\rho''\cos\eta;$$

on aura aussi

$$- \varphi\,d\,\Sigma m\,\mathrm{U}\rho\cos\alpha$$

$$= \varphi\frac{\pi}{g}\,\mathrm{Q}\,dt\,\mathrm{U}_0\,R_0\cos\alpha_0 - \varphi\,dt\,\frac{\pi}{g}\,\Sigma\,d\omega\cos\varepsilon\,w''(w''\cos\gamma'' + \varphi\rho'')\rho'',$$

et l'équation deviendra

$$\frac{dT_u}{dt}\,dt = \varphi\,dt\,\pi\,AR_1\cos\beta\cos\theta - \varphi\,dt\,\Sigma(p''-p_a)\,d\omega\,p''\cos\eta$$

$$+ \varphi\,\frac{\pi}{g}\,Q\,dt\,U_0\,R_0\cos\alpha_0 - \varphi\,dt\,\frac{\pi}{g}\,\Sigma\,d\omega\,\cos\varepsilon\,w''(w''\cos\gamma'' + \varphi\rho'')\rho''.$$

Considérons un point du périmètre de la palette : sa distance à l'axe est ρ'', et la ligne d'intersection du plan de rotation de ce point avec la palette fait avec le rayon ρ'' un angle que nous nommerons χ''.

Toutes ces lignes d'intersection de la palette et des plans de rotation sont nécessairement parallèles. Désignons par ψ l'angle que fait la vitesse w'' avec la direction de ces lignes ; on aura nécessairement par les projections

$$\cos\gamma'' = \cos\psi\sin\chi'' + \sin\psi\cos\delta\cos\chi'',$$

et, si l'on veut que cette formule porte avec elle son signe, il faut convenir que les angles χ'' seront positifs quand le rayon rencontrera la palette du même côté que la veine liquide, et négatifs dans le cas contraire ; qu'en outre on comptera les angles ψ à partir du côté de la ligne d'intersection de la palette et du plan de rotation qui est le plus éloigné de la circonférence extérieure du système.

38. *Axe de rotation dans le plan de la palette.* — Faisons l'application de cette formule aux différents cas de la pratique. Prenons d'abord celui où l'axe de rotation est dans le prolongement du plan de la palette.

Alors on a $\delta = 90°$, $\chi'' = 0$, $\eta = 90°$, et la formule se réduit à

$$\frac{dT_u}{dt}\,dt = \varphi\,dt\,\pi\,AR_1\cos\beta\cos\theta + \varphi\,\frac{\pi}{g}\,Q\,dt\,U_0\,R_0\cos\alpha_0$$

$$- \varphi\,dt\,\frac{\pi}{g}\,\Sigma\,d\omega\,\cos\varepsilon\,w''\varphi\rho''^2.$$

Remplaçons $\dfrac{dT_u}{dt}\,dt$ par $P\,v\,dt$, v étant la vitesse du centre de la palette, et supposons que l'axe de rotation s'éloigne indéfiniment. Toutes les valeurs φR_1, φR_0, $\varphi\rho$ pourront se remplacer par v, et l'on aura pour le mouvement en ligne droite

$$P v = v \left[\pi A \cos\beta \cos\theta + \frac{\pi}{g} Q (U_0 \cos\alpha_0 - v) \right];$$

en divisant par v, on aura la valeur de la pression normale à la palette, et, si l'on remarque que $\cos\beta \cos\theta$ est égal au cosinus de l'angle que fait la normale à la palette avec la verticale, et que α_0 est l'angle que U_0 fait avec v, c'est-à-dire avec la même normale, on trouvera, en faisant $v = 0$ comme cas particulier, la valeur du choc d'une veine contre un plan fixe, telle que la donne **M.** Bresse dans son *Cours d'Hydraulique*.

Reprenons l'équation

$$P v = v \left[\pi A \cos\beta \cos\theta + \frac{\pi}{g} Q (U_0 \cos\alpha_0 - v) \right]$$

et, pour ne nous occuper que du terme fourni par la vitesse, supposons la palette verticale, c'est-à-dire

$$\cos\beta \cos\theta = 0,$$

nous aurons

$$P v = \frac{\pi}{g} Q (U_0 \cos\alpha_0 - v) v.$$

C'est le travail recueilli à chaque instant par une palette verticale marchant parallèlement à elle-même et recevant l'action d'une veine liquide dont les molécules sont animées d'une vitesse U_0 faisant un angle α_0 avec la direction de la normale à la palette, qui est aussi la direction de la vitesse v.

Avant la rencontre, chaque molécule possédait une quantité de force vive $m \dfrac{U_0^2}{2}$, et, après la rencontre, la molécule ayant une vitesse relative w_1 parallèle à la palette n'aura plus que la force vive $\dfrac{m U_1^2}{2} = m \left(\dfrac{w_1^2 + v^2}{2} \right).$

Il en résulte que, le travail transmis étant $m(U_0 \cos\alpha_0 - v) v$, la perte de force vive due à la rencontre sera, pour la palette et pour la molécule liquide,

$$m \frac{U_0^2 - U_1^2}{2} - m(U_0 \cos\alpha_0 - v)v = \tfrac{1}{2}m(U_0^2 - U_1^2 - 2U_0 v \cos\alpha_0 + 2v^2)$$
$$= m \frac{v^2 - v_1^2}{2}.$$

La force vive perdue est donc égale à la variation de la force vive relative.

39. *Axe de rotation parallèle à la palette.* — Considérons une palette pouvant tourner autour d'un axe qui lui est parallèle; elle reçoit le choc d'une veine liquide dont les filets sont dans des plans perpendiculaires à l'axe de rotation, et il se fait, d'après les dispositions adoptées, qu'à une très-petite distance de l'entrée de la veine, les molécules liquides n'ont plus que des vitesses relatives parallèles à la palette et situées également dans les plans perpendiculaires à l'axe. Nous allons déterminer la quantité de travail qui s'est perdue dans ce changement.

Pour appliquer notre équation, nous prendrons pour limite du liquide, du côté de la sortie, une surface cylindrique concentrique à l'axe de rotation.

On a alors $\delta = 90°$, $\eta = 90°$, $\psi = 0$ ou $180°$, suivant que l'eau vient de l'extérieur ou de l'intérieur par rapport à l'axe de rotation.

Pour fixer les idées, nous supposerons que l'eau vienne de l'intérieur, et, afin de n'avoir à nous occuper que du terme fourni par la vitesse, nous supposerons aussi que $\cos\beta \cos\theta = 0$.

La vitesse w'' est la même pour toutes les molécules et égale à w_1, les angles χ'' et les rayons ρ'' sont les mêmes pour tous les points de sortie. Nous les désignerons par χ_1 et R_1; alors l'équation du travail devient

$$\frac{dT_u}{dt} dt = \varphi\, dt\, \frac{\pi}{g}\, QU_0 R_0 \cos\alpha_0 - \varphi\, dt\, \frac{\pi}{g}\, QR_1(-w_1 \sin\chi_1 + \varphi R_1).$$

Imaginons la figure qu'on obtiendrait en faisant une coupe perpendiculaire à l'axe de rotation, puis supposons, pour arriver au cas du mouvement en ligne droite, que le centre de rotation s'éloigne, φR_0 et φR_1 bientôt ne différeront plus et pourront se remplacer par la vitesse v, et l'équation deviendra

$$\frac{d T_u}{dt}\, dt = \frac{\pi}{g}\, Q\, dt\, (U_0 \cos \alpha_0 + w_1 \sin \chi_1 - v)\, v\,;$$

chaque molécule m de la masse $\dfrac{\pi}{g}\, Q\, dt$ produira donc une quantité de travail représentée par

$$m\, (U_0 \cos \alpha_0 + w_1 \sin \chi_1 - v)\, v.$$

Avant la rencontre, cette molécule possédait une quantité de force vive, mesurée par $\dfrac{m\, U_0^2}{2}$, et, après la rencontre, la molécule ayant une vitesse relative w_1, parallèle à la palette, n'aura plus que la force vive

$$m\, \frac{U_1^2}{2} = m\, \frac{(v - w_1 \sin \chi_1)^2 + w_1^2 \cos^2 \chi_1}{2} = m\, \frac{v^2 - 2 v w_1 \sin \chi_1 + w_1^2}{2}.$$

La perte de force vive éprouvée dans la rencontre par l'ensemble de la palette et de la molécule liquide est alors

$$m\, \frac{U_0^2 - U_1^2}{2} - m\, (U_0 \cos \alpha_0 + w_1 \sin \chi_1 - v)\, v = m\, \frac{w^2 - w_1^2}{2},$$

c'est-à-dire qu'elle est encore égale à la variation de la force vive relative.

40. *Perte de force vive à l'entrée des aubes.* — Poncelet, dans ses *Leçons* lithographiées du Cours de Metz, est arrivé par d'autres considérations à exprimer autrement la valeur de la perte de la force vive, tant de la palette que du liquide, éprouvée dans leur rencontre. Poncelet trouve cette perte égale à la force vive qu'aurait le liquide s'il était animé de la composante de la vitesse relative, estimée normalement à la palette (*fig.* 4, *Pl.* 20).

Avec les notations adoptées dans le numéro précédent, la

perte de force vive, d'après Poncelet, serait

$$\frac{m\left[U_0 \cos(\alpha_0 - \chi_1) - v\cos\chi_1\right]^2}{2}.$$

Elle revient à supposer que w_1 est égale à la composante de la vitesse relative, estimée parallèlement à la palette. En effet, en posant

$$m\,\frac{w^2 - w_1^2}{2} = m\,\frac{\left[U_0\cos(\alpha_0 - \chi_1)^2 - v\cos\chi_1\right]^2}{2},$$

on trouve que w_1 doit avoir pour valeur

$$U_0\sin(\alpha_0 - \chi_1) - v\sin\chi_1.$$

Nommons :

w_n la composante de la vitesse relative w normale à la palette ;

w_t la composante parallèle à la palette.

En tout état de choses, la perte de force vive à l'entrée des aubes aura toujours pour valeur $m\,\dfrac{w^2 - w_1^2}{2}.$

Dès lors, si l'eau, après la rencontre, peut s'appliquer contre les aubes et couler librement sans que l'engorgement des canaux en gêne la marche, comme MM. Girard et Callon se sont attachés à le faire pour leurs machines, alors la vitesse relative w_1, que l'eau prend après la rencontre, est, comme il résulte des calculs de Poncelet, égale à la composante tangentielle w_t, et l'on aura pour la valeur de la force vive perdue

$$m\,\frac{w^2 - w_t^2}{2} \quad \text{ou} \quad m\,\frac{w_n^2}{2}.$$

Mais si, ce qui peut se présenter dans un grand nombre de turbines, l'eau, après avoir perdu contre l'aube la composante normale de sa vitesse relative, trouve devant elle un liquide qui, par suite d'engorgement des canaux ou par autre cause, ne peut marcher qu'avec une vitesse relative w_1 moindre que w_t, la perte de force vive sera plus grande que dans le premier cas, et comme elle est toujours égale à $m\,\dfrac{w^2 - w'^2_1}{2}$, on pourra l'exprimer par

$$m\,\frac{w'^2 - w'^2_1}{2} = \tfrac{1}{2}\,m\,(w^2 - w'^2_l + w'^2_l - w'^2_1) = \tfrac{1}{2}\,m\,(w'^2_n + w'^2_l - w'^2_1).$$

Ces observations nous seront d'une grande utilité dans les calculs qui vont suivre.

41. *Partage des moteurs en deux séries.* — D'après la forme de l'équation du travail, les moteurs de la troisième classe peuvent se diviser en deux séries; nous mettrons dans la première ceux dont l'axe de rotation est vertical, et dans la seconde ceux dont l'axe de rotation est horizontal; il n'en est pas, à notre connaissance, dont l'axe de rotation soit incliné, aussi nous nous abstiendrons de traiter avec détail de la théorie qui leur devrait être appliquée.

§ II. MOTEURS DE LA TROISIÈME CLASSE, DONT L'AXE DE ROTATION EST VERTICAL.

42. *Turbine Kœchlin.* — Nous allons donner au sujet de la turbine Kœchlin des détails théoriques qui, bien que relatifs à une machine spéciale, auront assez de généralité pour que nous nous dispensions de les reproduire en traitant des autres moteurs. Nous commencerons par une description sommaire de la machine. (*Pl.* 16, 17, 18 et 19.)

L'eau motrice est amenée dans une caisse ou chambre à eau par de larges orifices, qui n'exigent qu'une faible vitesse d'arrivée ($0^m,30$ à $0^m,40$ par seconde).

Le fond de cette caisse, qui est placé à une profondeur assez grande au-dessous du niveau de l'eau, pour éviter la formation des entonnoirs par lesquels l'air descendrait dans la roue, est percé dans son centre d'une ouverture sur laquelle est adaptée une sorte d'ajutage annulaire garni de cloisons directrices, et qu'on nomme la couronne fixe.

L'eau, parvenue au bas de cette couronne fixe, rencontre la couronne mobile, dont la forme est un anneau cylindri-

que de même ouverture que le bas de la couronne fixe, et
en agissant sur les aubes convenablement dirigées de cette
couronne mobile, qu'on a calée sur l'arbre de rotation, elle
lui imprime un mouvement que l'arbre transmet dans l'u-
sine.

Un tuyau, faisant suite à la couronne fixe et descendant
jusqu'à une certaine profondeur au-dessous du plus bas niveau du bief d'aval, en restant à une bonne distance de son
plafond, enferme tout le système dans une enveloppe hermétiquement jointe, qui ne permet pas l'accès de l'air extérieur.

Outre les vannes, dites motrices, qui ouvrent ou ferment
à volonté la communication de la chambre à eau avec le bief
d'amont, on place encore au bas de la chute une vanne,
disposée de la manière suivante, et qui constitue un moyen
très-commode pour régler à volonté la vitesse du moteur.

Cette vanne, de forme cylindrique, est de quelques centimètres plus haute que l'intervalle laissé entre le tuyau dont
nous avons parlé et le fond du canal; elle est d'un diamètre
un peu plus grand que le tuyau, pour qu'elle puisse l'enve-
lopper, elle repose sur une plaque bien unie, scellée dans
le radier, et en la faisant monter à l'aide d'une crémaillère,
on démasque de la quantité qu'on juge convenable l'ouverture par laquelle l'eau motrice s'échappe dans le bief d'aval.

Nommons :

Q le volume d'eau dépensé par seconde;

H la hauteur de la chute entre les deux biefs;

π le poids du mètre cube d'eau;

R_c le rayon extérieur de la couronne mobile;

R_m le rayon moyen;

O l'orifice supérieur de la couronne fixe;

O_0 la somme des orifices de sortie de la couronne fixe;

ω_0 la somme des orifices d'entrée de la couronne mobile;

ω_1 la somme des orifices de sortie de la couronne mobile;

O_2 la section du grand tuyau au-dessous de la couronne .
   mobile;

S l'orifice contracté de la sortie de l'eau au vannage inférieur;

h_1 la hauteur de l'eau d'amont au-dessus de la couronne
    fixe;

h_2 la hauteur de la couronne fixe;

h_3 la hauteur de la couronne mobile;

h_a la hauteur représentative de la pression atmosphérique;

v la vitesse de la roue sur le cercle de rayon moyen;

U_0 la vitesse absolue de l'eau quand elle va entrer dans la
    turbine;

α_0 l'angle que cette vitesse fait au même point avec la tan-
    gente au cercle de rotation;

w_0 la vitesse relative au même point;

γ_0 l'angle que fait l'aube au même point avec la vitesse d'en-
    traînement prise en sens contraire;

U_1, α_1, w_1, γ_1 les mêmes quantités à la sortie de la couronne
    mobile;

p' et p'' les pressions à l'entrée et à la sortie de la couronne
    mobile.

Commençons par appliquer l'équation générale du travail

$$\frac{dT_u}{dt}\,dt = \varphi\,dt\,\mathrm{M} - \varphi\,d\Sigma\,m\,\mathrm{U}\rho\cos\alpha.$$

Choisissons pour surfaces limites du volume liquide moteur, à l'entrée et à la sortie, le plan supérieur et le plan
inférieur de la couronne mobile, qui sont perpendiculaires
à l'axe de rotation.

Alors, le moment des pressions $p' - p_a$ et $p'' - p_a$ est nul.

Le moment des actions de la pesanteur est nul aussi,
puisque l'axe de rotation est vertical.

Mais, avec la disposition que nous avons décrite, toutes
les parties du récepteur en contact avec le liquide A ne
sont pas mobiles; les aubes, à leur extrémité, ne sont pas
en effet reliées entre elles par une cloison, comme dans les
turbines Fontaine, et le liquide moteur A contenu dans la
roue touche à la surface même du tuyau fixe qui sert d'enveloppe à tout le système.

Cette surface exercera sur le liquide moteur une action K_e,
dont le moment $\mathfrak{M}(K_e)$, par rapport à l'axe de rotation, sera

le seul élément dont $\mathbf{M}$ est formé. Nous en calculerons plus loin la valeur, et nous écrirons pour l'instant $\mathbf{M} = \mathfrak{M}(\mathbf{K}_e)$.

Le terme $- \varphi d\Sigma m \mathbf{U}\rho \cos\alpha$, d'après un raisonnement sans cesse employé en hydraulique et que nous avons déjà reproduit à l'occasion de la roue à augets, raisonnement qui s'applique à des mouvements uniformes que nous supposons ici, peut s'écrire

$$\frac{\pi}{g} Q\,dt\,\varphi R_m (\mathbf{U}_0 \cos\alpha_0 - \mathbf{U}_1 \cos\alpha_1),$$

ou, ce qui revient au même,

$$\frac{\pi}{g} Q\,dt\,v (\mathbf{U}_0 \cos\alpha_0 - \mathbf{U}_1 \cos\alpha_1);$$

mais on a géométriquement

$$\mathbf{U}_1 \cos\alpha_1 = v - w_1 \cos\gamma_1;$$

en substituant, le terme devient

$$\frac{\pi}{g} Q\,dt\,v (\mathbf{U}_0 \cos\alpha_0 + w_1 \cos\gamma_1 - v).$$

Alors, en remplaçant $\dfrac{d\mathbf{T}_u}{dt}\,dt$ par $\mathbf{P}v\,dt$, on a, pour l'équation générale,

$$\mathbf{P}v\,dt = \pi Q\,dt\,\frac{2v(\mathbf{U}_0 \cos\alpha_0 + w_1 \cos\gamma - v)}{2g} + \varphi\,dt\,\mathfrak{M}(\mathbf{K}_e),$$

d'où

$$\frac{\mathbf{P}v}{\pi Q} = \frac{2v(\mathbf{U}_0 \cos\alpha_0 + w_1 \cos\gamma_1 - v)}{2g} + \frac{\varphi\mathfrak{M}(\mathbf{K}_e)}{\pi Q};$$

équation remarquable, qui s'applique à toutes les allures de la machine, pourvu qu'on y suppose la permanence, et dont le second membre exprime, pour chaque cas, la valeur de la partie de la chute qui est utilisée.

43. *Détermination de l'action de la paroi fixe.* — Avant de commencer la discussion de cette équation, et pour avoir en main tous les éléments, nous allons nous occuper de la détermination du moment $\mathfrak{M}(\mathbf{K}_e)$ et de la vitesse relative de sortie w_1.

Nous montrerons plus loin (n° 46) quelles sont les conditions à imposer au tracé des aubes de la couronne fixe et de la couronne mobile, pour que, dans la marche, les canaux de la roue ne soient pas complétement remplis d'eau. On reconnaîtrait, en les appliquant aux formes de la turbine Kœchlin, qu'ils le sont pour elles et que l'écoulement se fait à tuyaux pleins dans sa roue.

C'est pour ces conditions que nous allons calculer les valeurs de $\mathfrak{M}(\mathbf{K}_e)$ et de w_1.

L'eau, en parcourant les canaux de la couronne mobile avec une vitesse absolue U, variable depuis l'entrée jusqu'à la sortie, éprouve, le long du cylindre fixe extérieur et de la part de sa paroi, une action normale et une résistance directement opposée en chaque point à la composante de la vitesse U, suivant la surface, et que nous regarderons, d'après les lois du frottement, comme proportionnelle au carré de cette composante et à la portion de surface sur laquelle elle s'exerce.

Les actions normales, à cause de la forme circulaire, ont un moment nul, en sorte que $\mathfrak{M}(\mathbf{K}_e)$ se réduit au moment du frottement.

Cela étant, et la vitesse U pouvant être prise pour sa composante tangentielle, si nous considérons tous les points compris sur la zone cylindrique $2\varpi \mathrm{R}_e\,dh$, et si nous admettons, à cause de la symétrie de la machine, que la vitesse y est la même et semblablement dirigée, nous exprimerons que la somme des résistances de chaque zone a pour valeur

$$2\varpi \mathrm{R}_e\,dh \times \mathrm{o}^k,5\mathrm{o}\,\mathrm{U}^2,$$

$\mathrm{o}^k,5\mathrm{o}$ étant un coefficient, qui, à la rigueur, devrait varier avec l'état de la surface du tuyau.

La projection de cette force sur le cercle d'entraînement de chaque point, qui sera aussi sa composante horizontale, s'obtiendra en multipliant par $\cos\alpha$ et en affectant le produit du signe négatif, puisque la force est dirigée dans le sens opposé à la vitesse U.

Il ne restera plus ensuite qu'à multiplier le produit par R_e et par φ, ou, ce qui revient au même, par $v \dfrac{R_e}{R_m}$, et à intégrer pour obtenir $\varphi \, \mathfrak{M}(K_e)$. On aura donc

$$\frac{\varphi \, \mathfrak{M}(K_e)}{\pi Q} = - \int_0^{h_s} \frac{2 \varpi R_e \, dh \times \mathrm{o}^k,5\mathrm{o}\, U^2 \cos \alpha}{\pi Q} \, v \frac{R_e}{R_m}.$$

Mais w étant la vitesse relative du liquide dans la zone cylindrique, et ω la section normale à cette vitesse w, de plus, l'eau coulant par hypothèse à pleins tuyaux dans les canaux de la roue, on aura la relation $Q = w\omega = w_1\omega_1$, qui, jointe aux relations géométriques

$$U \cos \alpha = v - w \cos \gamma,$$

$$U = (v^2 + w'^2 - 2vw \cos \gamma)^{\frac{1}{2}},$$

donnera, en effectuant les calculs,

$$\frac{\varphi \, \mathfrak{M}(K_e)}{\pi Q} = - \frac{w_1^2}{2g} \times \frac{R_e}{R_m} \frac{v}{w'_1} \mathrm{o}^k,\mathrm{o}6 \int_0^{h_s} \left(\frac{\omega_1}{\omega}\right)^2 \left(\frac{v}{w_1} \frac{\omega}{\omega_1} - \cos \gamma\right)$$

$$\times \left[\left(\frac{v}{w'_1}\right)^2 \left(\frac{\omega}{\omega_1}\right)^2 + 1 - 2 \frac{v}{w_1} \frac{\omega}{\omega_1} \cos \gamma\right]^{\frac{1}{2}} \frac{R_e \, dh}{\omega},$$

c'est-à-dire $- \dfrac{w_1^2}{2g}$ multiplié par une expression de degré zéro, qui n'est fonction que du rapport de la vitesse de rotation v à la vitesse de sortie w_1 et des rapports des dimensions de la machine. En sorte qu'appliquée à une série de turbines de dimensions quelconques, mais de formes géométriquement semblables, elle donnera des valeurs qui ne varieront qu'avec le rapport $\dfrac{v}{w_1}$.

Nous la désignerons par F_1, et nous aurons alors

$$\frac{\varphi \, \mathfrak{M}(K_e)}{\pi Q} = - \frac{w_1^2}{2g} F_1.$$

44. *Détermination de w_1.* — Calculons maintenant la valeur de w_1, que nous obtiendrons par l'application des formules des n°s **18**, **27** et **40**. Et, pour cela, suivons l'eau motrice dans son trajet, depuis le bief supérieur jusqu'au bief inférieur, et déterminons les différentes pertes de charge $\dfrac{1}{\pi Q}\dfrac{d\mathrm{T}_f}{dt}$ et $\dfrac{1}{\pi Q}\dfrac{d\mathrm{T}'_f}{dt}$ qu'elle éprouve.

1° L'eau motrice, en quittant la chambre ou caisse à eau pour entrer dans la couronne fixe, éprouve, par le fait de la contraction dans la section O, une première perte de force vive dont la hauteur représentative ζ, qu'on nomme aussi *perte de charge*, a, comme on sait, pour valeur

$$\zeta = \frac{Q^2}{2g\,O^2}\left(\frac{1}{\mu}-1\right)^2 = \frac{w_1^2}{2g}\left(\frac{\omega_1}{O}\right)^2\left(\frac{1}{\mu}-1\right)^2,$$

μ désignant le coefficient de contraction.

2° L'eau, en parcourant les canaux de la couronne fixe, éprouve, par le frottement, une seconde perte de charge ζ_1, déterminée par la relation

$$\zeta_1 = \frac{Q^2}{2g}\,0,001\int_0^{h_2}\frac{\chi\,dh}{\omega^3} = \frac{w_1^2}{2g}\times 0,001\int_0^{h_2}\frac{\omega_1^2\,\chi\,dh}{\omega^3};$$

le multiplicateur de $\dfrac{w_1^2}{2g}$ est une expression de degré zéro, qui n'est fonction que du rapport des dimensions linéaires de la turbine, et qui, par conséquent, a la même valeur pour toutes les machines géométriquement semblables. Nous désignerons cette fonction par f_1, et l'on aura

$$\zeta_1 = \frac{w_1^2}{2g}f_1.$$

3° L'eau, guidée par les directrices, arrive au bas de la couronne fixe avec une vitesse absolue U_0, inclinée de α_0 sur les cercles de rotation de chaque point ; elle pénètre dans la roue avec une vitesse relative w_0, donnée en moyenne par la relation

$$w_0^2 = U_0^2 + v^2 - 2U_0 v\cos\alpha_0,$$

et elle y prend une vitesse également relative w', parallèle aux aubes, et qui diffère généralement de w_0 en grandeur et en direction.

Ce changement brusque dans la vitesse cause une perte de travail, qui se traduit en bouillonnements et vibrations du liquide et de la machine, et qui, d'après ce que nous avons trouvé n° 40, a pour valeur, par chaque molécule qui entre,

$$m\,\frac{w_0'^2 - w'^2}{2g} = m\,\frac{w_n'^2 + w_t'^2 - w'^2}{2} \,;$$

soit, par unité de poids,

$$\frac{w_0'^2 - w'^2}{2g} = \frac{w_n'^2 + w_t'^2 - w'^2}{2} \,,$$

qu'on peut représenter par une hauteur

$$\zeta_2 = \frac{w_0'^2 - w'^2}{2g} = \frac{w_n'^2 + w_t'^2 - w'^2}{2g} \,.$$

Si γ_0 désigne l'angle des aubes avec la vitesse d'entraînement prise en sens contraire, on a

$$w_n = U_0 \sin(\alpha_0 + \gamma_0) - v \sin\gamma_0,$$
$$w_t' = v \cos\gamma_0 - U_0 \cos(\alpha_0 + \gamma_0),$$
$$w' = w_t'\,\frac{\omega_1}{\omega_0}\,;$$

d'où

$$\zeta_2 = \frac{w_t'^2}{2g}\left[\left(\frac{\omega_1}{O_0}\right)^2 + \left(\frac{\omega_1}{\omega_0}\right)^2\right] + \frac{v^2}{2g} - \frac{2\,v w_t'}{2g}\,\frac{\omega_1}{O_0}\left[\sin(\alpha_0+\gamma_0) + \cos(\alpha_0+\gamma_0)\right].$$

On remarquera en passant que la perte de force vive due à cette cause a la même valeur dans le mouvement absolu que dans le mouvement relatif.

4° L'eau, en cheminant dans la couronne mobile, éprouve un frottement qui détruit une partie de force vive relative, dont nous allons trouver la valeur en nous reportant aux équations des n°ˢ 17 et 27.

Il faut, dans les surfaces frottantes, distinguer celles qui sont fixes et celles qui sont mobiles.

Pour les surfaces fixes, nous voyons, en comparant les équations des n°ˢ 17 et 27, que la part de perte de force vive relative qu'elles occasionnent par leur frottement s'obtient en retranchant de la perte de force vive calculée pour le mouvement absolu le produit de $\varphi\,dt$ par le moment de la force du frottement, pris par rapport à l'axe de rotation.

Cette opération, il serait facile de le faire voir, revient, au reste, à multiplier la force du frottement par la projection sur sa direction de l'espace parcouru en vertu du mouvement relatif.

Calculons la perte d'après le premier énoncé.

Considérons, comme plus haut, une zone cylindrique de hauteur dh, la somme des forces de frottement de tous les points qui y sont compris a pour valeur

$$2\pi R_c\,dh\,o^k,5o\,U^2,$$

qu'on peut écrire

$$\pi Q\,\frac{2g\times o^k,5o\,2\pi}{\pi}\,\frac{R_c\,dh}{Q}\,\frac{U^2}{2g} \quad\text{ou encore}\quad \pi Q\times o^k,o6\,\frac{R_c\,dh}{\omega}\,\frac{U^2}{2g}\,\frac{1}{\omega'}.$$

Cette force ayant en chaque point une direction opposée à celle de la vitesse U, que nous supposons se confondre avec sa composante parallèle à la surface, on obtiendra le travail qu'elle produira dans le mouvement absolu, en la multipliant par $U\,dt$, en affectant le résultat du signe négatif et en intégrant, ce qui donnera

$$-\pi Q\,dt\,o^k,o6\int_0^{h_3}\frac{R_c\,dh}{\omega}\,\frac{U^2}{2g}\,\frac{U}{\omega'},$$

et l'on aura le travail produit dans le mouvement relatif en retranchant de cette intégrale le produit de $\varphi\,dt$, multiplié par le moment de la force de frottement, lequel produit a été trouvé, au n° **43**, égal à

$$-\pi Q\,dt\,\frac{\omega_1'^2}{2g}\,F_1.$$

On aura donc, pour la perte de charge relative due au frottement du cylindre fixe,

$$\zeta_i = o^k,o6\int_0^{h_3}\frac{R_c\,dh}{\omega}\,\frac{U^2}{2g}\,\frac{U}{\omega'} - \frac{\omega_1'^2}{2g}\,F_1.$$

mais on a

$$\frac{U^3}{w} = w_1^2 \left(\frac{\omega_1}{\omega}\right)^2 \left[\left(\frac{v}{w_1}\right)^2 \left(\frac{\omega}{\omega}\right)^2 + 1 - 2\frac{v}{w_1}\frac{\omega}{\omega_1}\cos\gamma\right]^{\frac{3}{2}};$$

donc on peut écrire

$$\zeta_3 = \frac{w_1^2}{2g} F_2 - \frac{w_1^2}{2g} F_1,$$

la fonction F_2 étant de la même nature que la fonction F_1, c'est-à-dire ne variant pas quand on passe d'une machine à une autre machine géométriquement semblable et ne contenant que des rapports de longueurs linéaires et le rapport de v à w_1.

En rappelant l'énoncé donné plus haut, il ne faut pas oublier, nous en verrons tout à l'heure l'importance, que $\frac{w_1^2}{2g} F_2$ est alors la hauteur représentative du travail perdu par l'ensemble du liquide et de la machine et que $\frac{w_1^2}{2g} F_2 - \frac{w_1^2}{2g} F_1$ n'est que la hauteur représentative de la perte de force vive relative du liquide par suite du frottement de la paroi fixe.

Quant aux surfaces mobiles, elles diminuent par leur frottement la force vive relative d'une quantité dont la hauteur représentative se calculera d'une manière tout à fait analogue à celle qui donne dans la couronne fixe la perte de force vive absolue.

Cette hauteur représentative ζ_4 pourra s'exprimer par

$$\zeta_4 = \frac{w_1^2}{2g} f_2,$$

f_2 étant une fonction qui, comme f_1, ne dépend que des formes de la machine et non de ses dimensions ni des rapports des vitesses.

En se reportant au sens des équations des n° 17 et 27, ζ_4 est la hauteur représentative à la fois de la perte de travail utile absolu et de la perte de force vive relative du liquide.

5° Quand l'eau motrice arrive au bas de la couronne mobile, elle possède une vitesse relative w_1 faisant un angle γ_1 avec les cercles de rotation. Elle a par conséquent une vitesse absolue U_1, dont la composante horizontale est

$$v - w_1 \cos\gamma_1,$$

et dont la composante verticale est

$$w_1 \sin\gamma_1.$$

Mais, en quittant la couronne, l'eau tombe dans le grand tuyau de section O_2 où elle n'aura plus qu'une vitesse verticale $\dfrac{Q}{O_2}$ ou $w_1 \dfrac{\omega_1}{O_2}$; elle perd alors dans le sens horizontal la vitesse $v - w_1 \cos\gamma_1$, et dans le sens vertical $w_1 \sin\gamma_1 - w_1 \dfrac{\omega_1}{O_2}$, et il en résulte, d'après le n° 40, une perte de force vive absolue dont la hauteur représentative est

$$\zeta_5 = \frac{(w_1 \cos\gamma_1 - v)^2 + \left(w_1 \sin\gamma_1 - w_1 \dfrac{\omega_1}{O_2}\right)^2}{2g},$$

ou bien en développant

$$\zeta_5 = \frac{w_1^2}{2g}\left[1 + \left(\frac{\omega_1}{O_2}\right)^2 - 2\,\frac{\omega_1}{O_2}\sin\gamma_1\right] + \frac{v^2}{2g} - 2\,\frac{v\,w_1}{2g}\cos\gamma_1.$$

6° Enfin, l'eau motrice, une fois dans le grand tuyau, descend avec une vitesse assez faible pour qu'il n'y ait pas lieu de compliquer les formules par l'introduction d'un terme qui tiendrait compte du frottement. Mais en sortant par la vanne inférieure de section S, avec une vitesse $\dfrac{Q}{S}$ ou $w_1 \dfrac{\omega_1}{S}$, qui rayonne autour du tuyau, elle consomme à peu près en pure perte, pour le moteur, une quantité de travail absolu, dont la hauteur représentative a pour valeur

$$\zeta_6 = \frac{w_1^2}{2g}\left(\frac{\omega_1}{S}\right)^2.$$

Une des premières remarques à faire en passant, après les détails dans lesquels nous venons d'entrer, c'est que la partie de la chute H, qui est utilisée par la machine, est

$$H' = H - \left(\zeta + \zeta_1 + \zeta_2 + \zeta_3 + \frac{w_1^2}{2g} F_1 + \zeta_4 + \zeta_5 + \zeta_6 \right).$$

Mais revenons à la détermination de w_1, maintenant que nous connaissons les valeurs de $\dfrac{1}{\pi Q} \dfrac{dT_f}{dt}$ et $\dfrac{1}{\pi Q} \dfrac{dT'_f}{dt}$; appliquons les équations des n°s 18 et 27, on aura pour le mouvement du liquide, en remarquant que dans la couronne mobile il reste à la même distance de l'axe de rotation,

$$\frac{U_0^2}{2g} = h_1 + h_2 + h_a - \frac{p'}{\pi} - \zeta - \zeta_1,$$

$$\frac{w_0^2}{2g} = \frac{U_0^2}{2g} + \frac{v^2}{2g} - \frac{2 U v \cos\alpha_0}{2g},$$

$$\frac{w_1^2}{2g} = \frac{w_0^2}{2g} + h_3 + \frac{p'}{\pi} - \frac{p''}{\pi} - \zeta_2 - \zeta_3 - \zeta_4,$$

$$\frac{U_1^2}{2g} = \frac{w_1^2}{2g} + \frac{v^2}{2g} - 2 \frac{w_1 v}{2g} \cos\gamma_1,$$

$$\frac{w_1^2}{2g} \left(\frac{\omega_1}{S} \right)^2 = \frac{U_1^2}{2g} + H - h_1 - h_2 - h_3 + \frac{p''}{\pi} - h_a - \zeta_5;$$

ajoutant ces cinq équations membre à membre, transposant et introduisant la quantité $\dfrac{w_1^2}{2g} F_1$ dans les deux termes, on trouvera

$$H - \left(\zeta + \zeta_1 + \zeta_2 + \zeta_3 + \frac{w_1^2}{2g} F_1 + \zeta_4 + \zeta_5 + \zeta_6 \right)$$

$$= \frac{2 v (U_0 \cos\alpha_0 + w_1 \cos\gamma_1 - v)}{2g} - \frac{w_1^2}{2g} F_1.$$

Mais le premier membre est, comme nous l'avons remarqué plus haut, la partie H' utilisée de la chute, telle que

$$P v = \pi Q H';$$

on déduit donc

$$\frac{P v}{\pi Q} = \frac{2 v (U_0 \cos\alpha_0 + w_1 \cos\gamma_1 - v)}{2g} - \frac{w_1^2}{2g} F_1,$$

c'est-à-dire que, comme vérification de nos calculs, nous

retombons sur la formule qu'au n° 42 nous avons déduite directement de l'équation générale du travail.

Substituons maintenant à la place de ζ, ζ_1, ..., ζ_6 leurs valeurs, que nous avons calculées plus haut, nous obtiendrons l'équation

$$
\begin{aligned}
H = \frac{\omega_1'^2}{2g} \Bigg\{ &\left[\left(\frac{\omega_1}{O}\right)^2 \left(\frac{1}{\mu}-1\right)^2 + \left(\frac{\omega_1}{O_0}\right)^2 + \left(\frac{\omega_1}{\omega_0}\right)^2 + 1 \right. \\
&\left. + \left(\frac{\omega_1}{O_2}\right)^2 + \left(\frac{\omega_1}{S}\right)^2 + f_1 + f_2 - 2 \frac{\omega_1}{O_2} \sin\gamma_1 \right] \\
&- F_1 + F_2 + 2 \frac{v}{\omega'_1} \frac{\omega_1}{O_0} \left[\cos\alpha_0 - \sin(\alpha_0 + \gamma_0) - \cos(\alpha_0 + \gamma_0) \right] \Bigg\}.
\end{aligned}
$$

Dans cette équation, les termes $\left[\left(\dfrac{\omega_1}{O}\right)^2 \left(\dfrac{1}{\mu}-1\right)^2 + \ldots \right]$, qui sont renfermés dans la première sous-parenthèse, peuvent se représenter par $B + \left(\dfrac{\omega_1}{S}\right)^2$. B est indépendant, non-seulement de l'allure de la machine, mais encore de ses dimensions, et il n'est fonction que des rapports qui existent entre ces dimensions, c'est-à-dire de la forme de la machine, en sorte que, quand une fois on l'a calculé pour un type, on peut l'adopter pour toutes les machines géométriquement semblables construites sur ce type.

Dans les turbines Kœchlin, établies à l'usine de Condé, on a $B = 2,449$.

Le coefficient

$$
\frac{\omega_1}{O_0} \left[\cos\alpha_0 - \sin(\alpha_0 + \gamma_0) - \cos(\alpha_0 + \gamma_0) \right]
$$

est de la même nature que B. Nous le représenterons par D, et nous donnerons une idée de sa valeur en indiquant l'évaluation faite sur les mêmes turbines, d'après laquelle

$$
D = 0,060.
$$

Quant à l'ensemble du terme $F_2 - F_1$, il est une fonction de la forme de la machine et du rapport $\dfrac{v}{\omega'_1}$ de la vitesse de rotation à la vitesse relative de sortie de l'eau.

F_1 et F_2 ont toujours de très-petites valeurs, ainsi qu'on en peut juger par les chiffres suivants, qui appartiennent toujours aux mêmes turbines.

$\dfrac{v}{w_1}$	F_1	F_2	$F_2 - F_1$	$F'_1 = \dfrac{F_1}{\frac{v}{w}}$	OBSERVATIONS.
0,00	0,0000	$+0,0510$	$+0,0510$	$-0,0092$	
0,30	$-0,0011$	$+0,0253$	$+0,0261$	$-0,0037$	
0,60	$+0,0039$	$+0,0159$	$+0,0120$	$+0,0065$	
1,00	$+0,0120$	$+0,0079$	$-0,0051$	$+0,0120$	
1,50	$+0,0531$	$+0,0045$	$-0,0486$	$+0,0354$	

En portant sur une ligne droite comme abscisses des longueurs proportionnelles à $\dfrac{v}{w_1}$, et en élevant en chaque point des ordonnées proportionnelles à F_1, F_2, $F_2 - F_1$ et F'_1, on se représente mieux la loi de leurs variations, et, si l'on tenait à l'exprimer analytiquement, on voit par les courbes qu'on pourrait adopter approximativement

$$F'_1 = -a + b\frac{v}{w_1}, \qquad F_2 - F_1 = c - d\frac{v}{w_1}$$

et

$$F_1 = -a\frac{v}{w_1} + b\left(\frac{v}{w_1}\right)^2,$$

d'où

$$F_2 - F_1 + 2D\frac{v}{w_1} = c + (2D - d)\frac{v}{w_1},$$

en faisant spécialement pour la turbine observée

$$a = 0,0092, \qquad c = 0,0510,$$
$$b = 0,0212, \qquad d = 0,0561,$$

$$(\textit{Fig. } 5 \text{ et } 6, \textit{Pl. } 20).$$

Maintenant que nous avons fait connaître la nature des constantes B et D et des fonctions F_2 et F_1, rapprochons les deux équations que nous venons d'obtenir, on a

$$(1) \qquad \frac{Pv}{\pi Q} = \frac{2v(U_0 \cos\alpha_0 + w_1 \cos\gamma_1 - v)}{2g} - \frac{w_1^2}{2g}F_1,$$

$$(2) \qquad H = \frac{w_1^2}{2g}\left[B + \left(\frac{\omega_1}{S}\right)^2 + 2D\frac{v}{w_1} + F_2 - F_1\right].$$

Leur discussion permet de résoudre toutes les questions relatives à la marche de la turbine et au travail qu'elle peut produire.

Nous n'en examinerons brièvement que quelques-unes.

L'équation (2) montre que la vitesse w_1, et par conséquent le débit, varie avec la vitesse de rotation; toutefois le

coefficient de cette influence, que nous pouvons représen-
ter ici par $- \dfrac{(2\,\mathrm{D} - d)}{2\left[\mathrm{B} + \left(\dfrac{\omega_1}{\mathrm{S}}\right)^2 + c\right]}$, est très-faible.

La turbine étant installée sur une chute d'une hauteur $\mathbf{H}$, si l'on vient à ouvrir la vanne inférieure d'une quantité $\mathbf{S}$, la roue prendra un mouvement que feront connaître les équations (1) et (2), et qui dépendra de la valeur de la résistance tangentielle P qu'elle a à vaincre.

On tire, en effet, de l'équation (1), la relation suivante

$$\mathrm{P} = \frac{\pi \mathrm{Q}}{g}\, \omega_1 \left(\frac{\omega_1}{\mathrm{O}_0} \cos\alpha_0 + \cos\gamma_1 - \frac{v}{\omega_1} - \frac{\mathrm{F}'_1}{2}\right);$$

elle montre que si la résistance P est nulle, $\dfrac{v}{\omega_1}$ atteint son maximum, qui est fourni par

$$\frac{\omega_1}{\mathrm{O}_0} \cos\alpha_0 + \cos\gamma_1 - \frac{v}{\omega_1}\,\frac{\mathrm{F}'_1}{2} = 0;$$

que si ensuite on augmente la résistance, $\dfrac{v}{\omega_1}$ diminuera jusqu'au moment où l'on aura

$$\mathrm{P} = \frac{\pi \mathrm{Q}}{g}\, \omega_1 \left(\frac{\omega_1}{\mathrm{O}_0} \cos\alpha_0 + \cos\gamma_1 - \frac{a}{2}\right),$$

a ayant la signification donnée plus haut, et qui, pour les turbines de Condé, est 0,0092.

Alors la turbine s'arrêtera devant le plus grand effort $\mathbf{P}$ qu'elle soit capable de produire.

La détermination de ces limites de vitesse et d'effort est parfois indispensable dans l'étude d'un projet d'établissement de machine. Nous le verrons plus loin.

En combinant les équations (1) et (2), on obtient

$$\frac{\mathrm{P}v}{\pi \mathrm{Q}\mathrm{H}} = \frac{2\,\dfrac{v}{\omega_1}\left(\dfrac{\omega_1}{\mathrm{O}_0}\cos\alpha_0 + \cos\gamma_1 - \dfrac{v}{\omega_1}\right) - \mathrm{F}_1}{\mathrm{B} - \left(\dfrac{\omega_1}{\mathrm{S}}\right)^2 + 2\mathrm{D}\dfrac{v}{\omega_1} + \mathrm{F}_2 - \mathrm{F}_1}.$$

Le premier membre est ce que l'on nomme *le rendement*, et l'équation, d'après la nature des constantes et des fonctions B, $\left(\dfrac{\omega_1}{S}\right)^2$, D, F_1 et F_2 montre que ce rendement est le même pour toutes les machines qui ont les mêmes proportions (l'ouverture de la vanne étant supposée proportionnelle comme le reste), et qu'il ne dépend que du rapport des vitesses v et ω_1.

En faisant varier ce rapport $\dfrac{v}{\omega_1}$ entre ses deux limites extrêmes, dont l'une est zéro, et dont l'autre est à très-peu près $\dfrac{\omega_1}{O_0} \cos\alpha_0 + \cos\gamma_1$, le rendement partant de zéro croîtra jusqu'à un certain maximum, pour redescendre ensuite à zéro.

Ce maximum a lieu au point où la différentielle du second membre par rapport à $\dfrac{v}{\omega_1}$ est égale à zéro, point qui sera le même pour toutes les machines semblables.

Nous n'entrerons pas dans le détail du calcul, qui donne très-sensiblement

$$\frac{v}{\omega_1} = \frac{1}{2}\left(\frac{\omega_1}{O_2}\cos\alpha_0 + \cos\gamma_1\right).$$

Il résulte de ce que nous venons de dire que, dans une fabrication de moteurs de ce genre, il suffit d'étudier, à l'aide des équations (1) et (2), qui renferment tous les éléments nécessaires, un type à une échelle quelconque, de s'aider au besoin d'expériences sur des modèles en petit; et quand on aura bien arrêté les formes, toutes les machines à établir pourront être semblables, et l'on trouvera très-facilement le module qu'il conviendra d'adopter pour une application déterminée.

Soient, en effet, m et m' les modules des dimensions linéaires de deux moteurs semblables, que l'on suppose marcher au même titre de rendement, et, par conséquent, avec le même rapport $\dfrac{v}{\omega} = \dfrac{v'}{\omega'_1}$, on aura

$$\frac{Pv}{\pi QH} = \frac{P'v'}{\pi Q'H'},$$

et l'on en déduira

$$\frac{P\nu}{P'\nu'} = \left(\frac{m}{m'}\right)^2 \left(\frac{H}{H'}\right)^{\frac{3}{2}},$$

$$\frac{Q}{Q'} = \left(\frac{m}{m'}\right)^2 \left(\frac{H}{H'}\right)^{\frac{1}{2}},$$

ce qui résoudra la question du choix du module.

45. *Turbine Fontaine-Baron.* — Dans les turbines du système Fontaine-Baron, si l'on prend pour surfaces limites du volume liquide moteur à l'entrée et à la sortie le plan supérieur et le plan inférieur de la roue, toutes les parties du récepteur en contact avec le liquide **A** sont mobiles, et l'application de l'équation générale donne, en conservant des notations analogues à celles adoptées pour la turbine Kœchlin, n° **42**

$$(1) \qquad \frac{P\nu}{\pi Q} = \frac{2\nu\,(U_0 \cos z_0 + w_1 \cos\gamma_1 - \nu)}{2g}.$$

Déterminons maintenant w_1; nous observerons qu'avec la disposition de ce moteur les tuyaux y sont pleins d'eau comme dans la turbine Kœchlin. On aura de même

$$\zeta = \frac{w'^2_1}{2g}\left(\frac{\omega_1}{O}\right)^2 \left(\frac{1}{\mu} - 1\right)^2,$$

$$\zeta_1 = \frac{w'^2_1}{2g} f_1,$$

$$\zeta_2 = \frac{w'^2_1}{2g}\left[\left(\frac{\omega_1}{O_0}\right)^2 + \left(\frac{\omega_1}{\omega_0}\right)^2\right] + \frac{\nu^2}{2g} - 2\frac{\nu w'_1}{2g}\frac{\omega_1}{O_0}\left[\sin(z_0 + \gamma_0) + \cos(\alpha_0 + \gamma_0)\right],$$

$$\zeta_4 = \frac{w'^2_1}{2g} f_2,$$

et ensuite

$$\frac{U_0^2}{2g} = h_1 + h_2 + h_a - \frac{p'}{\pi} - \zeta - \zeta_1,$$

$$\frac{w'^2_0}{2g} = \frac{U_0^2}{2g} + \frac{\nu^2}{2g} - \frac{2U_0\,\nu\cos z_0}{2g},$$

$$\frac{w'^2_1}{2g} = \frac{w'^2_0}{2g} + h_3 + \frac{p'}{\pi} - \frac{p''}{\pi} - \zeta_2 - \zeta_1,$$

$$0 = \frac{p''}{\pi} - h_a - e;$$

e désignant la quantité dont le plan inférieur de la couronne mobile se trouve au-dessous du niveau de l'eau d'aval.

En ajoutant ces quatre équations membre à membre, et en substituant les valeurs de ζ, ζ_1, ζ_2, ζ_4, on aura

$$H = \frac{w_1^2}{2g}\left[\left(\frac{\omega_1}{O}\right)^2 \left(\frac{1}{\mu} - 1\right)^2 + \left(\frac{\omega_1}{O_0}\right)^2 + \left(\frac{\omega_1}{\omega_0}\right)^2 + 1 + f + f_2 \right.$$
$$\left. + 2\frac{v}{w_1}\frac{\omega_1}{O_0}\left[\cos\alpha_0 - \sin(\alpha_0 + \gamma_0) - \cos\alpha_0 + \gamma_0\right]\right],$$

équation de la forme

$$(2) \qquad\qquad H = \frac{w_1^2}{2g}\left(B + 2D\frac{v}{w_1}\right),$$

dans laquelle B et D ne dépendent que des formes de la machine.

La discussion des équations (1) et (2) conduira, pour la turbine Fontaine-Baron, aux conclusions que nous avons fait connaître pour la turbine Kœchlin.

En remarquant que $Pv = \pi Q\left(H - \zeta - \zeta_1 - \zeta_2 - \zeta_4 - \frac{U_1^2}{2g}\right)$, on retrouverait aussi, comme vérification des calculs, l'équation (1).

46. *Turbine Fourneyron.* — Dans la turbine Fourneyron, en prenant pour surfaces limites du volume liquide moteur, à l'entrée et à la sortie, le cylindre intérieur et le cylindre extérieur de la roue, toutes les parties du récepteur en contact avec le liquide sont mobiles, l'équation générale devient

$$\frac{dT_u}{dt} = - d\Sigma m U \rho \cos\alpha,$$

et son application donne

$$\frac{Pv_0}{\pi Q} = \frac{2\varphi(R_0 U_0 \cos\alpha_0 - R_1 U_1 \cos\alpha_1)}{2g},$$

et comme on a

$$U_1 \cos\alpha_1 = v_1 - w_1 \cos\gamma_1, \quad v_0 = \varphi R_0, \quad v_1 = v_0\frac{R_1}{R_0},$$

6

on trouve

$$(1) \qquad \frac{P c_0}{\pi Q} = \frac{2 c_0 \left[U_0 \cos z_0 + \frac{R_1}{R_0} w'_1 \cos \gamma_1 - \left(\frac{R_1}{R_0}\right)^2 c_0 \right]}{2g}.$$

Pour obtenir w_1, on observera encore qu'avec la disposition de ces machines les canaux y sont pleins d'eau comme dans les turbines précédentes, et l'on aura pour ζ, ζ_1, ζ_2 et ζ_4 les mêmes valeurs que plus haut.

En tenant ensuite compte, pour le mouvement relatif, de ce que l'eau s'éloigne de l'axe de rotation, on posera, d'après les équations des n°s 18 et 27,

$$\frac{U_0^2}{2g} = h_1 + h_2 + h_a - \frac{p'}{\pi} - \zeta - \zeta_1,$$

$$\frac{w_0'^2}{2g} = \frac{U_0^2}{2g} + \frac{c_0^2}{2g} - 2\frac{U_0 c_0 \cos z_0}{2g},$$

$$\frac{w_1'^2}{2g} = \frac{w_0'^2}{2g} + \frac{p'}{\pi} - \frac{p''}{\pi} - \zeta_2 - \zeta_1 + \frac{c_0^2}{2g}\frac{R_1^2 - R_0^2}{R_0^2},$$

$$0 = \frac{p''}{\pi} - h_a - e;$$

$h_1 + h_2$ est la hauteur du niveau d'amont au-dessus du centre des orifices intérieurs de la roue, e est la hauteur du niveau d'aval au-dessus des mêmes centres, R_0 et R_1 sont les rayons du cylindre intérieur et du cylindre extérieur de la roue.

En ajoutant les quatre équations membre à membre, et substituant les valeurs de ζ, ζ_1, ζ_2, ζ_4, on aura

$$H = \frac{w_1'^2}{2g}\left[\left(\frac{\omega_1}{O}\right)^2\left(\frac{1}{\mu}-1\right)^2 + \left(\frac{\omega_1}{O_0}\right)^2 + \left(\frac{\omega_1}{\omega_0}\right)^2 + 1 + f + f_2 \right.$$
$$\left. + 2\frac{c_0}{w'_1}\frac{\omega_1}{O_0}[\cos z_0 - \sin(z_0+\gamma_0) - \cos(z_0+\gamma_0)] - \left(\frac{c_0}{w'_1}\right)^2\frac{R_1^2 - R_0^2}{R_0^2} \right],$$

équation de la forme

$$(2) \qquad H = \frac{w_1'^2}{2g}\left[B + 2D\frac{c_0}{w'_1} - \frac{R_1^2 - R_0^2}{R_0^2}\left(\frac{c_0}{w_1'^2}\right)^2 \right],$$

dans laquelle B, D et $\dfrac{R_1^2 - R_0^2}{R_0^2}$ sont des constantes qui ne dépendent que des formes de la turbine, et sont les mêmes pour toutes les machines géométriquement semblables.

La discussion des équations (1) et (2) conduirait encore aux conclusions déjà présentées pour la turbine Kœchlin.

47. *Diminution de la dépense d'eau dans les turbines.* — Les turbines que nous venons d'examiner présentent, comme on le sait, au point de vue mécanique, un très-grave inconvénient quand, pour diminuer le volume de l'eau dépensée, on baisse plus ou moins les vannages ou obturateurs dont chaque machine est munie.

On réduit alors le rendement dans une très-forte proportion, et la discussion des équations trouvées plus haut mettrait ce fait en évidence et en donnerait la mesure.

On a cherché à obvier à cet inconvénient en adoptant plusieurs dispositions, dont voici les principales :

Pour les turbines dans lesquelles, par suite de leur mode de construction et d'établissement, l'eau coule à pleins tuyaux dans les canaux, on réduit à volonté à la fois dans la même proportion l'orifice de sortie O_0 de la couronne fixe, l'orifice d'entrée ω_0 et l'orifice de sortie ω_1 de la couronne mobile, et l'on arrive à ce résultat en divisant la roue de la turbine Fourneyron en étages, et celle de la turbine Fontaine-Baron en couronnes, et en adaptant des pièces mobiles dans la turbine Kœchlin. On modifie aussi la machine en changeant en quelque sorte le module des principales sections d'écoulement, et l'on peut se rendre compte par les équations données plus haut du résultat qu'on obtient.

48. *Turbines à libre déviation de la veine liquide.* — D'autres constructeurs ont imaginé un moyen plus radical de remédier à l'inconvénient signalé. Ils disposent la roue de manière que ses canaux ne soient jamais complétement remplis par l'eau, qui s'y introduit successivement et qui ne fait que s'étaler en nappe dans la concavité de chaque aube. Le reste de l'espace est occupé par de l'air qui, par des ouvertures ménagées dans les parois, communique librement, soit avec l'air extérieur, si la machine ne fait qu'affleurer le sous-bief, soit avec une atmosphère artificiellement comprimée, si la roue se trouve au-dessous du niveau de l'eau d'aval.

Il suffit alors, pour réduire la dépense d'eau, de fermer quelques-uns des canaux de la couronne fixe sans avoir à craindre les pertes de force vive, qui ne manquent pas de se produire quand les canaux de la couronne mobile, après avoir passé devant les orifices fermés de la couronne fixe, se présentent remplis d'un liquide presque en repos relatif devant un orifice ouvert.

Ce système peut s'appliquer, soit aux turbines du type Fourneyron, soit aux turbines du type Fontaine, soit aux roues turbines à axe horizontal, dont nous parlerons plus loin.

Nous allons donner la théorie de ce système pour la turbine Fontaine.

Nous avons toujours notre équation générale du travail

$$(1) \qquad \frac{P c}{\pi Q} = \frac{2 v(U_0 \cos \alpha_0 + w_1 \cos \gamma_1 - v)}{2g}.$$

L'eau, à la sortie des directrices de la couronne fixe, est animée d'une vitesse absolue U_0, elle entre dans la roue avec une vitesse relative w_0, dont la composante perpendiculaire aux aubes est w_n et dont la composante tangentielle ou parallèle est w_t.

La première seule est détruite et donne une perte de travail dont la hauteur représentative est $\zeta_2 = \dfrac{w_n^2}{2g}$; l'autre est la vitesse initiale avec laquelle le liquide va commencer à marcher le long des aubes.

De ce que les canaux ne sont pas entièrement pleins d'eau et renferment de l'air au-dessus du liquide, il résulte que $p'' = p'$.

Alors les formules peuvent se poser de la manière suivante :

$$\zeta = \frac{U_0^2}{2g}\left(\frac{O_0}{O}\right)^2\left(\frac{1}{\mu}-1\right)^2,$$

$$\zeta_1 = \frac{U_0^2}{2g}f_1,$$

$$\zeta_2 = \frac{U_0^2}{2g}\sin^2(\alpha_0+\gamma_0) + \frac{v^2}{2g}\sin^2\gamma_0 - 2\frac{U_0 v}{2g}\sin(\alpha_0+\gamma_0)\sin\gamma_0,$$

$$\zeta_4 = \frac{w_1^2}{2g}f_2,$$

$$\frac{U_0^2}{2g} = h_1 + h_2 + h_a - \frac{p'}{\pi} - \zeta - \zeta_1,$$

$$\frac{w_0^2}{2g} = \frac{U_0^2}{2g} + \frac{v^2}{2g} - 2\frac{U_0 v \cos\alpha_0}{2g},$$

$$\frac{w_1^2}{2g} = \frac{w_0^2}{2g} + h_3 - \zeta_2 - \zeta_4,$$

$$0 = \frac{p'}{\pi} - h_a - c.$$

En ajoutant les quatre dernières équations, en substituant les valeurs de ζ, ζ_1, ζ_2, ζ_3, et en faisant, pour abréger,

$$E = 1 + \left(\frac{O_0}{O}\right)^2\left(\frac{1}{\mu}-1\right)^2 + f_1,$$

$$F = \left(\frac{O_0}{O}\right)^2\left(\frac{1}{\mu}-1\right)^2 + \sin^2(\alpha_0+\gamma_0) + f_1,$$

qui ne dépendent que des formes de la turbine, on trouvera

$$\frac{w_1^2}{2g} = \frac{H(E-F)+h_3 F}{(1+f_2)E} + \frac{v^2}{2g}\frac{\cos^2\gamma_1}{1+f_2} - 2v\left(\frac{H-h_3}{2gE}\right)^{\frac{1}{2}}\left[\frac{\cos\alpha_0 - \sin(\alpha_0+\gamma_0)\sin\gamma_0}{1+f_2}\right],$$

$$\frac{U_0^2}{2g} = \frac{H-h_3}{E},$$

$$\frac{Pv}{\pi QH} = \frac{2\dfrac{v}{U_0}\left\{\cos\alpha_0 + \left(\dfrac{\cos^2\gamma_1}{1+f_2}\right)^{\frac{1}{2}}\left[\dfrac{HE}{H-h_3}-F+\left(\dfrac{v}{U_0}\right)^2\cos^2\gamma_1 - 2\dfrac{v}{U_0}\left[\cos\alpha_0 - \sin(\alpha_0+\gamma_0)\sin\gamma_0\right]\right]^{\frac{1}{2}} - \dfrac{v}{U_0}\right\}}{E\left(1+\dfrac{h_3}{H-h_3}\right)}.$$

Avec ces machines, la similitude n'existera plus, du moins

rigoureusement, qu'autant que la chute fera partie des dimensions proportionnelles.

Les aubes, pour que leurs intervalles ne soient pas entièrement remplis d'eau, ont à satisfaire, dans leur tracé et dans leurs formes, à des conditions qu'on pourra exprimer de la manière suivante :

La première condition, c'est qu'il n'y ait pas engorgement des orifices de sortie, et que l'on ait

$$\frac{Q}{\omega'_1} \quad \text{ou} \quad \frac{U_0 O_0}{\omega'_1} < \omega_1,$$

d'où

$$\frac{O_0}{\omega_1} < \frac{\omega'_1}{U_0}.$$

$$\frac{O_0}{\omega_1} < \left[\frac{HE}{H - h_2} - F + \left(\frac{c}{U_0} \right)^2 \cos^2\gamma_1 \right.$$
$$\left. - 2\frac{c}{U_0}\left[\cos\alpha_0 - \sin(\alpha_0 + \gamma_0)\sin\gamma_0 \right] \right]^{\frac{1}{2}} \left(\frac{1}{1 + f_2} \right)^{\frac{1}{2}}$$

Il ne doit pas non plus y avoir engorgement à l'entrée, ce qui exige que l'on ait

$$\frac{Q}{\omega'_1} \quad \text{ou} \quad \frac{U_0 O_0}{\omega'_1} < \omega_0.$$

d'où

$$\frac{O_0}{\omega_0} < \frac{\omega'_1}{U_0}, \quad \frac{O_0}{\omega_0} < - \frac{c}{U_0}\cos\gamma_0 - \cos(\alpha_0 + \gamma_0).$$

(Dans ces turbines on fait $\gamma_0 > 90°$.)

On pourra aussi poser la condition qu'il n'y ait pas engorgement dans les points intermédiaires, en calculant d'abord la vitesse relative dont l'eau y sera animée.

La condition du non-engorgement à la sortie est la plus difficile à réaliser, et les constructeurs y sont parvenus en évasant les orifices dans le sens du rayon.

Mais alors, les filets liquides s'étalant sur l'aube, la moyenne des angles γ_1 que la vitesse relative de sortie fait avec le cercle de rotation du point correspondant, augmenterait et ferait diminuer $\omega_1 \cos\gamma_1$, et, par suite, le rendement, si cette disposition même ne permettait de rapprocher davantage la direction du dernier élément de l'aube de celle d'un plan tangent au cylindre.

§ III. — Moteurs de la troisième classe dont l'axe de rotation est horizontal.

49. *Roues turbines.* — Les roues turbines imaginées par M. Girard sont des turbines à très-grand rayon, dont l'axe de rotation est horizontal, et qui ne reçoivent l'eau motrice que sur une petite partie du cylindre intérieur de la roue, naturellement la partie située vers le bas.

Leur théorie peut s'établir de la manière suivante :

Choisissons pour surfaces limites du volume liquide moteur A, à l'entrée et à la sortie, le cylindre intérieur et le cylindre extérieur de la roue. Le moment des pressions $p' - p_a$ et $p'' - p_a$ est nul; de plus, toutes les parties du récepteur en contact avec le liquide moteur A étant mobiles, les forces K_e n'existent pas, en sorte que le moment M de l'équation générale se réduit à celui de l'action de la pesanteur, et que le premier terme du second membre de l'équation du travail sera

$$\pi A y_1 \varphi \, dt.$$

Le terme $-\varphi d \Sigma m \, U \rho \cos \alpha$ donnera pour chaque auget une expression analogue à celle trouvée pour la turbine Fourneyron, mais, les orifices d'entrée et de sortie de ces augets n'étant pas à la même hauteur, les vitesses n'y sont plus les mêmes, et il serait bon de les considérer isolément si l'on avait affaire à une roue de petit rayon, et alors il y aurait aussi à tenir compte du régime varié de l'eau dans les canaux.

La solution serait ainsi assez compliquée; on parviendrait toutefois à l'obtenir, du moins par des méthodes approximatives.

Mais l'essence même de ces roues est d'avoir de grands rayons, afin que la vitesse qu'on est obligé de donner, pour un bon rendement, à la circonférence soit obtenue avec

une faible vitesse angulaire qui permet d'atteler directement et sans transmission les outils à l'arbre moteur.

On est arrivé ainsi à des rayons de plus de 6 mètres.

Comme nous ne voulons donner ici qu'un exemple d'application de la théorie générale, nous allons supposer l'é-
galité de toutes les vitesses U_0 de sortie de la couronne fixe ;
alors on a, comme dans la turbine Fourneyron,

$$- \varphi\, d\Sigma m U \rho \cos\alpha = \frac{\pi Q\, dt}{g}\, v_0 \left[U_0 \cos\alpha_0 + \frac{R_1}{R_0}\, w_1 \cos\gamma_1 - v_0 \left(\frac{R_1}{R_0}\right)^2 \right],$$

et l'équation du travail devient

$$(1) \quad \frac{P v}{\pi Q} = \frac{A}{Q} y_1 \varphi + \frac{2 v_0 \left[U_0 \cos\alpha_0 + \dfrac{R_1}{R_0}\, w_1 \cos\gamma_1 - \left(\dfrac{R_1}{R_0}\right)^2 v_0 \right]}{2g}.$$

La distance y_1 du centre de gravité du volume A au plan
vertical passant par l'axe de rotation s'obtiendra géométriquement comme pour les roues de côté en dessus, et
nous allons compléter la solution en déterminant U_0 et w_1.

Considérons ces roues dans l'état normal où elles ne sont
pas noyées ; elles sont disposées pour marcher à libre déviation ; dès lors on a, comme au n° 46,

$$(2) \qquad \frac{U_0^2}{2g} = \frac{H - h_3}{E}.$$

Pour avoir w_1 reportons-nous à l'équation du n° **27**, elle
deviendra, en tenant compte des dispositions de la machine,

$$\frac{d\Sigma m w^2}{2} = g\Sigma m\, dz - g\Sigma m y \varphi\, dt \quad \text{(action de la pesanteur)},$$

$$- \left\{ \begin{array}{l} \text{Pertes dues au choc et au frottement contre les aubes,} \\ \text{Pertes dues à l'action du liquide sur lui-même,} \end{array} \right.$$

$$+ \varphi^2 d\, \frac{\Sigma m \rho^2}{2},$$

ou, avec nos notations,

$$\frac{\pi Q\, dt}{2g}\, (w_1^2 - w_0^2) = \pi Q\, dt\, h_3 - \pi A y_1 \varphi\, dt$$
$$- \pi Q\, dt\, (\zeta_2 + \zeta_4)$$
$$+ \pi Q\, dt\, \frac{2\varphi^2 (R_1^2 - R_0^2)}{2g},$$

en réduisant

$$\frac{w_1^2}{2g} = \frac{w_0^2}{2g} + h_3 - \frac{A}{Q}\varphi y_1 - \zeta_2 - \zeta_4 + 2\frac{v_1^2 - v_0^2}{2g}.$$

Après la substitution des valeurs, il vient

$$(3)\begin{cases}(1+f_2)\dfrac{w_1^2}{2g} = \dfrac{H(E-F)+h_3 F}{E} + \dfrac{v_0^2}{2g}\cos^2\gamma_1 \\[2mm] \qquad\qquad - 2v_0\left(\dfrac{H-h_3}{2gE}\right)^{\frac{1}{2}}[\cos\alpha_0 - \sin(\alpha_0+\gamma_0)\sin\gamma_0] \\[2mm] \qquad\qquad - \dfrac{A}{Q}\varphi y_1 + 2\dfrac{v_1^2 - v_0^2}{2g}.\end{cases}$$

Les équations (1), (2) et (3) fournissent tous les éléments de la marche du moteur, mais ce serait sortir des bornes de cette étude théorique que d'en entreprendre ici la discussion.

Si les roues étaient noyées, leurs canaux seraient pleins d'eau, et il faudrait ajouter aux pertes celle qui proviendrait du brusque changement de w_1. Leur rendement ne peut alors qu'être faible si elles ne sont pas hydropneumatisées.

50. Roues à la Poncelet. — La roue à la Poncelet peut être théoriquement regardée comme un cas particulier des roues turbines, dont l'orifice d'entrée se trouve à la même distance de l'axe de rotation que l'orifice de sortie, et si l'on introduit cette condition dans les équations (1), (2) et (3) on aura pour ce moteur

$$(1)\qquad \frac{Pv}{\pi Q} = \frac{A}{Q}y_1\varphi + \frac{2v(U_0\cos\alpha_0 + w_1\cos\gamma_1 - v)}{2g},$$

$$(2)\qquad\qquad \frac{U_0^2}{2g} = \frac{H-h_3}{E},$$

$$(3)\begin{cases}(1+f_2)\dfrac{w_1^2}{2g} = \dfrac{H(E-F)+h_3 F}{E} + \dfrac{v_0^2}{2g}\cos^2\gamma_1 \\[2mm] \qquad\qquad - 2v_0\left(\dfrac{H-h_3}{2gE}\right)^{\frac{1}{2}}[\cos\alpha_0 - \sin(\alpha_0+\gamma_0)\sin\gamma_0] \\[2mm] \qquad\qquad - \dfrac{A}{Q}\varphi y_1.\end{cases}$$

La valeur de f_2 présenterait des difficultés pour être calculée exactement ; mais elle est si petite que les erreurs que l'on fera en la déterminant seront presque sans conséquence.

51. *Roues en dessous à palettes planes.* — Il nous resterait encore, en finissant l'étude des moteurs de la troisième classe, à parler de la roue en dessous à palettes planes. Nous nous bornerons à dire que l'application de la théorie générale à ce moteur, d'ailleurs sans intérêt, se fait très-facilement en prenant pour limites du liquide moteur, à l'entrée et à la sortie, deux plans perpendiculaires au courant, et elle conduit aux résultats connus qu'on trouve dans les traités d'Hydraulique récents.

LIVRE II.

ALIMENTATION DU CANAL DE L'AISNE A LA MARNE PAR DES MACHINES.

CHAPITRE PREMIER.

VOLUME D'EAU NÉCESSAIRE A L'ALIMENTATION DU CANAL DE L'AISNE A LA MARNE.

§ 1. — EXPOSÉ.

52. *Tracé du canal.* — Le canal de l'Aisne à la Marne a son origine sur le canal latéral à l'Aisne, en face de Berry-au-Bac; il vient passer sous les murs de Reims, remonte la vallée de la Vesle, traverse avec un souterrain de 2300 mètres le faîte de séparation de la Vesle et de la Marne, descend par le vallon d'Isses, et arrive à Condé aboutir sur le canal latéral à la Marne, après un parcours de 58035 mètres, mesuré de l'axe du canal latéral à l'Aisne à l'axe du canal latéral à la Marne (*Pl.* 1).

Cette longueur est ainsi répartie :

Versant de l'Aisne............	39487
Bief de partage...............	11920
Versant de la Marne..........	6628
Total.............	58035

53. *Nombre d'écluses.* — La pente du versant de l'Aisne est rachetée par seize écluses, dont la chute est uniformément de 2ᵐ,70, à l'exception de la première, qui subit l'influence des variations du plan d'eau dans le bief de partage.

Les écluses ont 5ᵐ,20 de largeur entre les bajoyers, et

38^m,60 de longueur entre les buscs, ce qui donne 600 mètres cubes pour le volume d'eau d'une éclusée dans le cas d'une chute de 3 mètres.

54. *Tirant d'eau.* — Le tirant d'eau normal du canal est de 1^m,60, sa largeur au plafond de 10 mètres, en sorte qu'avec des talus à 2 de base pour 1 de hauteur la largeur du plan d'eau à la flottaison est de 16^m,40.

Dans le bief de partage, pour faciliter la traversée du souterrain, dont la section est réduite à une largeur de 6^m,20, on cherche à avoir constamment de 2 mètres à 2^m,30 de tirant d'eau.

55. *Ancienne alimentation.* — Avant l'établissement du système que nous nous proposons de faire connaître, c'est-à-dire jusqu'à la fin de 1869, le canal n'était alimenté que par la Vesle, au moyen de trois prises d'eau, faites, la première en commençant par l'amont, à Sept-Saulx, la seconde à Sillery, et la troisième à Reims.

La prise d'eau de Sept-Saulx alimentait le bief de partage, tout le versant de la Marne et la partie du versant de l'Aisne comprise entre le bief de partage et l'écluse de Sillery, formant ensemble une longueur de 24717 mètres.

La prise d'eau de Sillery alimentait la partie comprise entre l'écluse de Sillery et celle de Fléchambault (Reims), d'une longueur de 8948 mètres.

La prise d'eau de Reims avait à alimenter la partie comprise entre l'écluse de Fléchambault et Berry-au-Bac, d'une longueur de 24370 mètres.

La prise d'eau de Sillery avait, en outre de l'alimentation du canal, à remplir un autre objet qui en diminuait l'importance comme ressource et que voici : par acte passé le 18 juillet 1712, le marquis de Sillery concéda à la ville de Reims le tiers du volume des eaux de la Vesle, pour créer la force nécessaire au jeu d'une machine hydraulique faisant mouvoir les pompes d'alimentation des fontaines de la ville. Ces eaux étaient prises au hameau du Petit-Sillery, et réunies dans un canal désigné sous le nom de *Rivière neuve,* qui les amenait sur la roue hydraulique.

Lorsqu'on ouvrit la portion du canal de l'Aisne à la Marne située immédiatement en amont de Reims, on profita de l'existence de la Rivière neuve, et, sauf quelques coudes trop brusques, elle fut en entier englobée dans le canal, qui fut chargé de la remplacer. A cet effet, le tiers des eaux de la Vesle est dérivé par la prise d'eau de Sillery, et la roue hydraulique le reprend dans le bief d'Huon, un peu en amont de Reims.

Cette roue, pour marcher, consomme chaque jour, en hiver, 560 litres par seconde pendant onze heures, ce qui, rapporté à la journée entière, donne 257 litres par seconde; en été, 380 litres pendant seize heures, ce qui, rapporté également à la journée entière, donne 278 litres par seconde. Et ce n'est que quand les produits de la Vesle sont insuffisants pour fournir cette force motrice que la roue est remplacée par une machine à vapeur qui fait marcher les pompes.

L'étanchement du canal de l'Aisne à la Marne, ouvert sur toute sa longueur, soit dans la craie fendillée, soit dans des terrains graveleux, a été difficile, et l'on a été obligé, pour combattre la perméabilité exceptionnelle du sol, de recourir à des moyens énergiques dont nous allons faire connaître les effets.

Les travaux du canal ont été autorisés par la loi du 8 juillet 1840, qui avait consacré à leur exécution un crédit de 13 millions. En 1848, on livra à l'exploitation la partie comprise entre Berry-au-Bac et Reims, mais, malgré quelques étanchements en glaise, les pertes étaient si grandes et l'alimentation était si incomplète par les eaux de la Vesle, qui servent en même temps au roulement de nombreuses usines, que l'Administration dut prescrire la mise en chômage du canal chaque fois que la rivière devenait insuffisante pour alimenter en même temps les usines et la navigation.

La durée de ces chômages forcés n'était pas de moins du tiers de l'année, et elle a même atteint cent quatre-vingt-cinq jours en 1852 et en 1853.

Les travaux du reste du canal qui, par suite de l'épuisement des crédits, avaient dû être ajournés faute de fonds, furent repris après quelques années d'interruption, et terminés jusqu'à Condé à la fin de 1856.

Dans les premiers mois de 1857, on ouvrit la prise d'eau de Sept-Saulx pour essayer de remplir la partie du canal qu'elle devait alimenter, mais on n'y parvint pas. Bien que la prise d'eau fournît alors près de 2 mètres cubes à la seconde, on ne put mettre les biefs en eau que partiellement, et l'on calcula qu'un volume de 8 mètres cubes par seconde n'aurait pas suffi à leur alimentation.

En présence de ces conditions difficiles, M. l'inspecteur général Desfontaines, alors ingénieur en chef du canal, proposa un projet d'étanchement général en béton qui fut approuvé par l'Administration.

Les travaux, commencés en 1857 et terminés en 1861, ont eu un plein succès; ils ont amené le canal à un état normal, tout en n'ayant exigé qu'une dépense de $47^{fr},05$ par mètre courant, qui est assurément très-faible dans une contrée entièrement dépourvue de matériaux de construction.

Mais, malgré la complète réussite des opérations d'étanchement, la navigation restait en souffrance; l'alimentation par la Vesle, outre les inconvénients d'un autre ordre qui en résultaient, comme nous le disons plus loin, pour l'industrie et pour la salubrité de la ville de Reims, qui n'a pas d'autre cours d'eau, était insuffisante pour satisfaire aux besoins du canal.

Cette insuffisance, démontrée par les faits, avait les plus fâcheuses conséquences sur le canal de l'Aisne à la Marne qui, reliant les lignes du Nord à celles de l'Est, s'était bientôt créé une clientèle considérable, de près de 400000 tonnes, qui va toujours croissant. Aussi n'a-t-on pas hésité à entreprendre les travaux considérables que nous voulons faire connaître, pour doter cette importante voie de communication d'une alimentation en rapport avec ses besoins et avec les grands intérêts qu'elle doit desservir.

§ II. — Dépenses d'eau du canal.

56. *Étendue des besoins.* — La première chose qu'on a eu à déterminer, c'était l'étendue des besoins auxquels on devait satisfaire.

Les dépenses d'eau pour un canal en navigation sont dues, comme on le sait, aux causes suivantes :

1° Pertes par évaporation ;
2° Pertes par filtration ;
3° Pertes par les portes et les fausses manœuvres ;
4° Consommation par les éclusées.

Nous allons examiner les effets de ces causes dans les différentes parties du canal en le sectionnant d'après l'ancien mode d'alimentation.

57. *Première section de Berry-au-Bac à l'écluse de Fléchambault, sur une longueur de 24 370 mètres.* — On peut estimer à une couche de $0^m,004$ d'épaisseur la quantité d'eau qui s'évapore en vingt-quatre heures, en sorte que, la largeur du canal étant de $16^m,40$ à la ligne de flottaison, la perte due à l'évaporation est par seconde, pour la première section,

$$\frac{16,40 \times 0,004 \times 24370}{24 \times 3600^s} = 0,0185, \quad \text{soit en nombre rond 20 litres.}$$

Les pertes par filtration sont parfaitement connues par les expériences directes qu'a fait faire M. l'inspecteur général Desfontaines. De ces expériences il résulte qu'en 1860, avant le commencement des travaux d'étanchement, la section perdait par seconde 660 litres, qu'en 1861 la perte était déjà réduite à 240, et qu'enfin en 1862 elle n'était plus que de 100 litres. C'est ce dernier chiffre qu'on a admis.

Les pertes par les portes et les fausses manœuvres étant compensées par les pertes égales qu'éprouve le bief de partage, on n'a pas à en tenir compte dans la première section.

Il n'y aurait pas eu non plus à tenir compte dans cette section de la dépense d'eau pour les éclusées, puisqu'elle serait venue des éclusées supérieures si le port de Reims, qui a un trafic propre avec Berry-au-Bac, n'y donnait lieu à une fréquentation plus considérable que sur le reste du canal.

En consultant les états du mouvement, on a pensé qu'on tiendrait compte de ce fait, en supposant par jour quatre éclusées qui, à 600 mètres cubes l'une, exigent par seconde

$$\frac{4 \times 600}{86400^s} = 0,0278, \quad \text{soit 30 litres.}$$

Il faut donc, d'après ces bases, pour la première section, une alimentation de 150 litres.

58. *Deuxième section de Fléchambault à Sillery, sur une longueur* de 8948 *mètres.* — Cette section, en grande partie ouverte depuis plus d'un siècle, a été, à l'aide de quelques travaux, soit en terre, soit en béton, rendue assez étanche.

Elle conduit, dans presque toute sa longueur, les eaux de la Vesle pour l'alimentation de la roue hydraulique de Reims; aussi, dans la partie où le canal remplit sa double destination, on n'a pas cru devoir tirer d'une autre source les moyens de subvenir aux pertes qu'y causent l'évaporation et les filtrations, qui ne seront pas plus fortes, que le canal soit ou non parcouru par des bateaux.

Quant à la partie qui n'est pas suivie par les eaux de la machine de Reims, et qui a une longueur de 1400 mètres, il résulte des expériences de 1860, 1861 et 1862 que ses pertes par évaporation et filtrations ne dépassent pas 7 litres par seconde.

On n'a pas à tenir compte, dans la deuxième section, des pertes qui ont lieu par les portes ni de la consommation pour le passage des bateaux, puisque ces dépenses sont compensées par les dépenses semblables du bief de partage.

59. *Troisième section de Sillery à Condé, sur une longueur de 24717 mètres.* — D'après les bases adoptées pour la première section, les pertes dues à l'évaporation sont par seconde

$$\frac{16,40 \times 0,004 \times 24717}{86400} = 0,0189, \quad \text{soit 20 litres.}$$

Les pertes par filtrations ont été observées par des expériences directes qui ont fourni les résultats suivants :

En 1857, avant les travaux d'étanchement, la section perdait par seconde plus de.................. 8000^{lit}

En 1860, après l'achèvement des travaux, elle perdait. 100

En 1861....................................... 220

En 1862....................................... 340

Cette augmentation dans les pertes fut reconnue provenir de fissures longitudinales qui s'étaient produites dans les bétons à la jonction du plafond avec les talus ; on s'occupa de réparer les plus importantes, et les pertes retombèrent au-dessous de 200 litres. Elles pourront diminuer encore ; néanmoins on a cru devoir, pour se mettre à l'abri de certaines éventualités, compter sur un besoin de 200 litres.

Les pertes qui ont lieu au pourtour des portes et celles qui viennent des fausses manœuvres sont naturellement très-variables suivant l'état d'entretien du canal et le soin qu'on apporte dans son exploitation. On les a évaluées à 800 mètres cubes par jour pour chacune des deux écluses placées aux extrémités du bief de partage, ce qui représente par seconde une perte de

$$\frac{1600}{86400} = 0,0185, \quad \text{soit 20 litres.}$$

Il nous reste à apprécier la consommation pour le passage des bateaux par les écluses.

Chaque bateau qui traverse le bief de partage, soit dans un sens, soit dans l'autre, consommera deux prismes de remplissage par son passage aux écluses. La longueur entre les buscs étant de 38^m,60, la largeur entre les bajoyers de 5^m,20, la chute des écluses du versant de la Marne de 2^m,70, et celle de quelques écluses du versant de l'Aisne de 3 mètres, la dépense pour un bateau sera

$$38,60 \times 5,20 \ (3 + 2,70) = 1147^m, \quad \text{soit } 1150^{mc}.$$

En consultant les registres de passage, et en tenant compte de ce fait que le bief de partage peut tenir en réserve une lame d'eau de 0^m,20, qui représente 50000 mètres cubes,

7

c'est-à-dire le volume nécessaire au passage de plus de quarante bateaux, on a reconnu qu'on fournirait aux besoins de la fréquentation d'aujourd'hui en calculant sur un passage de quinze bateaux par jour, ce qui représente une dépense par seconde de

$$\frac{1150 \times 15}{86400} = 0,19965, \quad \text{soit 200 litres.}$$

D'après ces bases, la troisième section exigerait alors 440 litres par seconde.

60. *Ensemble du canal.* — En faisant la somme du volume d'eau nécessaire à chaque section, on aura

Pour la première section............. 150^{lit}

Pour la seconde.................... 7

Pour la troisième................. 440

Total........ 597

C'est là le volume minimum que, dans l'état normal, on devait, quant à présent, fournir ; mais, pour assurer le service d'une voie aussi importante que celle du canal de l'Aisne à la Marne, pour satisfaire aux besoins toujours croissants d'une navigation active, pour permettre, dans un avenir prochain, l'augmentation du tirant d'eau, et, enfin, pour abréger la durée du remplissage, quand quelques parties devront être mises en vidange, il fallait être en mesure de fournir bien davantage, et nous verrons plus loin qu'avec les seules machines de Condé, et sans qu'il en coûte autre chose que la peine de lever une vanne, on peut aujourd'hui verser, à un moment quelconque, dans le bief de partage, un volume de plus de 1200 litres par seconde.

Maintenant que nous avons fait connaître les besoins, nous allons passer en revue les ressources dont on disposait, et les différents systèmes auxquels on pouvait recourir pour se procurer le volume d'eau nécessaire à l'alimentation.

CHAPITRE II.

DES DIFFÉRENTS SYSTÈMES D'ALIMENTATION.

§ I. — Ressources locales.

61. *Alimentation par la Vesle.* — Le système d'alimentation par la Vesle est celui qui s'est présenté le plus naturellement à l'esprit; il consiste à dériver les eaux de la Vesle qui, d'après les niveaux relatifs, peuvent être introduites facilement à Sept-Saulx dans le bief de partage, à Sillery dans le bief d'Huon, et plus bas dans le bief de Reims, au droit même de cette ville.

C'est le système qu'on a d'abord exécuté et qu'on a eu parfaitement raison d'exécuter malgré son insuffisance, car, de quelque mode d'alimentation qu'on puisse disposer, la Vesle sera toujours, dans des cas donnés, une ressource précieuse qu'on ne devra pas abandonner.

Nous entrerons, au sujet de cette alimentation, dans quelques détails qui nous paraissent avoir au moins pour intérêt de faire connaître par des observations régulières le régime des rivières de Champagne.

D'après ce que nous avons dit plus haut des besoins du canal, l'alimentation par la Vesle, comme elle est exécutée, exige, abstraction faite de toute considération étrangère à la navigation, qu'on dérive au minimum

> A Sept-Saulx........... 45o litres par seconde.
> A Reims............... 15o   »

Quant à la prise de Sillery, il faut, si l'on veut respecter les droits de la ville de Reims, qu'elle dérive de la Vesle un volume égal au tiers de ce que serait le débit de la rivière en ce point, si la prise de Sept-Saulx n'existait pas.

7.

Voyons ce que la Vesle est capable de produire : son régime est aujourd'hui parfaitement connu ; depuis 1840 on l'observe, et les jaugeages qui sont faits chaque jour avec soin permettent d'aborder l'étude de la question avec la plus entière connaissance des choses basée sur l'observation.

Le bassin de la Vesle, en amont de Reims, appartient à peu près exclusivement à la craie blanche ; aussi cette rivière, comme toutes celles qui sortent des mêmes terrains, a-t-elle un régime dont les variations graduelles présentent la plus grande régularité.

Le plus bas étiage a lieu en août et septembre, le volume d'eau augmente un peu en novembre ; il atteint son maximum en février et mars, puis il décroît régulièrement, d'abord avec une certaine rapidité jusqu'en juin, ensuite avec plus de lenteur jusqu'à son étiage.

C'est ce que montre clairement la représentation graphique de l'ensemble des débits observés à Reims, à Sillery et à Sept-Saulx.

Quand on compare les volumes d'eau portés par la rivière en ces trois points et en d'autres, soit en amont, soit en aval, on remarque que le débit va en s'augmentant, non pas en raison seulement des affluents qui, du reste, sont peu importants, mais en raison surtout de l'enfoncement de la vallée dans le massif de craie.

Ainsi, le 26 octobre 1840, la Vesle débitait en vingt-quatre heures :

A Reims................................	144779^{mc}
A Sept-Saulx.........................	95558
Différence........	49221

et le ruisseau de Prosnes, affluent intermédiaire, donnait seulement 3456 mètres cubes.

En 1841, du 26 septembre au 3 octobre, la Vesle débitait en vingt-quatre heures :

A Reims.............................	102951^{mc}
A Sept-Saulx........................	68745
Différence........	34206

et le ruisseau de Prosnes ne donnait que 4555.

Cette loi d'augmentation présente cependant des exceptions, à certaines époques de l'année; la Vesle alors donne moins à Sillery qu'à Sept-Saulx, et moins à Reims qu'à Sillery.

C'est que, entre Sept-Saulx et Reims, la Vesle traverse environ 600 hectares de prés, marais et tourbières, qui sont par moments inondés, et par moments à sec. Ils sont très-spongieux; aussi, après une période de sécheresse, ils attirent énergiquement, par une sorte d'appel latéral, l'eau de la rivière, surtout quand le remplissage des biefs d'usines vient augmenter les surfaces de contact avec les talus, et ils réduisent par conséquent le débit.

Quand après la pluie, au contraire, ils sont saturés d'eau, les nombreuses sources qui surgissent dans la vallée ne sont plus absorbées, elles se rendent à la Vesle et la grossissent.

C'est ainsi qu'en août 1863 le volume laissé dans la Vesle, à Sept-Saulx, étant moyennement de 397 litres par seconde, n'était plus à Sillery moyennement que de 309 litres. A Reims, bien que le canal fût en chômage et ne prît à Sept-Saulx que moins de 150 litres, la Vesle à ce moment était réduite à un débit de quelques dizaines de litres; elle formait un cloaque infect, presque exclusivement composé des eaux d'égouts.

Mais revenons aux besoins de l'alimentation. On trouve, en consultant les registres des observations, qu'en moyenne, une année sur deux, la Vesle, alors même qu'on prendrait jusqu'à sa dernière goutte, est incapable, et cela pendant des périodes de deux, trois et quatre mois, de fournir, soit à Sept-Saulx, soit à Reims, le volume d'eau nécessaire au canal.

En 1858, à Reims, en amont de la prise d'eau, le débit de la Vesle était, dès le 15 juin, descendu à 400 litres; en juillet, il tombait à 200; en août à 60 et même à 25 litres, bien que la prise d'eau de Sept-Saulx ne fonctionnât pas, et que celle de Sillery fût fermée; le 25 novembre, le débit n'était pas encore remonté à 200 litres.

Devant l'insuffisance de cette rivière, et sans compter les

dangers qui résultaient en temps ordinaire de l'affaiblissement d'un cours d'eau, déjà trop peu important pour la salubrité et les besoins d'une grande ville industrielle comme Reims, il fallait aller chercher ailleurs les ressources alimentaires que la navigation du canal réclamait.

62. *Dérivation de la Suippe.* — On pensa un instant, comme l'avait indiqué Brisson, à dériver, pour les amener au bief de partage, les eaux de la Suippe, qui coule parallèlement à la Vesle, et à un niveau plus élevé.

Mais on dut renoncer à cette idée, d'abord parce que la Suippe, dont le régime, avec un débit moindre, est analogue à celui de la Vesle, eût été insuffisante quand même on l'eût amenée tout entière; ensuite parce que la rigole de dérivation, de plus de 20 kilomètres de longueur, eût été ouverte dans un sol très-perméable, d'un étanchement difficile et coûteux, et enfin parce que la Suippe, comme la Vesle, sert au roulement d'un nombre considérable d'usines qu'il aurait fallu indemniser, et que son faible débit est indispensable aux populations établies sur ses rives.

63. *Abaissement du bief de partage.* — Un autre moyen d'alimentation avait été proposé, qui consistait à abaisser de 3 mètres environ le bief de partage; on basait l'efficacité de ce moyen sur l'hypothèse d'une nappe d'eau souterraine qui existerait dans la craie, au niveau auquel on serait descendu.

On abandonna bientôt ce projet qui, outre qu'il était d'une réussite plus que douteuse, avait le grave inconvénient de coûter très-cher et d'exiger, au moins pendant un an, la fermeture du canal.

Les ressources locales étant ainsi insuffisantes, il ne restait plus qu'à aller chercher les eaux d'alimentation dans la rivière de Marne, qui est le seul réservoir où l'on soit certain d'en pouvoir puiser autant que les besoins de la navigation en réclament.

C'est le parti auquel on s'arrêta.

§ II. — Alimentation par les eaux de la Marne.

64. *Impossibilité d'une dérivation directe.* — La rivière de Marne, bien qu'elle passe seulement à 8 kilomètres de l'écluse de Vaudemange, qui, du côté de son versant, termine le bief de partage, est à un niveau relativement si bas et coule avec une pente si faible, que si l'on voulait amener les eaux d'alimentation par une rigole de dérivation, il faudrait remonter à une distance énorme qui rend cette solution rationnellement impossible.

Il résulte en effet d'une étude sommaire que ce serait seulement à 20 kilomètres au-dessus de Vitry qu'on pourrait trouver dans la Marne un niveau suffisant pour y placer la tête de la rigole.

Si, pour rendre le tracé plus facile en évitant la traversée de la Saulx, on allait puiser l'alimentation dans la rivière de l'Ornain, il faudrait aussi remonter à peu près à la même distance.

La rigole ouverte soit dans le gravier, soit dans la craie fendillée, aurait besoin d'un étanchement continu; elle rencontrerait sur son parcours des passages difficiles qu'il faudrait franchir par des siphons; sa longueur, à cause du contournement des caps, dépasserait 100 kilomètres, et ce serait tabler bien bas que d'en estimer la dépense à moins de 6 millions.

65. *Élévation des eaux par des machines.* — Devant la nécessité de prendre dans la Marne les eaux d'alimentation du canal de l'Aisne à la Marne et devant l'impossibilité rationnelle de les dériver directement, il fallait se résoudre à les monter au bief de partage par des machines dont l'emploi ne doit plus effrayer aujourd'hui, et sera dans bien d'autres cas la meilleure et la plus économique des solutions.

Les machines, plus exposées peut-être que des ouvrages fixes à des dérangements accidentels, ont inspiré parfois des craintes légitimes, mais que nous croyons exagérées, car,

si grands que soient les intérêts qui s'attachent à l'alimentation d'un canal, ils peuvent se contenter de la garantie
que dans bien des grandes villes on regarde comme suffisante quand il s'agit de satisfaire à des besoins de premier
ordre.

Pour opérer cette élévation du volume alimentaire jusqu'au bief de partage, on pouvait employer des machines à
vapeur, remontant l'eau d'écluse en écluse ou par groupes
d'écluses, suivant les dispositions locales, ou l'on pouvait
demander à la rivière elle-même la force motrice nécessaire
pour produire le travail considérable dont on avait besoin.

Nous avons fait une étude comparative de ces deux
moyens, et, outre le projet d'élévation des eaux par des
moteurs hydrauliques, nous en avons dressé un qui était
basé sur l'emploi des machines à vapeur dans les deux hypothèses du fractionnement et de la réunion des chutes.
Mais devant les conditions financières qu'il offrait et dont
on pourra se rendre un compte facile par la lecture des documents que nous produisons à la fin de cet ouvrage, documents que nous avons recueillis sur la marche des meilleures machines élévatoires de la ville de Paris, on donna
la préférence au projet qui consiste à demander à la Marne
à la fois le volume d'eau alimentaire et la force nécessaire
pour l'élever au bief de partage.

L'idée première de cet emploi de moteurs hydrauliques
appartient à feu M. l'inspecteur général Mary, qui l'avait
émise à l'époque de l'achèvement du canal de l'Aisne à la
Marne. M. Desfontaines, alors ingénieur en chef, fit étudier
pour la réaliser, par deux ingénieurs, M. Fleury-Saint-Denis
d'abord, et M. Holleaux ensuite, un projet qui, bien que
conçu d'après des données différentes du nôtre, nous a été
du plus grand secours dans les études que nous avons eu à
faire.

Le 2 décembre 1865, les travaux furent décrétés d'utilité
publique; aussitôt après, on rédigea les projets d'exécution,
on ouvrit les enquêtes parcellaires, on accomplit les forma-
lités administratives.

Le 17 août 1867, les premiers travaux furent adjugés, et

à la fin d'octobre 1869 c'étaient les machines qui montaient l'eau d'alimentation au bief de partage et permettaient de rouvrir sur le canal de l'Aisne à la Marne la navigation, interrompue depuis trois mois par la sécheresse.

Nous allons décrire sommairement le système exécuté, et nous donnerons les méthodes de calcul que nous avons suivies, pour en déterminer les diverses parties.

§ III. — Système exécuté.

66. *Ensemble du système.* — Aux abords de la ville de Châlons, la rivière de Marne se partage en plusieurs bras. L'un, qui est le plus important et qu'on appelle le *grand bras*, a été creusé artificiellement sur plus de 3 kilomètres de longueur à la fin du siècle dernier, lors de la construction du grand pont qui sert au passage de la route nationale n° 3. Il est tracé en dehors de Châlons, qu'il a eu pour destination de débarrasser des eaux dans les grandes crues.

Deux autres bras traversent la ville elle-même : on les nomme, l'un le *canal de Nau*, l'autre le *canal de Mau*. Après s'être détachés, près du Jard, d'un tronc commun qui passe sous le canal latéral à la Marne, ils se réunissent de nouveau en amont du Moulin-des-Mariniers, près de la porte Saint-Antoine, et tombent, en aval de cette usine, dans l'ancien bras principal de la Marne, appelé *canal Saint-Martin*, qui, au droit du village de ce nom, vient rejoindre la nouvelle rivière ou grand bras, après avoir repassé sous le canal latéral.

En tête du grand bras, nous avons construit en 1864 et 1865, dans le système Desfontaines, un barrage dont la retenue permet de jeter dans les canaux intérieurs de la ville des eaux en quantité convenable, qui descendent ensuite dans le bras Saint-Martin approfondi et régularisé. Parvenues à l'extrémité de ce bras, elles sont reçues dans un canal que nous avons spécialement ouvert, qui d'abord, longeant le canal latéral, puis passant près de Juvigny, Vraux et Aigny, les amène en face de Condé, à un niveau assez élevé au-dessus de la Marne pour créer en tout temps, en les faisant tomber dans un canal de fuite creusé assez bas et dirigé vers la rivière, une chute d'une grande puissance motrice.

Cette chute est employée à faire marcher cinq turbines auxquelles sont attelées des pompes.

Ces pompes refoulent dans une conduite forcée les eaux d'alimentation du canal de l'Aisne à la Marne. Elles les montent sur le coteau, où elles sont versées dans une rigole qui les mène au bief de partage un peu au delà de l'écluse de Vaudemange.

Tel est dans son ensemble le système exécuté et qui fonctionne aujourd'hui.

67. *Division du système en sections.* — Pour décrire sommairement ce système et donner les méthodes suivies dans le calcul d'établissement de ses différentes parties, nous le diviserons en plusieurs sections qui feront l'objet d'autant de chapitres, et nous distinguerons :

1° Le canal d'amenée des eaux motrices et le canal de fuite ;

2° Les machines élévatoires ;

3° Les bâtiments de l'usine et ses abords ;

4° La conduite ascensionnelle ;

6° La rigole.

CHAPITRE III.

CANAL D'AMENÉE DES EAUX MOTRICES ET CANAL DE FUITE.

§ I. — TRACÉS. — TERRASSEMENTS.

68. *Tracés et profils.* — Le canal d'amenée des eaux motrices, d'une longueur de 18368 mètres, entre la prise d'eau dans la Marne à Châlons et l'usine de Condé (*Pl.* 1), emprunte à son origine d'abord les bras de rivière qui traversent la ville et qui avaient été curés en 1865, puis, au delà du moulin des Mariniers, l'ancienne Marne, dont nous avons déjà parlé, et ce n'est qu'à partir du village de Saint-Martin qu'on lui a creusé jusqu'à Condé un lit entièrement nouveau, sur une longueur de 14176 mètres (non compris le bassin de l'usine).

Dans la traversée de Châlons, on a conservé le tracé et les profils tels qu'on les avait réglés en 1865, lors du curage exécuté par les soins du service de la navigation, avec le concours de la municipalité.

Au point de vue de l'écoulement de l'eau, le bras de gauche, ou bras de Nau, peut être considéré comme ayant une largeur de 7 mètres au plafond, avec des talus à 3 de base pour 2 de hauteur, excepté sur une longueur de 282 mètres, où il est réduit par les pieds-droits d'une voûte à la largeur de 4^m,40.

Le bras de droite, ou bras de Mau, malgré ses irrégularités, peut être considéré comme ayant partout une largeur de 4 mètres au plafond, avec des talus à 3 de base pour 2 de hauteur, excepté sur une longueur de 117 mètres, où il est réduit, sous une voûte, à 4 mètres entre les pieds-droits verticaux.

Le plafond de ces bras a été dressé suivant une pente régulière, qui part de l'aval des siphons à la cote 78,74, pour arriver au moulin des Mariniers à la cote 78,57.

La longueur totale depuis la Marne jusqu'au moulin des Mariniers est, en suivant le Nau, de 1570 mètres, et, en suivant le Mau, de 1907 mètres. On trouve, par les calculs ordinaires de l'Hydraulique, que ces canaux sont suffisants pour livrer passage au volume d'eau que réclament les machines, mais à la condition que l'écoulement y sera libre de tout obstacle.

Le canal Saint-Martin, qui reçoit les eaux en aval du moulin des Mariniers, a été régularisé dans toute sa longueur avec un profil normal de 16 mètres de largeur au plafond et des talus à 3 de base pour 2 de hauteur; on l'a mis en communication avec le canal latéral, et, les eaux y étant maintenues à la même altitude, la navigation peut y entrer et vient trouver sur ses rives de vastes terrains pour le dépôt des marchandises.

La longueur régularisée du canal Saint-Martin est de 2541 mètres, sans compter la branche de raccordement avec le canal latéral. On a adopté pour le profil les mêmes dimensions que dans un déblayement exécuté en 1825; elles s'adaptaient encore assez bien aux formes du sol pour donner le minimum de terres à remuer. La section qui en résulte a une puissance de débit supérieure au besoin des machines.

Le canal creusé spécialement pour l'alimentation a, entre son origine à Saint-Martin et le bassin de Condé, une longueur de 14176 mètres; son tracé, que définit la *Pl.* 1, a été étudié en vue d'une construction économique, sans toutefois que nous ayons descendu le rayon des courbes au-dessous de 200 mètres.

La pente du fond a régulièrement 10 centimètres par kilomètre.

Le profil en travers donne à la section 8 mètres de largeur au plafond et des talus à 3 de base pour 2 de hauteur.

Dans les remblais, les digues latérales sont, avec le profil type, montées jusqu'à $2^m,60$ au-dessus du plafond; mais, dans les 5 derniers kilomètres avant l'usine, nous les avons surélevées de 20 à 30 centimètres.

Elles ont une largeur de 3 mètres en couronne, et leurs talus extérieurs sont réglés à la même inclinaison que ceux de l'intérieur; toutefois, on les a renforcées en plusieurs points par des revêtements en craie d'épaisseur et de hauteur variables qui forment banquette.

69. *Puissance de débit.* — La puissance de débit de ce canal, calculée par les formules de MM. Darcy et Bazin, varie avec la profondeur de l'eau, comme l'indique le tableau suivant :

PROFONDEUR de l'eau H	SECTION Ω	PÉRIMÈTRE χ	RAYON moyen R	VITESSE moyenne U	DÉBIT Q
1,00	9,50	11,60	0,81	0,337	3135 lit
1,40	14,14	13,04	1,08	0,423	5981
1,60	16,64	13,76	1,21	0,450	7470
2,00	22,00	15,20	1,44	0,520	11440
2,20	24,86	15,92	1,57	0,550	13670

Quelques expériences faites à l'aide d'un tube de Darcy ont montré un accord assez complet avec ces résultats des formules.

70. *Terrassements.* — Les terrains traversés par le canal d'amenée appartiennent aux alluvions de la vallée de la Marne ou à la craie blanche fendillée; dans le premier cas, ils se composent de terre, de sable ou de gravier.

Les fouilles dans de semblables terrains n'ont présenté aucune difficulté dans l'exécution, et l'on n'a eu à prendre que les mesures les plus ordinaires pour obtenir l'assèchement des chantiers des parties basses par des rigoles convenablement disposées.

Quant aux remblais, ils ont exigé ces précautions, qui seraient inutiles pour une route ou pour un chemin de fer, mais qui ont une telle importance dans un canal, le jour où l'on vient à le mettre en eau, qu'on ne saurait trop insister sur la nécessité de ne pas les omettre.

Souvent, quand on a un canal en remblai, on est disposé à ne pas lui donner le profil normal et à se contenter d'exécuter les digues latérales sans remblayer le fond. Ce serait une faute capitale que de chercher à réaliser par ce moyen une petite économie, qui ne serait que momentanée, car on se préparerait de grands mécomptes pour le jour où l'on introduirait les eaux dans la cuvette.

Quand ces conditions se présentent, il faut conserver le profil normal et exécuter le fond du canal avec plus de soin encore que dans les autres parties, et cela pour des raisons faciles à comprendre.

On sait d'abord qu'il est à peu près impossible d'éviter les tassements dans un remblai, surtout quand on le met en contact avec l'eau, et les déformations sont d'autant plus grandes que le talus a plus de hauteur : il faut donc éviter de le descendre inutilement au-dessous du niveau normal du plafond.

En second lieu, l'eau, qui tend à se frayer un passage au travers des terres, a d'autant plus de puissance que sa pression est plus grande; il est donc important de réduire la profondeur, d'où résulte la pression, à son minimum obligatoire.

Sur quelques points du canal d'amenée où nous avions commis la faute que nous signalons, nous avons éprouvé de très-sérieuses difficultés lors de la mise en eau, et nous n'avons pu écarter le danger d'une rupture qu'en rétablissant le profil normal avec des terres qu'il fallait aller prendre assez loin, ce qui occasionnait une dépense bien supérieure à l'économie qu'on avait pu réaliser d'abord.

Quand le sol présente sous l'assiette des remblais un changement brusque de niveau, comme une excavation ou un fossé, par exemple, il faut redoubler de soin pour opérer le pilonnage des terres qui entreront dans ce vide, et, si l'on ne prend pas cette précaution, il arrive qu'au changement brusque de la hauteur du remblai il se produit des diffé-

rences de tassement qui brisent les digues et les mettent
en danger.

Sous les remblais, il faut essarter le sol, le piocher ou le
labourer jusqu'à une certaine profondeur; il faut enlever
les herbes, les racines et tout ce qui pourrait s'opposer à
sa soudure parfaite avec les terres qu'on y doit déposer.

Pour la construction du canal d'amenée, on avait prescrit
d'établir dans les parties en remblai un noyau de terre végétale parfaitement pilonnée; la section de ce noyau avait
la forme d'un trapèze dont la grande base reposait sur le sol
essarté et pioché, dont la petite base, de 1 mètre de largeur,
était à 2^m,20 au-dessus du fond du canal, et dont les talus
devaient avoir à peu près l'inclinaison de 1 de base pour
1 de hauteur, en conservant toutefois une surface irrégu-
lière, qui permettait de le liaisonner avec les terres com-
plétant la digue, et qui étaient d'une nature graveleuse ou
crayeuse.

Ces prescriptions, quand leur exécution a été ponctuelle,
ont donné partout de bons résultats, et l'on a pu, à la mise
en eau, reconnaître les quelques points où la surveillance,
qui doit être incessante, avait été moins sévèrement exercée.

Les digues formées d'un noyau étanche en terre végétale
pilonnée, recouvert d'une couche suffisamment épaisse de
craie en menus morceaux ont, l'expérience nous l'a montré,
une très-grande solidité. On reconnaît en effet que, quand
une fuite vient à se manifester dans le noyau, la craie qui
le recouvre, en arrêtant les matériaux meubles que l'eau
pourrait entraîner, empêche le mal de s'étendre et donne
le temps de le réparer. Aussi, à la suite d'un grave accident
dont nous aurons à parler, nous avons employé ce mode de
consolidation pour la traversée des villages de Vraux et
d'Aigny, dont le canal d'amenée touche presque les habita-
tions, et on l'applique journellement encore sur tous les
points qui paraissent faibles en y déposant les craies qui se
détachent du talus de la tranche de Condé.

§ II. — Ouvrages accessoires des terrassements.

71. *Perrés.* — Les eaux que conduit le canal d'amenée devant couler assez rapidement, puisque leur vitesse moyenne peut atteindre pour $2^m,20$ de profondeur jusqu'à 55 centimètres par seconde, il a paru nécessaire de protéger les berges contre les érosions qui n'auraient pas manqué de se produire.

On y est parvenu en perreyant, suivant leur inclinaison, le pied des talus concaves de toutes les parties en courbe, jusqu'à 1 mètre au-dessus du plafond, ce qui, mesuré suivant l'inclinaison des talus, donne par mètre courant de canal une surface de perrés de $1^m,80$, sans compter la risberme de 50 centimètres qui en soutient la base.

L'expérience de deux années semble avoir prouvé que ce mode de protection est efficace. On a perreyé aussi le dessous des ponts pour défendre les culées, qui sont noyées dans les talus.

72. *Gazonnages, semis.* — Les gazonnements n'ont été employés qu'aux abords des ouvrages d'art et pour leur encadrement. Quand les surfaces ont eu une certaine étendue, près des ponts par exemple, on a formé des chaînes avec gazons de queue posés normalement au talus comme un perré, sur 30 centimètres d'épaisseur, et l'on a garni les intervalles avec du gazonnement à plat de 10 centimètres d'épaisseur seulement. Pour les talus en dehors des ouvrages d'art, on a cherché par des semis à les couvrir d'herbe, et il a fallu beaucoup de soin et de persévérance pour réussir dans une opération qui paraît cependant très-simple. Mais on ne peut pas, quand on a de grandes surfaces à semer, toujours choisir l'état atmosphérique le plus favorable, et puis beaucoup de terres, même quand elles sont d'alluvions et employées en remblai, ont besoin d'un certain temps d'exposition à l'air pour acquérir des propriétés végétales.

Les plantations ont été partout proscrites comme consti-

tuant un danger; et en effet, non-seulement les grands
arbres peuvent préparer par leurs racines un chemin à l'eau,
mais encore, quand le vent les agite, ils peuvent disloquer
des digues aussi peu épaisses que celles du canal d'amenée.
Pour empêcher que dans l'avenir on ne vienne à oublier
cette sage précaution, on a pris devant le jury d'expropria-
tion chargé du règlement des indemnités l'engagement de
ne pas planter les digues, ce qui d'ailleurs aurait été pour
les propriétés traversées une cause sérieuse de dommages.

71. *Étanchements.* — L'étanchement d'un canal constitue
toujours une partie difficile et délicate de son établissement, et, ce qui ajoute encore à la difficulté, c'est qu'il est
impossible la plupart du temps de prévoir, avant un essai
de mise en eau, l'importance et même la nature des moyens
auxquels il faudra recourir.

On est alors tellement pressé de donner satisfaction aux
intérêts que l'œuvre qu'on établit doit desservir, que souvent il faut même sacrifier l'économie à l'avantage d'une
exécution plus rapide.

C'est ce qui nous est arrivé particulièrement pour le
canal d'amenée.

Depuis deux mois, quand on a pu commencer les étanchements, près de quatre cents bateaux chargés, arrêtés soit
à Reims, soit à Condé, attendaient que la mise en marche
des machines élévatoires, qui seules, dans cette année de
sécheresse, pouvaient alimenter le bief de partage, y procu-
rât les eaux nécessaires à la navigation et leur permît de
continuer leur route.

Nous avons obtenu l'étanchement du canal d'amenée en
ayant recours, suivant les circonstances, au béton, aux cor-
rois de craie broyée, au sable et à la terre pilonnée dans des
fosses. Et pour nous guider dans ce travail ingrat et difficile,
nous avons trouvé de précieux enseignements dans l'ouvrage si riche en faits intéressant l'art de l'ingénieur, qu'a
publié M. l'inspecteur général Graeff sur les travaux de la
traversée des Vosges.

Le béton a été employé pour le fond du bassin des machines et pour les talus en déblai de ce bassin et de la tranchée de Condé.

La mise en œuvre a été faite en prenant toutes les précautions nécessaires, et qui sont devenues classiques depuis les écrits de M. Malézieux sur ce sujet. Le béton a été fabriqué tout d'une pièce avec de la chaux éminemment hydraulique de Vitry et de Ville-sous-la-Ferté et avec le sable mêlé de gravier qu'on trouvait à peu de distance du canal.

Le béton, disposé comme l'indiquent les profils en travers (*Pl.* 1), a une épaisseur de 10 centimètres; il est recouvert par une couche de remblai qui a 10 centimètres d'épaisseur pour le plafond et 30 centimètres pour les talus.

Cette épaisseur de 30 centimètres a pour but de protéger contre les froids non le béton, mais la craie sur laquelle il repose et qui, en se gonflant sous l'action de la gelée, ne tarderait pas à le briser.

Nous parlerons plus loin, au sujet de la rigole, de ces effets destructeurs de la craie qui gèle, et des précautions qu'elle oblige à prendre dans les travaux.

Au mois de septembre 1869, quand on entreprit les étanchements après le premier essai de mise en eau, il était impossible de se procurer rapidement la quantité de chaux qui était nécessaire pour bétonner à la fois le bassin des machines et la tranchée de Condé, qui ensemble représentaient une surface considérable. Aussi, pour ne pas éprouver de retard, nous avons, nous basant sur d'anciennes expériences de M. Holleaux, imaginé le procédé d'étanchement suivant, qui a parfaitement réussi.

Nous avons pris la tranchée sur un peu plus de la moitié de sa largeur; nous l'avons approfondie de 60 centimètres, en rejetant les déblais sur la partie non entamée, puis, reprenant ces déblais en brisant les plus gros morceaux, nous en avons fait répandre sur le fond de la fouille une couche de 5 à 10 centimètres d'épaisseur, sur laquelle on a fait passer à plusieurs reprises un cylindre de route fortement chargé, sous l'action duquel la craie, arrosée au besoin, a formé une croûte compacte; on a alors répandu une nou-

velle couche qu'on a cylindrée de même, et ainsi de suite
jusqu'à ce qu'on eût replacé tout le déblai dans la fouille, où
il n'a plus occupé qu'une épaisseur de 55 centimètres.

Ce côté terminé, on a fait la fouille sur le reste du plafond, et l'on en a de même corroyé les déblais, en ayant
soin d'opérer la soudure avec la première partie, ce qui
était facile en prenant la précaution de la tailler en gradins.

Ce mode d'étanchement a donné d'excellents résultats,
et le succès n'en paraît pas douteux pour l'avenir, parce
que, dans cette portion, le plafond du canal ne sera presque
jamais laissé à sec.

Le béton ne pouvait être employé à l'étanchement des
talus que quand ils étaient en déblai; aussi, pour les talus
en remblai du voisinage de Condé, qu'on n'avait pu exécuter qu'en mauvais matériaux, presque entièrement compo-
sés de débris de craie, on les remania sur $0^m,60$ d'épaisseur, ainsi qu'il est indiqué sur les profils; on pilonna
soigneusement les terres, en les arrosant au besoin, pour
leur faire prendre corps, autant qu'on y pouvait parvenir,
avec les pilons de fonte empruntés aux cantonniers des
routes, et sur les points où des fuites se manifestèrent, on
en eut bientôt raison, avec un peu de sable jeté sur les
talus, après la mise en eau.

L'étanchement avec la craie broyée a été aussi appliqué
dans les parties en remblai derrière Aigny, où le fond, par
suite d'une faute que nous avons déjà signalée plus haut,
n'avait été qu'après coup ramené au profil normal. Là, on
a remanié le fond jusqu'à la rencontre sur le talus du noyau
de terre végétale enfermé dans les digues, et les déblais
provenant du remaniement ont été remis en place et cylin-
drés comme dans la tranchée de Condé.

L'étanchement au sable s'est pratiqué suivant le mode
ordinaire, c'est-à-dire en jetant le sable à la pelle, soit sur
les talus, soit sur le fond, pendant que le canal était plein
d'eau, et en faisant herser seulement sur quelques points.

Ce procédé a donné en peu de jours d'excellents résultats
dans toutes les parties, soit en déblai, soit en remblai, dont
les talus étaient formés de gravier, ou de ce qu'on nomme

dans le pays *graveluche,* et qui n'est que de la craie divisée en très-petits fragments.

Entre l'écluse de Juvigny et un point situé au delà de Vraux, sur une longueur de 6 kilomètres, on a employé 1400 mètres cubes de sable, ce qui donne 0ᵐ,23 par mètre courant.

Aux abords d'Aigny, sur une longueur de 2530 mètres, on a employé 1600 mètres cubes, ce qui correspond à 0ᵐ,63 par mètre courant. Il est vrai que, dans cette partie, on a traversé en tranchée l'emplacement d'un village de l'époque gallo-romaine, et qu'on a rencontré, au milieu des poteries, des sépultures et des débris de construction, plusieurs puits, qu'on a essayé de combler avec de la terre bien pilonnée, ou de fermer avec de la maçonnerie, mais qui se sont rouverts, soit à la même place, soit à côté, dès la mise en eau. On n'est parvenu à les obstruer qu'en y versant sous l'eau, à l'aide d'un couloir en planches, des quantités de gravier et de sable plus ou moins considérables, qui, pour l'un, ont atteint près de 14 mètres cubes.

Quand les filtrations se produisent dans les talus, elles viennent quelquefois d'un simple trou de taupe, et alors, comme le canal est l'objet d'une surveillance de tous les instants, on les bouche immédiatement en enfonçant dans le trou un tampon de bois, et en faisant ensuite disparaître la cavité par un petit remaniement du sol, toujours facile une fois que l'écoulement est arrêté.

Quand les filtrations viennent de la rupture du noyau de terre végétale, on les arrête, en ouvrant dans la digue, suivant la méthode indiquée par M. Graeff, des fosses plus ou moins profondes, qu'on remplit ensuite de terre pilonnée, et, sur les points où l'on a quelques inquiétudes, on couvre le talus extérieur d'une chemise faite avec la craie, qui, sous l'influence des actions atmosphériques, se détache dans la tranchée de Condé, et qu'avec des batelets les cantonniers amènent sur place à peu de frais. Ce revêtement de craie, en s'opposant à l'entraînement des terres de la digue, rend les filtrations peu dangereuses.

§ III. — OUVRAGES D'ART.

72. *Division des ouvrages.* — Les ouvrages d'art qu'a nécessités la construction du canal d'amenée sont assez nombreux.

Ils sont en maçonnerie ou en métal.

Tous les ouvrages en maçonnerie, comme les aqueducs et les ponts, sont établis sur des types que nous avons étudiés il y a déjà longtemps, et que nous avions appliqués un grand nombre de fois sur plusieurs lignes de chemins de fer du réseau d'Orléans.

Ils n'offrent rien de particulier que d'être simples et économiques.

Les ouvrages métalliques présentent, comme exemple d'emploi de la fonte, quelques dispositions que nous croyons nouvelles et qui offrent de sérieux avantages, surtout au point de vue de la dépense.

Nous allons passer ces différents ouvrages en revue, en les classant, suivant l'usage, d'après leur destination.

73. *Ouvrages destinés à assurer l'écoulement des eaux.* — Les ouvrages destinés à assurer l'écoulement des eaux consistent en aqueducs de $0^m,50$, $0^m,70$, 1 mètre, 2 mètres, $2^m,10$ (en trois ouvertures) et 3 mètres de largeur.

De tous ces ouvrages, nous ne nous occuperons que du dernier, et nous renverrons, pour les autres, aux dessins de la planche 2, qui les définissent suffisamment.

L'aqueduc de 3 mètres (*Pl.* 3), construit en face de Juvigny pour la traversée du ruisseau de la Veuve, devait servir en outre de décharge de superficie et de fond pour le canal d'amenée.

Nous manquions de hauteur pour établir une voûte; aussi nous avons dû composer l'ouvrage avec des culées en maçonnerie soutenant des plaques de fonte armées de nervures, qui nous coûtent bien moins cher que des tuyaux et qui ne présentent aucun danger de soulèvement, même quand le canal d'amenée serait vide, parce que les grandes eaux du ruisseau de la Veuve atteignent à peine le niveau du dessus des plaques.

Ce mode de construction permet à un canal de $2^m,20$ de tirant d'eau de franchir, avec la faible épaisseur de $0^m,20$ de tablier, un vide de 3 mètres, tout en maintenant le travail du métal dans des limites qui ne sauraient l'altérer. En effet, les plaques qui composent le tablier ont $0^m,50$ de largeur ; elles peuvent être considérées comme reposant, par leurs extrémités, sur des appuis distants de $L = 3^m,50$.

La charge, par mètre courant, se compose :

1° De la surcharge d'eau $= 2^m,20 \times 0,50 \times 1000^k$... 1100^k
2° Du poids du métal............................... 150
3° Maçonnerie de remplissage....................... 150

Total................. 1400^k

En prenant la section au milieu, on trouve que le centre de gravité est à $v = 0^m,062$ au-dessus de la face inférieure, ou à $v' = 0^m,138$ au-dessous du sommet des nervures.

Le moment d'inertie, par rapport à l'horizontale passant par le centre de gravité, est $I = 0,0008127$; dès lors, si l'on désigne par R_c le travail de compression du métal au sommet des nervures, et par R_t le travail à la traction du métal à la surface inférieure de la plaque, on a

$$R_t \frac{I}{v} \cdot R_t \times 0,001310 \qquad \frac{pL}{8} = 2144,$$

$$R_c \frac{I}{v'} = R_c \times 0,000589 = \frac{pL}{8} = 2144,$$

d'où

$$R_t = 1^k,63 \text{ par millimètre carré,}$$

$$R_c = 3^k,64 \text{ par millimètre carré.}$$

Nous ne nous occuperons pas, pour le moment, de la partie métallique du pont de la Veuve qui constitue le vannage, et nous y reviendrons dans l'article où nous traiterons des ouvrages régulateurs et des conditions de leur établissement.

74. *Précautions à prendre dans la construction des ouvrages sous le canal.* — Les ouvrages qu'on établit sous les remblais d'un canal exigent qu'on prenne, en les construisant, des précautions sur lesquelles on ne saurait trop insister, car leur omission peut devenir parfois la cause de véritables catastrophes.

Dans ces ouvrages, il arrive souvent que, soit que la fouille ait été ouverte sur une largeur plus grande que celle des maçonneries qu'on y loge, soit que l'ouvrage se trouve en relief sur le sol, le remblai au-dessus de l'extrados se trouve avoir une hauteur moindre que de chaque côté de la voûte. Le tassement, si les terres ne sont pas de bonne qualité et si elles n'ont pas été pilonnées avec un soin extrême, se fait inégalement; des dislocations se produisent dans le remblai, qui se détache de l'ouvrage; alors l'eau, qui trouve le long des maçonneries un chemin facile, s'introduit dans les fissures; elle y fait rapidement des ravages, et bientôt elle peut emporter la digue et se répandre avec violence sur le pays voisin, qu'elle dévastera.

C'est à ce que toutes les précautions n'avaient pas été suffisamment prises autour d'un aqueduc de 1 mètre d'ouverture, construit en face de Vraux, et cependant bien surveillé, que nous attribuons la rupture de la digue droite, arrivée le 24 mai 1870, et qui, jetant subitement une masse d'eau considérable sur un village dont les maisons se sont effondrées, aurait pu causer les plus terribles malheurs. Cet accident prouve qu'on ne saurait veiller avec trop de soin à la stricte exécution des précautions suivantes pour les ouvrages sous remblai : 1° bien débarrasser, quand l'ouvrage est achevé, tous les abords des éclats de chantier; 2° mettre le sol à vif en enlevant les racines et les pierrailles; 3° ôter les terres vaseuses ou compressibles qui pourraient exister dans le ruisseau ou le fossé qui a nécessité l'aqueduc, et qui est souvent laissé en dehors de son emplacement; 4° pilonner les terres avec un soin qui ne pourra jamais être exagéré.

Une bonne disposition à adopter consiste à construire sous les digues, comme nous l'avons indiqué (*Pl.* 2), deux sortes de collerettes maçonnées en saillie sur l'extrados des ouvrages, et qui s'opposent au passage de l'eau le long des parois lisses de la chape.

75. *Ouvrages destinés à rétablir les communications.* — Les ouvrages destinés à rétablir les communications consistent en seize ponts par-dessus le canal : six sont en maçonnerie, et les dix autres sont formés d'un tablier métallique reposant sur des culées en maçonnerie.

Pour tous les ouvrages en dessus, comme pour tous les ouvrages en dessous, nous nous sommes imposé la condition de ne pas modifier la section normale de la cuvette du canal.

Les rétrécissements qu'on a adoptés dans bien des cas, en outre de l'inconvénient qu'ils ont de gêner, soit le passage des bateaux, soit l'écoulement des eaux, exigent, pour leurs raccordements, des travaux dont on ne s'est pas toujours suffisamment rendu compte en les projetant, et qui font que finalement, à moins qu'il ne s'agisse d'un pont-canal important, ou qu'on ne soit en présence de conditions exceptionnelles, les ouvrages à section rétrécie coûtent plus cher que les ouvrages qui maintiendraient la section entière.

Nous pourrions en montrer plus d'un exemple sur le canal latéral à la Marne, qui cependant est peut-être un des canaux qu'on puisse le mieux offrir comme modèle de dispositions sagement conçues.

Nous allons examiner d'abord les ponts en maçonnerie et ensuite les ponts métalliques.

76. *Ponts en maçonnerie.* — Le premier pont en maçonnerie qu'on rencontre est celui établi à Saint-Martin, au point où cesse la navigation dans le canal d'amenée et en tête de la partie de canal entièrement nouvelle, qui est creusée de Saint-Martin jusqu'à Condé.

Ce pont devait supporter le vannage qui sert à régler l'introduction de l'eau ; aussi, pour n'avoir pas une trop grande distance entre les points d'appui, nous l'avons composé de trois arches en plein cintre de $3^m,40$ d'ouverture, et il a été disposé en vue de recevoir, comme l'indiquent les dessins de la planche 8, les glissières et les appareils de manœuvre des vannes.

Le radier, de 1 mètre d'épaisseur, est calculé pour résister à la sous-pression, dans le cas où l'un des côtés est à sec ; il est formé d'une couche de béton recouverte d'un pavage en moellons bruts, parementés et rejointoyés en ciment ; il est défendu par deux risbermes que soutiennent des pieux et palplanches à l'amont et à l'aval et par un arrière-radier maçonné à sec sur une longueur qui, primitivement de 10 mètres, a été, par expérience, trouvée insuffisante et portée définitivement à 20 mètres.

Le pont repose entièrement sur le gravier ; on l'a fondé par épuisement, en ménageant pour l'asséchement de la plate-forme, qui présentait plusieurs sources de fond, de larges conduits de drainage en maçonnerie régulière, mais à pierres sèches, qu'on a ensuite, après la prise complète du béton, remplies d'un bon mortier, qu'on y introduisait jusqu'au reflux par des cheminées ménagées de distance en distance.

Le second pont est établi sous le chemin de fer de Châlons à Reims ; il est biais, suivant un angle de $70°28'$, et il est construit avec un appareil hélicoïdal dans le système des ponts à culées perdues, qui dispense des coussinets de pierre de taille, en permettant de les remplacer par de la maçonnerie brute cachée dans les talus.

La construction de cet ouvrage, sous un chemin de fer en exploitation, offrait des sujétions dont nous allons dire quelques mots.

Le chemin de fer de Châlons à Reims, au point où il rencontre le canal d'amenée, venait encore, à l'époque de nos travaux, de traverser la Marne et le canal latéral sur des estacades en bois, qui, par une circonstance favorable et en vue de faciliter l'exécution de travaux plus durables, avaient été établies un peu à côté du tracé définitif, mais pas assez loin cependant pour qu'on pût bâtir un pont en maçonnerie sur un canal fortement en tranchée comme le nôtre.

On dut commencer par riper la voie autant que le grand rapprochement de l'estacade sur le canal le permit, en ne descendant pas le rayon des courbes au-dessous de 3oo mètres.

Ce ripage terminé, on entreprit les fouilles, en déblayant seulement l'emplacement des fondations et en éloignant toute possibilité d'éboulement par l'emploi de blindages et d'étrésillons convenablement appliqués, puis on maçonna rapidement les culées en les montant aussi haut que possible, ainsi que les murs transversaux qui vont d'une tête à l'autre.

Ces parties une fois achevées, on attaqua le massif de terre laissé entre les culées, et l'on en déblaya ce qu'il était nécessaire pour placer les cintres, dont les deux fermes les plus rapprochées du chemin de fer furent un peu modifiées, tandis que les cinq autres conservaient la disposition représentée *Pl.* 2.

On avait, avant de commencer le travail, tenu la main à ce que tous les matériaux fussent approvisionnés, et à ce que les pierres fussent taillées et prêtes à être mises en œuvre; aussi l'exécution marcha-t-elle rapidement et sans accidents d'aucune sorte, en imposant seulement aux trains l'obligation de passer lentement le long de la fouille pendant les trois semaines que dura la construction.

Les quatre autres ponts en maçonnerie servent au passage de chemins ruraux; ils ont 4 mètres de largeur entre les garde-corps, trois d'entre eux sont établis d'équerre sur le canal, et l'un, celui de Recy, est biais suivant un angle de 85 degrés.

Ils sont, comme le pont du chemin de fer, disposés dans le système des ponts à culées perdues, qui joint à l'avantage d'être très-économique celui non moins grand de conserver la section d'écoulement du canal.

Nous avons, afin de permettre le remploi des cintres, donné à tous les ponts, pour courbe d'intrados dans les plans de tête, un cercle de 11 mètres de rayon, et l'on a pu avec 8 fermes exécuter les cinq ponts, celui du chemin de fer en exigeant sept à lui seul. Mais comme les ponts biais obligeaient à délarder les vaux sous les couchis, on ne les a construits qu'après les autres.

Le décintrement de chaque voûte s'est opéré quatre ou cinq jours après la fermeture de la clef, à l'aide de boîtes à sable, sans qu'il se manifestât rien autre qu'un tassement régulier, qui atteignait au sommet 8 à 15 millimètres.

77. *Ponts avec tablier métallique.* — Quand la place a manqué aux abords des villages pour établir les rampes d'accès que nécessite l'emploi des voûtes en maçonnerie, ou quand leur construction eût été trop onéreuse, nous avons eu recours aux tabliers métalliques, qui permettent de réduire l'élévation de ces rampes.

Le programme qu'on s'était imposé était de dépenser le moins possible, de maintenir la section d'écoulement du canal, et enfin de ménager au-dessus de l'eau une hauteur suffisante pour le passage des barques destinées à porter d'un point à un autre les matériaux qu'exige l'entretien du canal.

Le type représenté sur les *Pl.* 5, 6 et 7 nous paraît avoir satisfait à ces différentes conditions. Nous donnerons avec quelques détails les calculs et les considérations qui nous ont servi à en déterminer les formes.

Les ponts avec tabliers métalliques sont au nombre de dix.

Le premier, établi en tête de la branche de jonction du canal latéral avec le canal d'amenée, est représenté sur la *Pl.* 5. Il est muni d'un barrage à deux rangs de poutrelles, qui permet d'isoler à volonté les deux canaux.

Le second est également établi sur la partie navigable du canal d'amenée, entre Châlons et Saint-Martin, et, comme le premier, pour laisser le passage aux bateaux, il a l'intrados de son arc placé à 6ᵐ,05 au-dessus du fond du canal.

Pour ne pas gêner l'écoulement des eaux, on a supprimé les banquettes de halage, et l'on s'est borné à réduire le canal au profil qu'il a au delà de Saint-Martin, c'est-à-dire à 8 mètres de largeur au plafond, avec des talus à 1ᵐ,50 de base pour 1 mètre de hauteur.

Les huit autres ponts sont répartis entre Juvigny et Condé; ils sont, aux fondations près, qui ont varié de l'un à l'autre, exactement conformes au type représenté sur les planches.

Les culées, presque entièrement noyées dans les talus, n'ont que peu de parements, et comme elles ne doivent résister que par leur masse, nous avons encore diminué la dépense de leur exécution en les formant d'une sorte de caisse en maçonnerie brute qu'on remplissait à mesure qu'on la montait avec un béton maigre, composé de chaux éminemment hydraulique et de sable mélangé de gravier, qu'on trouvait dans la vallée.

78. *Choix du métal.* — Depuis quelques années, les constructeurs ont montré pour l'emploi du fer et de la tôle, à l'exclusion de la fonte, une préférence que les propriétés respectives de ces matières ne sauraient toujours justifier.

Le fer résiste à peu près également bien à la traction et à la compression; avec la tôle et les fers spéciaux que le laminoir produit dans toutes les usines, on peut facilement atteindre dans un solide les formes qu'on désire et y répartir le métal comme l'exigent les conditions mécaniques, d'après une théorie qui s'applique d'autant plus simplement que l'élasticité, ainsi que la résistance, dans le sens de la traction et dans le sens de la compression, sont les mêmes, et qu'il y a presque homogénéité comme ténacité dans les figures qu'on obtient.

La fonte, au contraire, si elle résiste deux fois plus que le fer à la compression, résiste mal à la traction. Des expériences faites en Angleterre ont montré que la charge de rupture à la traction est environ sept fois moindre que la charge de rupture à la compression. En outre, avec les exigences du moule et de la fonderie, on ne peut pas toujours obtenir la forme qu'on voudrait. Ainsi, pour empêcher un refroidissement trop rapide sur certains points, il faut y ajouter des masses de métal que les conditions mécaniques ne semblaient pas exiger.

Si une forme qui favoriserait la résistance doit gêner le

mouvement de retrait du métal, il faut la proscrire, car la pièce éprouverait alors, en certains points, des tensions qui la rendraient fragile sous le moindre effort, et la mettraient dans un état analogue à celui des larmes bataviques.

Si, dans la même pièce, les épaisseurs varient d'une place à une autre, dans une proportion même assez faible, la texture de la matière s'y modifie et l'homogénéité d'élasticité et de résistance disparaît.

De ces conditions complexes naissent des difficultés sérieuses dans l'emploi de la fonte, difficultés qu'on ne résout pas avec des formules et dont on ne s'est pas toujours assez préoccupé. Et si l'on ajoute que dans le plus grand nombre des méthodes de calcul en usage, par exemple pour le travail d'une poutre, on a le tort de prendre pour limite de résistance à la traction le même effort qu'à la compression, ce qui conduit aux formes symétriques, qui sont vicieuses, on comprendra qu'on soit arrivé souvent à des mécomptes qui ont discrédité l'emploi de la fonte et lui ont fait préférer le fer, qui est bien plus facile à manier.

Mais le fer présente de graves inconvénients qui, s'ils ne se montrent pas au moment de la construction, ne tardent pas à se révéler.

Le fer s'altère peu à peu lorsqu'il est soumis à des trépidations comme celles qui, dans un pont, résultent du passage des voitures. Le fer, s'il est logé dans la terre, dans une chaussée, comme c'est le cas des entretoises d'un pont, ne tarde pas à s'oxyder, et il finira promptement par se ronger, surtout dans un pont-route, où l'on ne peut ni le visiter ni le repeindre.

La fonte ne présente ces défauts qu'à un degré infiniment moindre. Aussi nous n'avons pas hésité à lui donner la préférence, mais nous nous sommes attaché à ne la placer que dans les conditions qui conviennent à sa nature.

Nos ponts se composent de deux arcs parallèles qui supportent la chaussée au moyen des entretoises qui les relient, et les trottoirs au moyen de consoles posées en encorbellement.

Ces arcs sont articulés en trois points : aux naissances et

à la clef, et cette disposition permettant de régler comme on l'entend le travail du métal, et, si on le veut, de ne mettre en jeu que la résistance à la compression, on conçoit qu'en l'adoptant on puisse créer pour la fonte des conditions qui utilisent les avantages qu'elle présente et rendre son emploi préférable à celui du fer. C'est ce que nous allons montrer.

Dans un arc continu, reposant sur des culées par des retombées planes, la courbe des pressions varie avec les conditions changeantes dans lesquelles l'arc est placé.

Si la température augmente, l'arc tend à augmenter de longueur; mais comme la corde est constante, les culées, par leur résistance, produisent l'effet de deux forces qui compriment la matière de l'arc et obligent la clef à se relever en augmentant la flèche. Le résultat est de faire descendre la courbe des pressions vers l'intrados. Si la température diminue, l'effet inverse se produit, et la courbe des pressions remonte vers l'extrados.

Un calage plus ou moins fort, des charges placées sur l'arc feront se déplacer sensiblement la courbe des pressions qui peut même sortir de l'arc.

Le résultat de ces déplacements de la courbe des pressions est de faire varier en un point donné, et sans qu'on en soit maître, le travail du métal, depuis la traction jusqu'à la compression, et d'atteindre aux limites où commence l'altération, si l'on n'a pris soin de combattre ces tendances en donnant à l'arc une grande roideur qu'on n'obtient que par une accumulation de métal qui, dans les autres moments, est sans utilité.

En adoptant, au contraire, les trois articulations aux naissances et à la clef, on oblige la courbe des pressions à passer par ces trois points. Elle devient indépendante du calage, de la température, etc.; elle ne dépend plus, en dehors de ces points obligés, que des poids qui chargent l'arc et de leur distribution, puisqu'elle est le lieu des points par rapport auxquels les moments des forces extérieures sont nuls.

La courbe des pressions étant tracée pour différents cas de chargement, il suffira de disposer les éléments de chaque section de manière que le travail du métal, en chaque point, ne dépasse pas la limite qu'on lui veut assigner.

Nous allons rapporter les méthodes de calcul que nous avons suivies pour l'établissement de nos ponts métalliques.

79. *Calculs d'établissement des ponts métalliques.* — Les deux parties qui composent un arc constituent, en butant l'une contre l'autre, un système articulé, dans lequel la courbe des pressions, qui est le lieu des points par rapport auxquels les moments des forces extérieures sont nuls, doit toujours passer par les trois points d'articulation, quel que soit le mode de chargement du pont.

Prenons pour axe des x la ligne des articulations des naissances, et pour axe des y une perpendiculaire au milieu de la distance de ces articulations.

Nommons :

$2\,a$ la distance des centres d'articulation des naissances ;

h l'ordonnée du centre d'articulation de la clef ;

p, q la charge et la surcharge, uniformément réparties par mètre courant ;

S, T les réactions des points d'articulation des naissances, suivant l'horizontale et suivant la verticale.

Considérons différents cas :

1° Supposons que le pont soit entièrement libre, ou qu'il soit chargé sur la travée entière par un poids uniformément réparti sur l'horizontale.

On a (*Pl.* 20, *fig.* 7) pour un point quelconque M de la courbe des pressions, en considérant les forces qui agissent entre M et B,

$$T(a-x) - (p+q)\frac{(a-x)^2}{2} - Sy = 0.$$

On a d'ailleurs évidemment

$$(1) \qquad\qquad T = (p+q)a ;$$

d'où en substituant

$$2(p+q)a(a-x) - (p+q)(a-x)^2 - 2Sy = 0,$$

et en réduisant

$$(p+q)(a^2 - x^2) - 2\,S y = 0.$$

La courbe des pressions, passant nécessairement par le centre d'articulation A, on a $y = h$ pour $x = 0$, d'où

$$(2) \qquad S = \frac{(p+q)\,a^2}{2h},$$

et l'équation de la courbe des pressions devient

$$(3) \qquad x^2 = \frac{a^2}{h}\,(h - y).$$

C'est l'équation d'une parabole dont le sommet est en A.

Les équations (1), (2) et (3) déterminent cette courbe ainsi que les réactions sur les appuis.

La pression en un point de la courbe fait avec l'horizontale un angle dont la tangente a pour valeur

$$- \frac{(p+q)\,x}{S} = - \frac{2\,x h}{a^2}.$$

C'est aussi l'inclinaison de la tangente géométrique, menée au même point de la courbe.

2° Supposons (*Pl.* 20, *fig.* 8) la surcharge q, appliquée seulement sur la demi-travée BA.

Soit alors GAG' la direction de la réaction F qu'exerce la demi-travée AD en A.

Nommons :

α l'angle que fait cette force avec l'horizontale;
d la longueur de la perpendiculaire BH;
m la longueur de l'ordonnée BG;
d' la longueur de la perpendiculaire DE;
m' la longueur de l'ordonnée DG'.

On a pour l'équilibre de BA

$$(1) \qquad (p+q)\,\frac{a^2}{2} = F d,$$

et pour l'équilibre de AD

$$(2) \qquad p\,\frac{a^2}{2} = F d'.$$

On a géométriquement :

$$d = m \cos\alpha,$$
$$d' = n \cos\alpha,$$
$$m + n = 2h,$$
$$\tang\alpha = \frac{m - n}{2a}.$$

En combinant ces relations avec les équations (1) et (2), on déduit successivement :

$$m = \frac{2(p + q)h}{2p + q},$$
$$n = \frac{2ph}{2p + q},$$
$$\tang\alpha = \frac{qh}{(2p + q)a},$$
$$F\cos\alpha = \frac{(2p + q)a^2}{4h},$$
$$F\sin\alpha = \frac{aq}{4}.$$

Alors, si x et y sont les coordonnées d'un point M de la courbe des pressions dans la demi-travée BA, on a, en considérant les forces qui agissent de A en M,

$$(p + q)\frac{x^2}{2} = F\cos\alpha(h - y) + F\sin\alpha\, x,$$

et en substituant les valeurs trouvées plus haut, on a pour l'équation de la courbe des pressions dans la demi-travée BA

$$3)\qquad (p + q)x^2 - \frac{aq}{2}x = \frac{(2p + q)}{2h}a^2(h - y);$$

x portant son signe.

On trouverait par des calculs semblables pour l'équation de la courbe des pressions dans la demi-travée DA

$$(4)\qquad px^2 - \frac{aq}{2}x = \frac{(2p + q)}{2h}a^2(h - y),$$

x portant son signe, c'est-à-dire devant être pris négativement dans la demi-travée **DA**.

En un point quelconque de la courbe, la pression qui est la résultante de toutes les forces situées d'un côté, et qu'on y aurait transportées, fait avec la ligne des x un angle dont la tangente trigonométrique a pour valeur dans la demi-travée surchargée $\dfrac{F \sin\alpha - (p+q)x}{F \cos\alpha}$, et dans la demi-travée non surchargée $\dfrac{F \sin\alpha - px}{F \cos\alpha}$, c'est-à-dire précisément la valeur de $\dfrac{dy}{dx}$ pour les mêmes points.

Les réactions des appuis sont en B

$$(5) \qquad T = pa + qa - F\sin\alpha = pa + \tfrac{3}{4} qa,$$

$$(6) \qquad S = F\cos\alpha = \frac{2p+q}{4h} a^2.$$

Les réactions des appuis sont en D

$$(7) \qquad T' = pa + F\sin\alpha = pa + \tfrac{1}{4} qa,$$

$$(8) \qquad S' = F\cos\alpha = \frac{2p+q}{4h} a^2.$$

Les équations (3), (4), (5), (6), (7) et (8) déterminent complétement les courbes de pressions et les réactions des appuis.

3° Supposons maintenant un poids π, concentré en un point O de la demi-travée AB, à une distance b du milieu.

On a (*Pl.* 20, *fig.* 8), comme ci-dessus, pour l'équilibre de BA

$$(1) \qquad p\frac{a^2}{2} + \pi(a-b) = Fd,$$

et pour l'équilibre de AD

$$(2) \qquad p\frac{a^2}{2} = Fd';$$

on a géométriquement

$$d = m\cos\alpha,$$
$$d' = n\cos\alpha,$$
$$m + n = 2h,$$
$$\tan\alpha = \frac{m-n}{2a}.$$

En combinant ces relations avec les équations (1), (2), on déduit successivement

$$m = \frac{pa^2 + 2\pi(a-b)}{pa^2 + \pi(a-b)} h,$$

$$n = \frac{pa^2}{pa^2 + \pi(a-b)} h,$$

$$\operatorname{tang} \alpha = \frac{\pi(a-b)}{pa^2 + \pi(a-b)} \frac{h}{a},$$

$$F \cos \alpha = \frac{pa^2 + \pi(a-b)}{2h},$$

$$F \sin \alpha = \frac{\pi(a-b)}{2a}.$$

Considérons maintenant les différentes parties de la courbe des pressions.

Pour un point situé entre A et O, et dont les coordonnées seraient x, y, on a, en prenant les forces qui agissent depuis A jusqu'à ce point :

$$\frac{px^2}{2} = F \cos \alpha (h - y) + F \sin \alpha x.$$

Pour un point situé entre O et B, on a

$$\frac{px^2}{2} = F \cos \alpha (h - y) + F \sin \alpha x - \pi(b - x).$$

Pour un point situé entre A et D, on a

$$\frac{px^2}{2} = F \cos \alpha (h - y) + F \sin \alpha x,$$

et en substituant les valeurs de $F \cos \alpha$ et de $F \sin \alpha$, trouvées plus haut, il vient pour l'équation de la courbe des pressions :

Entre A et O,

$$(3) \qquad px^2 - \pi \frac{a-b}{a} x = \left[pa^2 + \pi(a-b) \right] \frac{h-y}{h};$$

Entre O et B,

$$(4) \quad px^2 - \pi \frac{a-b}{a} x + \pi(b-x) = \left[pa^2 + \pi(a-b) \right] \frac{h-y}{h};$$

Entre D et A,

$$(5) \qquad px^2 - \pi \frac{a-b}{a} x = [pa^2 + \pi (a-b)] \frac{h-y}{h}.$$

Pour un point situé entre A et O de la courbe des pressions, la pression fait avec l'axe des x un angle dont la tangente trigonométrique est $\dfrac{F \sin \alpha - px}{F \cos \alpha}$.

Pour un point entre O et B l'inclinaison de la pression est $\dfrac{F \sin \alpha - px - \pi}{F \cos \alpha}$.

Pour un point entre D et A l'inclinaison de la pression est $\dfrac{F \sin \alpha - px}{F \cos \alpha}$.

Ces inclinaisons sont précisément les valeurs $\dfrac{dy}{dx}$ pour chacun de ces points.

Les réactions des appuis sont en B

$$(6) \qquad T = pa + \pi \frac{a-b}{2a},$$

$$(7) \qquad S = \frac{pa^2 + \pi(a-b)}{2h},$$

et en D

$$(8) \qquad T' = pa + \pi \frac{a-b}{2a},$$

$$(9) \qquad S = \frac{pa^2 + \pi(a-b)}{2h}.$$

Dans l'application des formules relatives à ce dernier cas, il faut bien remarquer le manque de continuité résultant de la nature du système lui-même : que l'on considère, par exemple, l'inclinaison de la force F qui représente, sur le tourillon de la clef, l'action d'une portion d'arc sur l'autre. Cette inclinaison a pour valeur

$$\operatorname{tang}\alpha = \frac{\pi(a-b)}{pa^2 + \pi(a-b)} \frac{h}{a} = \frac{h}{a} \frac{1}{1 + \dfrac{pa^2}{\pi(a-b)}}.$$

A mesure que le point d'application de la force π se rapproche de la clef, l'inclinaison de la force augmente, et quand b est nul et que le poids porte seulement sur l'extrémité de la demi-travée BA, l'inclinaison est à son maximum, et c'est l'instant où le prolongement de la direction de la force est le plus rapproché du point D ; mais dès que le poids franchissant le milieu du pont porte entièrement sur l'extrémité de l'autre demi-travée, la direction de la force occupe par rapport à B une position symétrique à celle qu'elle avait un instant auparavant par rapport à D.

A l'aide des formules que nous venons d'établir, on tracera la courbe des pressions : 1° pour le cas de la charge permanente et de la surcharge uniformément réparties ; 2° pour le cas de la surcharge placée seulement sur une demi-travée ; 3° enfin, pour le cas d'une forte charge concentrée en un point, on calculera les réactions des appuis et les actions que supportent les tourillons de la clef.

Pour déterminer ensuite le travail du métal dans les points extrêmes d'une section donnée de l'arc, on se servira des formules suivantes, tirées du *Cours* de M. Bresse

$$(\text{A}) \qquad t_e = \frac{\text{N}}{\Omega}\left(1 + \frac{\lambda_e n}{r^2}\right),$$

$$(\text{B}) \qquad t_i = \frac{\text{N}}{\Omega}\left(1 - \frac{\lambda_i n}{r^2}\right),$$

dans lesquelles on nommera (*Pl. 20, fig. 9*) :

t_e l'effort par millimètre carré que supporte le métal de l'extrados ;

t_i l'effort par millimètre carré que supporte le métal de l'intrados ;

N la composante de la pression suivant la normale à la section ;

Ω la surface de la section ;

λ_e la distance de la fibre d'extrados à l'horizontale du centre de gravité de la section ;

λ_i la distance de la fibre d'intrados à la même horizontale ;

n la distance du point d'application de la pression au centre de gravité O de la section : n est positif quand N par rapport à O est du même côté que l'extrados ;

r le rayon de giration de la section par rapport à l'horizontale du centre de gravité.

Le simple examen des formules (A) et (B) conduit à un principe très-important pour l'étude des ponts métalliques en arc. Ces équations montrent que, pour répartir uniformément le travail sur tous les points d'une section, et, par conséquent, pour utiliser le plus avantageusement le métal qu'on emploie, il faut, si d'autres exigences n'y mettent obstacle, rapprocher le plus possible le centre de gravité de la section du point où elle est traversée par la courbe des pressions qui correspond au cas des plus grands efforts.

Faisons maintenant l'application de cette théorie aux ponts du canal d'amenée, et reproduisons les calculs qui ont servi de base à leur étude. En évaluant le poids des arcs, des entre-toises, des voûtes, de la chaussée, des trottoirs, etc., on est arrivé à un total de 46000 kilogrammes, ce qui donne pour un arc 23000 kilogrammes.

Si l'on admet, ce qui est sensiblement vrai, que ce poids est réparti uniformément suivant l'horizontale, on a

$$p = 1643, \quad \text{ou en nombre rond 1700 kilogrammes.}$$

Pour la surcharge par mètre courant d'arc, on a admis :

$$
\begin{array}{lrcl}
\text{Sur la chaussée} \dots\dots\dots & 1,50 \times 400^{kg} & = & 600^{kg} \\
\text{Sur le trottoir} \dots\dots\dots & 0,50 \times 200 & = & 100 \\
\hline
& & q = & 700
\end{array}
$$

Avec ces données, on a tracé sur une épure les courbes des pressions pour le cas de la charge uniformément répartie et pour le cas de la surcharge placée seulement sur une demi-travée, et afin de déterminer les efforts du métal en différents points, on a considéré huit sections ou profils situés, en partant de la clef, aux distances 0, 1, 2, 3, 4, 5, 6 mètres, $6^{m},50$, et ces sections ont été prises verticalement.

La force N est alors, dans chaque cas et pour toutes les sections, égale à la valeur que les formules indiquées plus haut donnent pour S dans le cas correspondant, savoir :

Pour la charge permanente,

$$S = \frac{pa^2}{2h} = 32,647^{kg};$$

pour la charge uniformément répartie,

$$S = \frac{(p+q)a^2}{2h} = 46,091^{kg};$$

pour la surcharge sur une demi-travée,

$$S = \frac{(2p+q)}{4h}a^2 = 39,369^{kg}.$$

Le travail du métal dans les différentes sections se répartit comme l'indiquent les chiffres du tableau suivant :

| SECTIONS. | CHARGE PERMANENTE. | | | SURCHARGE UNIFORME. | | | SURCHARGE SUR UN CÔTÉ. | | | | |
| | | | | | | | | CÔTÉ CHARGÉ. | | CÔTÉ LIBRE. | |
	$\frac{N}{\Omega}$	t_i	t_e	$\frac{N}{\Omega}$	t_i	t_e	$\frac{N}{\Omega}$	t_i	t_e	t_i	t_e
	k	k	k	k	k	k	k	k	k	k	k
0	2,20	1,08	3,39	3,11	1,42	4,79	2,66	1,30	4,09	1,30	4,09
1	2,11	1,18	3,12	2,99	1,67	4,42	2,55	0,92	4,30	1,89	3,23
2	1,99	1,31	2,74	2,82	1,86	3,85	2,40	0,74	4,25	2,40	2,40
3	1,97	1,91	2,05	2,78	2,70	2,89	2,38	1,55	3,38	3,04	1,57
4	1,86	2,38	1,23	2,63	3,37	1,76	2,24	2,35	2,08	3,38	0,72
5	1,77	2,63	0,49	2,50	3,72	0,70	2,13	2,92	0,98	3,43	0,23
6	1,69	2,69	0,03	2,39	3,80	0,05	2,04	3,24	0,05	3,32	Traction −0,06
6,5	1,65	2,69	Traction −0,15	2,33	3,80	Traction −0,20	1,99	3,24	Traction −0,18	3,24	Traction −0,18

Dans le cas où le pont supporte, outre sa charge permanente, un poids π de 6000 kilogrammes placé au milieu et portant sur l'extrémité d'une demi-travée, on a

$$N = \frac{pa^2 + \pi a}{2h} = 50,375^{kg},$$

et en répétant les calculs pour ce cas, on a trouvé que, de

même que dans les précédents, on était bien au-dessous des charges qui pouvaient produire l'altération du métal.

En outre des efforts normaux que nous venons de calculer, les sections que nous considérons supportent des actions parallèles ou efforts tranchants qui s'ajoutent aux précédents.

Ces actions, qui ont pour valeur les composantes verticales des forces qu'on transporte à chaque profil, sont relativement assez faibles; elles se répartissent sur la section entière et n'y donnent lieu au point qui travaille le plus, c'est-à-dire au profil 6,5 et sous l'action de la charge et de la surcharge uniforme, qu'à un effort tranchant de 8 hectogrammes par millimètre carré.

En réalité, le métal travaille un peu moins que ne l'indiquent ces calculs, parce que dans l'exécution et devant les craintes exprimées par quelques fondeurs, on a cru devoir porter à 24 millimètres au lieu de 20 l'épaisseur de l'âme des arcs. Dès la première coulée, les habiles directeurs de l'usine de Dammarie, où s'exécutait le travail, reconnaissaient que ces craintes n'étaient pas fondées et que, si l'on n'avait à se régler que sur les besoins de la fonderie, ils pouvaient fabriquer des pièces bien saines, même avec une épaisseur de 15 millimètres au lieu de 20. Mais l'augmentation de poids qui résultait de la modification du projet était si faible (elle n'atteignait pas 400 kilogrammes par pont) que nous n'avons pas cru devoir modifier les modèles pour les coulées suivantes.

Les entre-toises qui supportent la chaussée par le moyen de voûtes en briques jetées de l'une à l'autre sont en fonte comme les arcs : elles sont ainsi plus durables qu'en fer; elles se prêtent mieux à offrir à leurs abouts des points d'attache qui se modèlent sur la surface des arcs et qui peuvent être assez écartés pour produire un contre-ventement efficace.

Les entre-toises ont les formes rationnelles que les expériences de Fairbairn et de Hodgkinson ont indiquées comme les plus résistantes à égalité de fonte employée. Elles portent par leurs extrémités sur des taquets venus de fonderie avec les arcs, les boulons ne servant qu'à assurer le contact des pièces; aussi on les a calculées comme des solides simplement posés à leurs extrémités et chargés d'un poids permanent uniformément réparti et d'une surcharge accidentelle, soit uniformément répartie, soit concentrée en un point.

La longueur des entre-toises est de $3^m,38$, et elles sont distantes de $1^m,379$ d'axe en axe.

La charge permanente est, par mètre courant, de :

Métal...................... 105^{kg} $\Big\}$ 1098^{kg}, soit $p = 1100^{kg}$.
Voûte et chaussée ($1,379 \times 720^{kg}$). 993 $\Big\}$

La surcharge uniforme est $1,379 \times 400$, soit $q = 600^{kg}$.

La surcharge concentrée au milieu est celle d'une roue portant 3000 kilogrammes, soit $P = 3000^{kg}$.

L'application des formules connues :

$$\frac{RI}{v} = \frac{p L^2}{8} \quad \text{pour le cas de la charge permanente,}$$

$$\frac{RI}{v} = (p + q) \frac{L^2}{8} \quad \text{pour le cas de la surcharge uniforme,}$$

$$\frac{RI}{v} = p \frac{L^2}{8} + P \frac{L}{4} \quad \text{pour le cas de la surcharge concentrée,}$$

dans lesquelles on fait v égale à la distance qui sépare de la fibre neutre le point où l'on cherche le travail du métal, donne au maximum au milieu de l'entre-toise et par millimètre carré :

TRAVAIL du métal.	CHARGE permanente.	SURCHARGE uniforme.	SURCHARGE concentrée.
A la traction	$0,84$	$1,3$	$2,2$
A la compression.	$1,80$	$2,9$	$4,8$

Maintenant, pour que la fonte travaillât partout également d'un bout à l'autre de l'entre-toise, nous avons dû diminuer les dimensions du profil à mesure qu'on s'éloignait du milieu, en les faisant varier d'après la loi suivante :

Nommons :

l la demi-longueur de l'entre-toise;

x la distance d'une section considérée, mesurée à partir du milieu de l'entre-toise;

$\dfrac{I_0}{v_0}$ les quantités relatives à la section du milieu;

$\dfrac{J}{v}$ les quantités relatives à la section considérée.

On a

$$\frac{RI}{v} = \frac{p+q}{2}(l^2 - x^2).$$

Mais si, pour conserver toujours la forme la plus avantageuse, on admet pour toutes les sections des figures semblables, on aura

$$\frac{I}{v} = y^3 \frac{I_0}{v_0},$$

y étant le module des dimensions homologues, d'où

$$y^3 \frac{RI_0}{v_0} = \frac{p+q}{2}(l^2 - x^2),$$

et, comme on se propose d'avoir R constant,

$$\frac{RI_0}{v_0} = \frac{p+q}{2} l^2,$$

et il vient

$$y^3 = 1 - \left(\frac{x}{l}\right)^2;$$

en faisant varier $\dfrac{x}{l}$ de zéro à 1, nous avons déterminé les dimensions cotées sur le dessin des entre-toises.

L'entre-toise ainsi profilée pèse 355 kilogrammes et a coûté, mise en place, 95^{fr},85. Une entre-toise en fer spécial, qu'on aurait fait travailler, même à 6 kilogrammes, aurait pesé 220 kilogrammes et aurait coûté plus cher que celle en fonte.

Les trottoirs supportés par des consoles en encorbellement sont formés d'un enduit en ciment de Portland, posé sur une aire en briques à plat. Ce mode de construction économique convient pour des ponts isolés, où le bitume ne serait commode ni à faire ni à réparer.

Les tourillons des articulations ont 7 centimètres de diamètre, ils sont en fer forgé et tourné; celui de la clef a 10 centimètres de longueur : sa section diamétrale est donc de 7000 millimètres carrés, ce qui donne pour le travail du fer $4^{kg},66$, $6^{kg},58$, $5^{kg},6$ et $7^{kg},2$, suivant que le pont supporte la charge permanente, la surcharge uniforme, la surcharge sur une demi-travée ou la surcharge concentrée.

Les tourillons des naissances ont le même diamètre, mais une longueur double, et, en y cherchant le travail qu'y produit la pression, dont la valeur est de $\sqrt{S^2 + T^2}$, on trouve seulement, suivant les cas, $4^{kg},4$, $3^{kg},4$, $2^{kg},9$, 3 kilogrammes, $3^{kg},7$.

Les sabots en fonte qui reçoivent les extrémités inférieures des arcs sont formés d'une partie rectangulaire creuse, reposant sur la maçonnerie, et d'une partie mobile qui, ayant la même section que les arcs, pénètre dans la partie creuse, de manière à produire le calage du pont d'après le degré de son enfoncement, que règlent deux jeux de coins en acier soigneusement dressés.

Les sabots reposent sur la pierre de taille, à laquelle, par une surface de 3500 centimètres carrés, ils transmettent au maximum une pression de $14^{kg},9$ par centimètre ; le contact a été assuré dans toute l'étendue, sans recourir à l'emploi du plomb, en ménageant sur la pierre des rainures par lesquelles on introduisait jusqu'au reflux du ciment de Portland gâché un peu mou.

Nous nous sommes étendu longuement sur ce système de pont à trois articulations, parce que, depuis la première application faite par M. Darcel pour un pont en fer sur le canal Saint-Denis, il s'est peu propagé, et il n'a pas été, que nous sachions, adopté pour les ponts en fonte, où il offre bien plus d'avantages que pour le fer.

Il permet, en effet, de développer complétement toutes les qualités de la fonte, en ne mettant en jeu que sa grande résistance à la compression, et, en l'adoptant, il conduit, dans les constructions, à un bas prix qu'on n'avait jamais atteint. Ainsi, un pont comme celui que nous venons de décrire, qui couvre un vide de 14 mètres d'une culée à l'autre, et qui donne un passage de 4 mètres entre garde-corps, dont 3 mètres de chaussée, contient

$$
\begin{array}{lr}
\text{Fonte}\dots\dots\dots\dots\dots\dots\dots\dots\dots & 12116^{\text{kg}} \\
\text{Fer pour boulons}\dots\dots\dots\dots\dots & 123 \\
\text{Fer pour garde-corps}\dots\dots\dots\dots & 582
\end{array}
$$

et coûte, mis en place, compris le garde-corps et une peinture à trois couches, $4200^{\text{fr}},37$ seulement.

Pour un autre pont du même système, de $6^{\text{m}},80$ d'ouverture et de 4 mètres entre garde-corps, construit isolément pour le passage d'un chemin vicinal sur le canal latéral à la Marne, nous n'avons employé que 4581 kilogrammes de fonte et $343^{\text{kg}},5$ de fer, en comprenant le garde-corps.

Un pont du même type, que nous venons de projeter pour remplacer les ponts suspendus du canal, qui ont 20 mètres d'une culée à l'autre, n'exigera que 17500 kilogrammes de fonte.

§ IV. — CANAL DE FUITE.

80. *Dispositions.* — Les eaux, en sortant du bâtiment des machines, après avoir donné le mouvement aux turbines, ou en descendant des ouvrages de décharge, tombent dans un canal de fuite qui les mène à la Marne, dont le cours est très-voisin, en les faisant passer sous le canal latéral.

Le plafond du canal de fuite est descendu à 1 mètre en contre-bas de l'étiage de la rivière, et malgré cette profondeur déjà grande, et bien que le déblai fût ouvert presque entièrement dans la craie, nous avons dû nous préoccuper de protéger le fond et les talus contre les érosions que les eaux, dans leur tourbillonnement, n'auraient pas manqué de produire.

Sur toute la longueur répondant aux voûtes du déversoir, le plafond du canal et le talus en face jusqu'à un certain niveau ont été maçonnés pendant la mise à sec; dans les autres parties, on a laissé le plafond à l'état de craie; mais les talus ont été revêtus, depuis le fond jusqu'à l'étiage, de béton coulé sous l'eau; depuis l'étiage jusqu'à la hauteur des crues, de perrés en pierres sèches et de gazon au-dessus des crues.

81. *Aqueduc sous le canal latéral.* — L'ouvrage important du canal de fuite est l'aqueduc en maçonnerie qui le fait passer sous le canal latéral; cet ouvrage ayant donné lieu à des recherches et à des expériences qui peuvent trouver leur application ailleurs, nous entrerons dans quelques détails à son sujet.

L'aqueduc représenté par les dessins de la planche 4 est composé de deux arches elliptiques de chacune 5 mètres d'ouverture et 1 mètre de montée, reposant sur des pieds-droits de $0^m,50$, ce qui porte à $1^m,50$ la hauteur sous clef.

Le débouché offert par l'ensemble des deux ouvertures est de $12^{mq},85$.

Les voûtes, surbaissées sous le plafond du canal, vont en s'évasant à l'entrée et à la sortie, et se terminent par des têtes en plein cintre. Cette disposition, qui n'augmente pas la dépense, réduit la longueur de la voûte, fait disparaître presque complétement la contraction à l'entrée et à la sortie, et ne favorise pas, comme le font des changements brusques, l'amoncellement des herbes et des corps flottants, que les eaux motrices charrient en abondance à certaines époques et qui franchissent le déversoir.

Lorsque le niveau de la rivière s'élève et marque plus de $0^m,50$ au-dessus de l'étiage, les eaux ne peuvent passer sous l'aqueduc qu'en siphonant et en exerçant une sous-pression, dont il faut tenir compte pour assurer la stabilité de l'ouvrage.

On aurait pu, comme on le fait bien souvent, résoudre la difficulté en substituant des tuyaux en fonte aux voûtes en maçonnerie qui ne sont pas favorablement disposées pour résister aux actions intérieures; mais quand il s'agis-sait d'un débouché aussi grand, l'adoption des tuyaux en fonte nécessitait une dépense considérable, et avait en outre, dans les circonstances où l'on se trouvait, le grave inconvénient de retarder d'une campagne l'exécution des travaux, qu'on pouvait au contraire entreprendre immédiatement avec le système des voûtes maçonnées.

Les calculs qui vont suivre, et les expériences qui les vérifient, montrent qu'en renonçant au métal on n'a rien sacrifié de la solidité qu'il était essentiel de donner à un ouvrage dont dépend la navigabilité de deux canaux importants.

La première chose à déterminer, c'était la plus grande valeur de la sous-pression.

La Marne, dans ses crues séculaires, comme celle de janvier 1861, atteint, en face de l'emplacement de l'aqueduc de Condé, la cote 75,34 au-dessus du niveau de la mer. Pendant une crue pareille, si les digues du canal ne sont pas rompues, les sources qui lui viennent par les graviers de la vallée sont si abondantes, qu'il est difficile, avec les décharges dont on dispose, d'y tenir les eaux à moins de 2 mètres de profondeur, c'est-à-dire à la cote 74,96 ; mais si, par impossible, il arrivait que, le jour d'une de ces grandes crues, le canal se rompît justement à l'extrémité aval du bief, c'est-à-dire à Tours-sur-Marne, l'eau, dans le canal, au droit de Condé, serait évidemment toujours au moins au même niveau qu'aurait la crue en face de la brèche supposée, cè qui la mettrait à la cote 74,09, et lui laisserait encore surmonter de $1^m,13$ le fond du canal à l'aplomb de l'aqueduc.

C'est l'hypothèse la plus défavorable qu'on puisse faire pour le maintien de l'ouvrage ; c'est celle que nous adoptons pour en vérifier la stabilité ; elle se mesure ainsi : sur l'extrados, une surcharge liquide de $1^m,13$, et sur la douelle, une sous-pression due à un liquide s'élevant à $3^m,30$ au-dessus de l'intrados à la clef.

82. *Résistance d'une voûte à l'effort d'une sous-pression.* — Cela posé, abordons l'étude des conditions de la stabilité, et commençons par analyser les mouvements et les pressions qui se succèdent dans le massif de l'aqueduc, depuis le commencement de sa construction jusqu'à l'instant où on le brisera en le soumettant aux efforts d'une sous-pression produite par un liquide.

Pendant que l'on construit la voûte et qu'elle est sur cintre, la pression entre les voussoirs se réduit à la part de l'action de la pesanteur que le cintre ne détruit pas.

Cette pression, faible à la base des pieds-droits, peut être regardée comme nulle à la clef, et elle ne commence à s'y faire sentir que lorsque l'abaissement du cintre, laissant les demi-voûtes à elles-mêmes, les oblige, pour se soutenir, à s'appuyer l'une contre l'autre en tournant autour de leur point de rupture, situé, comme on sait, à l'intrados, vers le milieu de la montée.

La pierre des voussoirs et les mortiers, sous l'action des pressions qui naissent alors, se compriment; le joint qui correspond au point de rupture s'ouvre à l'extrados d'une quantité qui dépend de la compression qui s'est produite; en même temps, le joint de la clef tend à s'ouvrir à l'intrados, et il en résulte que la courbe des pressions, qui se réalise à cet instant, traverse le joint de rupture près de l'intrados et le joint de la clef à une distance de l'extrados qui doit peu différer du tiers de l'épaisseur. (DUPUIT, *Équilibre des voûtes.*)

Le décintrement opéré, on achève le massif des culées, on maçonne les tympans, et, à mesure qu'on les élève, ils produisent l'effet d'une surcharge qui augmente la compression des voussoirs, abaisse un peu la voûte et fait encore remonter vers l'extrados la courbe des pressions à la clef.

Cette surcharge, d'après la forme que lui donne la figure, ne tend pas à déplacer sensiblement le joint de rupture, qui, d'après le théorème de Lamé et Clapeyron, est au point de l'intrados pour lequel la tangente se trouve avoir, avec l'horizontale passant par le point d'application de la poussée à la clef, la même intersection que la verticale du centre de gravité de la masse tendant à se détacher.

Dès lors, le tassement de la voûte a lieu par une rotation de la partie supérieure autour du même point de rupture.

Ce tassement s'arrête peu de temps après la construction des tympans, qui peuvent être montés de façon à constituer, après le durcissement, si l'on a pris les précautions suffisantes et dont nous verrons plus loin l'importance, un massif compacte et sans fissures, bien adhérent aux aspérités de la voûte, qui elle, au contraire, continue à former en dessous trois parties distinctes, limitées par les joints de rupture qui sont fermés à l'intrados et ouverts à l'extrados.

Le nombre des parties peut même être de quatre, si la compression a été assez grande pour briser complétement le joint de la clef, qui tend à se fermer à l'extrados et à s'ouvrir à l'intrados. On doit avoir soin en tous cas de faire disparaître l'ouverture de ce dernier joint par un rejointoiement bien exécuté en ciment de Portland; alors l'ouvrage est achevé, et quand les mortiers ont fait prise, on peut remettre en eau le canal supérieur.

Cette mise en eau amène sur la voûte une surcharge, sous l'action de laquelle une nouvelle rotation de la partie supérieure s'opère autour du point de rupture dont le joint s'ouvre davantage à l'extérieur, en se prolongeant par une brisure dans le massif des tympans. En même temps, la pression monte davantage vers l'extrados dans le joint de la clef, qui peut s'ouvrir à l'intrados.

Ces mouvements, bien que peu sensibles, n'en sont pas moins réels, et dans une voûte de l'importance de celle qui nous occupe, ils produisent sur certains joints des brisures qui ne permettent plus de compter sur l'adhérence des mortiers, du moins dans ces joints, pour résister aux sous-pressions dont nous allons maintenant étudier les effets.

Distinguons deux cas : celui où la culée est logée dans un terrain très-résistant, s'opposant à tout renversement vers l'extérieur, et celui où la culée ne s'appuie que contre un terrain sans résistance, qui la laisse dans les mêmes conditions que si elle était isolée dans l'espace.

Commençant par le premier cas, imaginons qu'on introduise sous la voûte un courant d'eau dont le niveau va s'élever graduellement en exerçant contre les parois de l'intrados des pressions qui tendront à pousser les maçonneries en dehors.

Tant que l'eau n'a pas atteint le point de rupture I (*Pl. 4*), les pressions sont sans action sur l'ouvrage, puisqu'elles sont détruites par les réactions qu'elles font naître dans le sol; mais quand l'eau dépasse le point I, elle exerce sur la partie supérieure de la demi-voûte une sous-pression qui agit en sens inverse de la surcharge liquide et en détruit graduellement l'effet.

Elle relève la clef, elle en resserre le joint à l'intrados, elle referme la fissure qui s'était formée en travers du remplissage des tympans suivant le prolongement du joint de rupture, et l'action de la surcharge liquide est neutralisée quand le moment de la sous-pression, par rapport au point I, est devenu égal au moment de cette surcharge par rapport au même point. Alors la partie supérieure de la demi-voûte a repris la même position et subit la même poussée à la clef qu'avant que la surcharge liquide ne vînt à agir sur elle. Elle ne touche à la partie inférieure, dans l'étendue du joint de rupture, que suivant une étroite zone située à l'intrados et que suivant les surfaces de la fissure du tympan qui viennent d'arriver au contact sans qu'il y ait encore d'action sensible de l'une sur l'autre.

Mais cette action, ainsi que nous allons le faire voir, ne tardera pas à naître dès que la sous-pression prendra un nouvel accroissement.

Adoptons pour plan des xy un plan perpendiculaire à l'axe de la voûte, et prenons dans ce plan pour axe des x la ligne du dessus des maçonneries, et pour axe des y la verticale de la clef.

Nommons (*Pl. 4*) :

H la hauteur du niveau de l'eau qui siphone, au-dessus de l'intrados à la clef;

x, y les coordonnées d'un point m de l'intrados;

a, b les coordonnées du point de rupture I;

R_i la composante suivant la normale au joint de rupture de la somme des actions qui s'exercent au point I sur le massif ABID;

R'_i la composante suivant la normale au même joint de la
somme des actions qui s'exercent sur la surface de brisure du tympan ;

a', b' les coordonnées du point r d'application de R' ;

z la distance des points I et r ;

Q la poussée à la clef ;

q l'ordonnée de son point d'application ;

G le poids de la portion de maçonnerie ABmn située au-
dessus d'un joint mn ;

g l'abscisse du centre de gravité de G ;

C le poids de la surcharge liquide qui surmonte An ;

c l'abscisse du centre de gravité de C ;

S la composante verticale de la sous-pression qui **agit**
sur Bm ;

s la distance de S à l'axe des y ;

T la composante horizontale de la même sous-pression ;

t la distance de T à l'axe des x ;

θ l'angle du joint mn avec la verticale.

Quand il s'agira, au lieu d'un joint quelconque mn, d'un
joint déterminé, les mêmes lettres affectées d'un indice
auront la signification correspondante.

Transportons en I toutes les forces qui agissent sur **ABID,**
et prenons les moments par rapport à ce point ; on aura

$$(1) \qquad \cos\theta_i(Q + T_i) - \sin\theta_i(S_i - G_i - C_i) - (R + R') = 0,$$

$$(2) \quad Q(b - q) - R'z = G_i(a - g_i) + C_i(a - c_i) - S_i(a - s_i) - T_i(b - t_i).$$

Au point où nous nous sommes arrêté plus haut pour
la valeur de la sous-pression et avec les conditions qui se
sont réalisées, on a

$$R' = 0, \qquad C_i(a - c_i) - S_i(a - s_i) - T_i(b - t_i) = 0,$$

ce qui, avec les dimensions de l'ouvrage, correspond à
$H = 0,54$, et l'on en déduit, pour la valeur de la poussée
à cet instant,

$$(3) \qquad Q_0 = G_i \frac{(a - g_i)}{b - q} = 4,03,$$

en admettant que $q = 0,40$ et prenant le poids du mètre cube d'eau pour unité.

Faisons croître la sous-pression; le second membre de l'équation (2) diminuant, il faut que $Q(b — q) — R'z$ diminue de même, ce qui pourra se produire par la diminution de Q, par l'augmentation de q et par la manifestation de R' qui commence à paraître.

Si la portion ABID était un monolithe dépourvu d'élasticité, il ne commencerait pas encore à se mouvoir; le déplacement du point d'application de la poussée n'aurait pas encore lieu, et la force R' ne se manifesterait que lorsqu'on aurait atteint la sous-pression, qui donne

$$G_i(a + g_i) + C_i(a — c_i) — S_i(a — s_i) — T_i(b — t_i) = 0,$$

et qui correspond à $H = 2,14$.

Dans ces conditions, la poussée qui aurait été en décroissant serait devenue nulle.

Mais avec des matières élastiques il n'en est plus tout à fait ainsi.

Dès l'instant que Q décroît, la compression des voussoirs décroît proportionnellement; leur ensemble s'allonge, et, comme les points de contact à la clef ne peuvent que rester sur la verticale du centre, l'allongement ne peut se produire que par un relèvement de la clef. Mais alors il tend à se faire autour du point I une rotation produisant en r une compression qui agit de manière à gêner le relèvement de la clef, et par suite à arrêter la diminution de la poussée.

Ce qui se passe alors peut se formuler de la manière suivante.

Nommons :

L la distance du point I au point de la clef par lequel passe la poussée quand elle a pour valeur Q_0;

α l'angle de L avec l'horizon;

O la section réduite des voussoirs;

λ la longueur compressible réduite des tympans entre le point r et la clef;

Ω la section réduite des tympans dans la même partie;

E le coefficient d'élasticité de la maçonnerie.

Si la poussée était nulle au lieu d'être Q_0, la longueur, au lieu d'être L, serait $L + l_0$, telle que

$$l_0 = \frac{L + l_0}{EO} Q_0;$$

pour une poussée Q, la longueur sera $L + l_0 - l$, telle que

$$l = \frac{L + l_0}{EO} Q.$$

Quand la poussée passe de la valeur Q_0 à la valeur Q, la longueur de la partie supérieure de la demi-voûte augmente donc de

$$\Delta L = \frac{L + l_0}{EO} (Q_0 - Q).$$

Mais les différences ΔL étant très-petites, on peut poser

$$\Delta L = x \cos \alpha \, \Delta \tan g \alpha = x \frac{\Delta \alpha}{\cos \alpha},$$

d'où, en substituant et en remarquant qu'on a sensiblement $x = (L + l_0) \cos \alpha$, il vient

$$\Delta \alpha = \frac{1}{EO} (Q_0 - Q).$$

La partie supérieure de la demi-voûte tournant d'un angle $\Delta \alpha$ autour de I produira dans la maçonnerie des tympans une compression $z \Delta \alpha$ qui fera naître une force R', telle que

$$\Delta \alpha = \frac{1}{E \Omega} \frac{\lambda}{z} R';$$

égalant les deux valeurs de $\Delta \alpha$, on trouve

$$(4) \qquad R' = \frac{\Omega}{O} \frac{z}{\lambda} (Q_0 - Q).$$

Cette relation suppose trois contacts : en I, en r et à la clef; elle n'est évidemment plus applicable dès que l'un de ces contacts vient à cesser. En portant cette valeur de R' dans l'équation (2), on obtient

$$(5) \quad \left\{ \begin{array}{l} Q\left(b - q + \dfrac{\Omega}{O} \dfrac{z^2}{\lambda}\right) \\[2ex] = Q_0 \dfrac{\Omega}{O} \dfrac{z^2}{\lambda} + G_i(a - g_i) + C_i(a - c_i) - S_i(a - s_i) - T_i(b - t_i). \end{array} \right.$$

En remplaçant les lettres par des valeurs numériques et faisant $b - q = 1^m,10$, $z = 1^m,70$, $\frac{\Omega}{O} = 0,25$, $\frac{z}{\lambda} = 0,65$, l'équation devient

$$(6) \qquad Q = 5,12 - 2,02\,H.$$

Elle est applicable dans les mêmes limites que la relation qui donne R', c'est-à-dire depuis $H = 0^m,54$, où commence le contact en r, jusqu'à une limite supérieure que nous allons indiquer.

La sous-pression augmentant à partir de celle qui correspond à $H = 0^m,54$, la poussée va diminuer, ainsi que la réaction R, tandis que la réaction R' croîtra. Il s'ensuit que la courbe des pressions s'éloignera du point I pour aller vers le point r, et elle y arrivera quand R deviendra nulle.

Il peut se faire, et nous allons voir que c'est justement ce qui se passe dans l'exemple qui nous occupe, que la poussée dont la valeur est donnée par l'équation (5) descende à zéro avant que la courbe des pressions n'ait atteint le point r; la sous-pression qui donne ce résultat correspond à $H = 2,53$. A partir de cet instant, la rotation qui continue autour du point I tend à ouvrir le joint de la clef dans toute sa hauteur, et si l'on suppose que l'adhérence des mortiers y a été détruite, le contact cesse sur ce joint, et les équations (4) et (5) n'étant, par suite, plus applicables, il faut, pour voir ce que deviennent R et R', revenir aux équations (1) et (2).

En faisant une substitution de l'une dans l'autre, éliminons R' : nous aurons, en remarquant que $b - z\cos\theta_i = b'$ et $a + z\sin\theta_i = a'$,

$$(7) \quad -Q(q-b')+Rz = G_i(a'-g_i)+C_i(a'-c_i)-S_i(a'-s_i)-T_i(b'-t_i),$$

ou, en mettant les chiffres à la place des lettres,

$$(8) \qquad -Q(q-0,25) + 1,70R = 17,90 - 4,65\,H.$$

Le second membre ne devenant zéro que pour $H = 3^m,85$, on voit qu'à l'instant où la poussée Q est devenue nulle, ce qui correspond à $H = 2^m,53$, R avait encore une certaine valeur, et que, par conséquent, la courbe des pressions qui marche vers le point r n'y était point arrivée.

Entre $H = 2^m,53$ et $H = 3^m,85$, la disjonction tendant de plus en plus à se faire à la clef, la poussée est nulle, et l'équation (6), dans laquelle on fait $Q = o$, donne les valeurs de R.

Mais dès que H atteindra $3^m,85$, et dans l'hypothèse que d'autres dislocations ne seront pas survenues, la réaction R sera nulle, le contact cessera en **I**, une rotation tendra à se produire autour du point r; cette rotation refermera le joint de la clef à l'intrados et y fera renaître une poussée qui s'opposera au renversement de la partie supérieure de la demi-voûte et le rendra impossible avant que les matériaux ne se soient écrasés en r et en **B**.

Nous montrerons tout à l'heure que, bien avant d'en arriver là, des parties de la voûte auront été soulevées par la sous-pression, en sorte que c'est par soulèvement que la rupture se produira.

Il pourrait arriver que la courbe des pressions atteignît le point r avant que Q ne fût nul.

La rotation qui tendrait alors à se produire autour du point r ferait cesser le contact au point **I**; les équations (4) et (5) redeviendraient inapplicables à partir de cet instant, et il faudrait employer l'équation (7).

Dans ce cas, la sous-pression qui amènerait la courbe des pressions au point r devrait donner dans (7) et (5) une même valeur de Q, qui serait un minimum, car au delà la poussée se remettrait à croître avec sous-pression ; elle passerait par le point **B** de la clef, et elle s'opposerait, comme dans le premier cas, à la rotation de la masse ABIrD autour du point r ou du point **D**.

Nous avons supposé, dans ce qui précède, que l'adhérence était détruite non-seulement suivant le joint de rupture, mais encore suivant le joint de la clef, et cette hypothèse étant défavorable à la stabilité, il n'y a aucun inconvénient à l'admettre ; si cependant on avait pris des précautions suffisantes pour ne pas briser le joint de la clef, Q pourrait prendre des valeurs négatives, et le calcul se ferait de la manière suivante.

Revenons à l'instant où l'effet de la surcharge liquide est neutralisé par l'action de l'eau intérieure, ce qui correspond à $H = 0^m,54$, et faisons croître la sous-pression. Les contacts existant en I, en r et à la clef, l'équation (4) et l'équation (5) sont applicables jusqu'à l'instant où, la réaction R devenant nulle, le contact cessera en I. Nous allons déterminer à quelle valeur de H correspond cet instant.

L'équation (4) donne

$$R' = \frac{\Omega}{O} \frac{z}{\lambda} (Q_0 - Q);$$

on a d'ailleurs, par l'équation (1),

$$R + R' = \cos\theta_i (Q + T_i) - \sin\theta_i (S_i - G_i - C_i);$$

en faisant $R = 0$, en égalant les deux valeurs de R' et en substituant des chiffres aux lettres, on déduira, pour l'instant où le contact en I va cesser,

$$Q = 1,20 H - 7,24.$$

On a d'ailleurs, en même temps, par l'équation (6),

$$Q = 5,12 - 2,03 H;$$

on en conclut qu'à l'instant où R deviendra nulle, on aura

$$H = 3,85, \quad Q = -2,64, \quad R' = 1,06.$$

Si la sous-pression continue encore à croître, on aura les valeurs de Q et de R' au moyen des équations (1) et (8). A partir de $H = 3^m,85$, le massif tendra à tourner autour de r, la valeur de la poussée Q remontera vers zéro et grandira ensuite avec la sous-pression, en même temps que son point d'application se sera rapproché de B.

On peut donc, dans tous les cas, analyser les mouvements du massif et calculer avec une exactitude suffisante, pour l'objet qu'on a en vue, la marche des pressions qui se manifestent à chaque instant.

Il n'y aura un peu d'indétermination que sur la position exacte des points d'application de Q et de R'; mais c'est sans inconvénient, parce qu'il suffit, dans les équations de résistance, de calculer plutôt les limites que les valeurs exactes des efforts, et qu'on peut se donner une garantie de plus en adoptant, pour le passage des forces, la position qui est la moins favorable à la stabilité.

Étudions maintenant, avec les données qui précèdent, le mode de rupture de la voûte par soulèvement de ses parties, et, considérant un joint quelconque mn, déterminons la sous-pression qui sera nécessaire pour soulever le massif $ABmn$.

La question revient à chercher l'instant où il y aura équilibre entre les forces qui agissent sur le massif $ABmn$, et les actions que peut exercer sur lui la maçonnerie inférieure au joint mn. Car il est clair que, ces actions ayant atteint la limite de résistance compatible avec la nature des matériaux , et la disposition du système, cet équilibre sera rompu dès que l'on viendra à faire augmenter la sous-pression.

Ces forces qui agissent sur le massif $ABmn$ sont : dans le sens vertical S, G et C, et dans le sens horizontal T et Q, cette dernière représentant l'action de l'autre demi-voûte.

Ces forces S, G, C, T et Q ont une résultante dont la composante N normale au joint mn a pour valeur

$$(9) \qquad N = \cos\theta\,(Q + T) - \sin\theta\,(S - G - C).$$

En faisant l'hypothèse qu'il s'opère une disjonction à la clef, la force Q ne peut pas être négative. Nous avons trouvé plus haut qu'elle varie d'abord en sens inverse de la sous-pression, qu'elle est nulle depuis $H = 2^m,53$ jusqu'à $H = 3^m,85$; qu'ensuite elle se met à croître avec la sous-pression. La force T est toujours positive ; quant au terme $(S - G - C)$, il est d'abord négatif, et il ne devient positif que pour des valeurs de H voisines de celles où Q, après s'être arrêté à zéro, commencera à croître bien plus rapidement que $S - G - C$.

Avec les dimensions de l'ouvrage dont nous nous occupons, on peut vérifier en faisant les calculs que, pour un joint quelconque, entre la clef et le joint de rupture, la valeur de N, dans l'hypothèse d'une disjonction en AB, sera toujours positive, quelle que soit la sous-pression.

En faisant au contraire l'hypothèse que l'adhérence a pu être maintenue à la clef, hypothèse d'ailleurs favorable à la stabilité, la valeur de N pourra, avec certaines sous-pressions, devenir négative au moins sur les joints voisins de la clef. Nous avons donné ci-dessus pour l'aqueduc de Condé, à propos de cette hypothèse, un résultat qui montre qu'au joint de rupture N reste toujours positive et conserve encore une valeur de $1,06$, alors que Q a atteint sa plus grande valeur négative, qui est $- 2,64$, et correspond à la sous-pression donnée par $H = 3^m,85$.

Tant que la valeur de N est positive, c'est-à-dire tant que la résultante de $Q + T$ et de $S - G - C$ se dirige à la rencontre du joint mn ou de son prolongement, il y a sur ce joint une pression d'où naîtra, pour tout déplacement parallèle, un frottement fN qui viendra s'ajouter à la résistance transversale γj. Dans ce cas, les actions de la maçonnerie inférieure sur le massif $AB mn$ sont :

Une pression N normale au joint;

Une résistance fN $+ \gamma j$ parallèle au joint.

Dans le cas particulier où N serait nulle, ce qui indiquerait que la résultante de $Q + T$ et de $S - G - C$ serait parallèle au joint mn, les actions de la maçonnerie inférieure sur le massif $AB mn$ se réduiraient à

Une résistance γj parallèle au joint.

Dans le cas où N deviendrait négative, ce qui se présente à certains joints pour l'aqueduc de Condé, dans l'hypothèse du maintien de l'adhérence en AB, et ce qui, en dehors de cette hypothèse, peut se présenter avec d'autres formes d'ouvrage, cela indiquerait que la résultante de $Q + T$ et de $S - G - C$ va en s'écartant de la direction de mn, et qu'il y a traction sur le joint.

Dans ce cas, les actions de la maçonnerie inférieure sur le massif $AB mn$ seront :

Une résistance βj contre tout mouvement normal au joint;

Une résistance γj contre tout mouvement parallèle.

Les conditions de l'équilibre, dans chacun de ces cas, peuvent s'établir facilement à l'aide du principe des vitesses virtuelles.

Remarquons que si le centre de gravité du massif AB*mn* marche virtuellement d'une quantité δs, suivant une direction comprise dans l'angle des lignes AB et *mn*, le déplacement, étant δy suivant la verticale et δx suivant l'horizontale, sera $\delta y \sin\theta - \delta x \cos\theta$ suivant la normale à *mn* et $\delta y \cos\theta + \delta x \sin\theta$ suivant une parallèle.

Passons maintenant à l'examen des différents cas.

1° *Hypothèse d'une disjonction des maçonneries en* AB. —Nous avons vu qu'avec les formes de l'aqueduc de Condé et dans les conditions où il se trouve, N avait, en supposant une disjonction en AB, une valeur positive sur tous les joints compris entre la clef et le joint de rupture.

Alors, en posant l'équation des vitesses virtuelles, en divisant tous les termes par δy, et en substituant à N l'expression (9) on aura

$$\frac{\delta x}{\delta y} \sin\theta [(S - G - C)(\cos\theta + f\sin\theta) - (Q + T)(f\cos\theta - \sin\theta) - \gamma j]$$
$$+ \cos\theta [(S - G - C)(\cos\theta + f\sin\theta) - (Q + T)(f\cos\theta - \sin\theta) - \gamma j] = 0,$$

équation qui, s'il y a équilibre, doit être satisfaite pour tous les déplacements compatibles avec les liaisons du système.

Or, pour tous ces déplacements, les valeurs de $\frac{\delta x}{\delta y}$ étant comprises entre $\frac{\delta x}{\delta y} = 0$ et $\frac{\delta x}{\delta y} = \tan g\theta$, il faut, et il suffit pour l'équilibre, que l'on ait

$$(10) \quad S - G - C = (Q + T) \frac{f\cos\theta - \sin\theta}{\cos\theta - f\sin\theta} + \frac{\gamma j}{\cos\theta - f\sin\theta}.$$

Au joint de rupture, où les mouvements dont nous avons parlé plus haut ont détruit la cohésion et l'adhérence des mortiers, γ sera nul, et la partie ABID sera sur le point de se soulever quand on aura

$$S_i - G_i - C_i = (Q + T_i) \frac{f\cos\theta_i - \sin\theta_i}{\cos\theta_i - f\sin\theta_i}.$$

En prenant $f = 0^m,80$, ce qui peut être admis avec la rugosité des maçonneries, le coefficient de $Q + T_i$ sera, tout calcul fait, — 0,06, et, comme Q et T_i sont des valeurs positives, cela indique que le soulèvement de ABID pourra commencer un peu avant l'instant où la sous-pression S_i serait devenue égale à $G_i + C_i$, c'est-à-dire pour une valeur de H un peu inférieure à $4^m,61$.

Aux environs de cette valeur de H, l'équation (8) est applicable, et, en y faisant approximativement $q = 0,85$, elle donne

$$Q = 7,75\,\mathrm{H} - 29,83.$$

On a d'ailleurs

$$S_i = 2,28\,\mathrm{H} + 0,39, \quad T_i = 0,58\,\mathrm{H} + 0,17, \quad G_i + C_i = 10,90.$$

On en déduit que, pour $\mathrm{H} = 4,42$, le massif ABID sera sur le point de se soulever.

Il reste à examiner si les joints supérieurs au joint de rupture pourront résister aux actions qui vont se produire quand la voûte sera soumise à une sous-pression qui va croître graduellement jusqu'à celle qui correspond à $\mathrm{H} = 4^m,42$.

L'équation (10) nous en fournit le moyen. Son second membre, en y introduisant les valeurs de Q et T, qui correspondront aux différentes hauteurs H jusqu'à $\mathrm{H} = 4^m,42$, indiquera la force verticale qui serait nécessaire à chaque instant pour soulever le massif supérieur au joint que l'on considérera. Le premier membre, en y introduisant les valeurs de S qui correspondront à la même hauteur H, indiquera la valeur de la force verticale qui agit au même instant.

En effectuant des calculs d'ailleurs très-simples, on trouve que, pour la sous-pression donnée par $\mathrm{H} = 3^m,85$, qui fait $Q = 0$, il suffirait au joint n° 1, pour qu'il n'y eût pas rupture, que les mortiers fussent capables d'offrir une résistance transversale de 50 grammes par centimètre carré, et que, pour la sous-pression donnée par $\mathrm{H} = 4^m,42$, et qui fait $Q = 4,60$, il suffirait au mortier du joint n° 3 d'offrir une résistance transversale de 20 grammes par centimètre carré.

On sait que des mortiers, même médiocres, peuven offrir une résistance transversale de 30 kilogrammes par

centimètre carré avant de se rompre ; l'équilibre de l'aqueduc dont nous nous occupons est donc assuré jusqu'à une
crue qui atteindrait $4^m,42$ au-dessus de l'intrados à la clef,
à condition toutefois, comme nous l'avons supposé au début, que les culées seront fixes et ne pourront se renverser
au dehors.

Nous avons pris les plus grandes précautions pour que
cette condition fût remplie ; la fouille était ouverte dans
une craie assez compacte, et l'on a eu soin de monter les
culées en serrant les maçonneries contre les parois de la
fouille sans laisser de vide.

Les plus hautes eaux connues ne montent qu'à $3^m,12$ au-
dessus de l'intrados à la clef ; nous avons pu dès lors considérer l'ouvrage comme ayant une stabilité suffisante.

La valeur de H, que nous avons trouvée plus haut pour la
limite de l'équilibre, correspond à la sous-pression, qui est
capable de faire remonter sur le plan incliné du joint de
rupture des reins la moitié de la partie supérieure de la
voûte, soumise, en outre de son poids, à l'action de la surcharge C et des forces horizontales Q et T.

Mais si, reprenant l'équation (10), on considère au-dessus
du joint de rupture le joint pour lequel on a $\tang\theta = f$, qui
correspond à $\theta = 40°$, l'équation se réduira à

$$S - G - C = \gamma j \cos\theta.$$

Elle indique que, quelles que soient les valeurs de Q et
de T, pour que l'équilibre existe sur ce joint, il faut que S
soit plus petit que $G + C$, ou il faut, s'il est plus grand, que
la cohésion entre en jeu.

En se contentant de limiter la sous-pression à celle qui
donne $S - G - C = 0$ sur le joint qui fait un angle de 40 degrés avec la verticale, on obtiendra pour H, quand les formes
s'éloigneront peu de celles de l'aqueduc de Condé, sensiblement la même valeur que par le premier mode de calcul,
qui est beaucoup plus compliqué. Ce mode de calcul très-
simple suffira dans la pratique, car on ne doit chercher la
valeur de H que comme une limite au-dessous de laquelle
on devra se tenir.

Avec des constructions d'une forme autre que celle de l'aqueduc de Condé, il pourrait arriver que, sur certains joints compris entre la clef et le joint de rupture, N prît une valeur négative, même dans l'hypothèse d'une disjonction en **AB**.

Dans ce cas, en posant pour ces joints l'équation des vitesses virtuelles, on aurait

$$\frac{\delta x}{\delta y}\,(Q + T + \beta j \cos\theta - \gamma j \sin\theta) + S - G - C - \beta j \sin\theta - \gamma j \cos\theta = 0.$$

Cette équation, pour qu'il y ait équilibre, devrait être satisfaite pour tous les déplacements compatibles avec les liaisons du système. Il faudrait donc que l'on eût

$$Q + T + \beta j \cos\theta - \gamma j \sin\theta = 0,$$
$$S - G - C - \beta j \sin\theta - \gamma j \cos\theta = 0,$$

en ne faisant pas dépasser à β et à γ des valeurs supérieures à celle que comporterait la nature des matériaux employés.

2° *Hypothèse où il n'y a pas disjonction des maçonneries en* **AB**. — Nous ne dirons qu'un mot de l'hypothèse où il n'y a pas disjonction des maçonneries en **AB**.

Cette hypothèse, favorable à la stabilité, n'est guère acceptable que pour un ouvrage de petite ouverture, ou qui vient d'être construit nouvellement. Et, en effet, si l'ouvrage a un peu d'importance par ses dimensions et si déjà il a subi des variations de surcharge, de sous-pression ou même de température, qui auront promené plusieurs fois de l'intrados à l'extrados la résultante des actions à la clef, en ouvrant le joint alternativement en haut et en bas, il paraît bien probable que les mortiers n'auront pas résisté longtemps à ces épreuves répétées, et que l'adhérence aura été détruite à la clef.

Dans les circonstances où l'hypothèse serait acceptable, on pourrait vérifier de la manière suivante la solidité d'un ouvrage.

On déterminerait, comme nous l'avons indiqué plus haut, les valeurs positives ou négatives de Q pour les différentes sous-pressions auxquelles l'ouvrage peut être soumis. En portant ces valeurs dans l'équation (9), elle indiquerait pour chaque sous-pression les joints où la force N serait positive et ceux où elle serait négative.

Sur les joints où la force N serait positive, l'équation des vitesses virtuelles conduit à la relation

$$S - G - C = (Q + T)\frac{f\cos\theta - \sin\theta}{\cos\theta + f\sin\theta} + \frac{\gamma j}{\cos\theta + f\cos\theta},$$

qui est la même que quand il y a disjonction.

Cette relation, en y faisant $\gamma = 0$, serait celle qui ferait connaître l'effort qui serait nécessaire pour retirer un coin serré entre deux surfaces.

Quant aux joints pour lesquels la valeur de N est négative, l'équation des vitesses virtuelles

$$\frac{\delta x}{\delta y}(Q + T + \beta j\cos\theta - \gamma j\sin\theta) + S - G - C - \beta j\sin\theta - \gamma j\cos\theta = 0$$

ne fournit plus qu'une relation; elle est toujours satisfaite dès qu'on a

$$S - G - C - \beta j\sin\theta - \gamma j\cos\theta = 0,$$

parce que le seul déplacement compatible avec les liaisons du système correspond à $\dfrac{\delta x}{\delta y} = 0$.

Si l'on avait besoin de faire disparaître l'indétermination, on pourrait, dans la pratique, exprimer les actions β et γ assez exactement en fonction l'une de l'autre.

Pour cela, considérons une section parallèle à *mn*, et qui en est distante d'une quantité ε très-petite.

Quand cette section glisse dans son plan d'une quantité $\delta y\cos\theta + \delta x\sin\theta$, on admet qu'on peut poser

$$\frac{\delta y\cos\theta + \delta x\sin\theta}{\varepsilon}\,G = \gamma.$$

On admet également que, quand cette section se déplace par une translation perpendiculaire à son plan d'une quanlité $\delta y \sin\theta - \delta x \cos\theta$, on peut écrire

$$\frac{\delta y \sin\theta - \delta x \cos\theta}{2} E = \beta.$$

On regarde approximativement comme constant le rapport $\dfrac{E}{G}$; nommons-le n, on aura

$$\frac{\beta}{\gamma} = n \frac{\sin\theta - \dfrac{\delta x}{\delta y} \cos\theta}{\cos\theta + \dfrac{\delta x}{\delta y} \sin\theta}.$$

Dans la question que nous traitons $\dfrac{\delta x}{\delta y} = 0$, il vient donc

$$\frac{\beta}{\gamma} = n \frac{\sin\theta}{\cos\theta},$$

qui fait disparaître l'indétermination.

Les valeurs qui seront atteintes par β et γ ne devront pas dépasser les limites que donne l'expérience pour chaque nature de matériaux.

Nous avons, en commençant, distingué deux cas dans la condition des ouvrages : celui où la culée est logée dans un terrain très-résistant s'opposant à tout renversement à l'extérieur, et celui où la culée ne s'appuie que contre un terrain sans résistance, qui la laisse dans les mêmes conditions que si elle était isolée dans l'espace.

Nous venons de nous occuper du premier cas; nous allons maintenant examiner brièvement le second.

Quand l'eau dont nous allons élever graduellement le niveau s'introduit sous la voûte, elle exerce contre les pieds-droits d'abord, et contre la douelle ensuite, une pression qui vient s'ajouter à la poussée pour renverser les maçonneries au dehors.

La pression exercée par l'eau, la poussée à la clef et le poids des maçonneries et de la surcharge représentent des forces qui, transportées au centre de gravité de la base des fondations, y donneront une résultante et un couple.

Si ce couple tend à faire tourner le massif vers l'extérieur, les matériaux subiront une déformation élastique, la compression sur la base de la culée diminuera à l'intrados et augmentera à l'extrados, un mouvement se produira qui, multiplié par la hauteur de l'ouvrage comme bras de levier, sera bien vite suffisant pour soumettre la voûte à une traction, y produire une cassure et, en la rendant moins résistante aux sous-pressions, en hâter la chute.

Si le couple tend au contraire à faire tourner la maçonnerie vers l'intérieur, on sera dans les mêmes conditions que si la culée était buttée par un terrain incompressible.

En conséquence, pour assurer la stabilité d'un ouvrage quand la culée ne sera pas soutenue par un sol très-résistant, on devra établir la culée avec une épaisseur suffisante pour qu'en transportant au centre de gravité de la base le poids de la maçonnerie, celui de la surcharge, la poussée à la clef, enfin les forces représentant la plus grande sous-pression à laquelle l'ouvrage doit résister, on obtienne un couple nul ou tendant à faire tourner vers l'intérieur de la voûte.

83. *Expériences sur la résistance des voûtes à la sous-pression.* — Les considérations que nous venons d'exposer sur la manière de calculer la résistance qu'une voûte peut opposer à l'effort d'une sous-pression qui tend à la renverser sont assez délicates, et, comme elles conduisaient à des résultats différents de ceux qu'on admet généralement, nous avons pensé, avant de présenter le projet de l'aqueduc de Condé, devoir appuyer nos propositions par des résultats d'expériences exécutées sur une grande échelle.

Dans ce but, nous avons, au mois de mai 1868, fait construire en grandeur d'exécution 1^m,55 de longueur de l'aqueduc projeté, et nous avons fermé les têtes avec des madriers soigneusement calfatés et maintenus par des tirants, de manière à constituer sous chaque voûte, entre ces deux diaphragmes, des compartiments de 1^m,10 de largeur hermétiquement clos (*Pl. 4*).

Les deux compartiments communiquaient par une

ouverture carrée de $0^m,15$ de côté, qu'on avait ménagée au bas de la pile.

Des pompes foulantes, manœuvrées par un nombre d'hommes suffisant, pouvaient refouler de l'eau dans les compartiments avec une pression qu'on mesurait exactement à l'aide de manomètres à air libre, fixés contre les diaphragmes.

Les maçonneries n'étaient exécutées que depuis seize jours; les mortiers étaient fabriqués avec la chaux éminemment hydraulique de Ville-sous-la-Ferté et du sable de la Marne; le béton était composé de la même chaux mélangée avec du gravier, et le moellon était de la meulière.

Le mètre cube de la maçonnerie pesait sensiblement en moyenne 2000 kilogrammes.

Les mortiers, au moment des expériences, n'offraient encore qu'une faible adhérence.

Les dispositions étant bien prises, on commença les épreuves : les compartiments se remplirent sans qu'on remarquât aucun mouvement; mais au bout de peu d'instants, alors qu'on venait d'atteindre la sous-pression correspondant à $H = 1^m,15$, les deux voûtes se fissurèrent, suivant des lignes parfaitement symétriques b, b, et les voies d'eau qui s'y déclarèrent ne permirent pas de pousser plus loin la pression.

Les deux voûtes s'étaient brisées par un renversement des culées au dehors, mais les fissures se resserrèrent dès qu'on cessa de manœuvrer les pompes.

En faisant le calcul que nous avons indiqué plus haut, on trouve qu'à partir de la pression correspondant à $H = 0^m,63$, le couple résultant du transport des forces au centre de gravité de la base du pied-droit commence à faire tourner la culée vers l'extérieur.

Après cette expérience, on démonta les diaphragmes, on répara les voûtes en fermant les joints des fissures avec du iment; on mit obstacle au renversement des culées en les maintenant par des tirants en fer placés de chaque côté de la construction; on remit en place les diaphragmes, et l'on entreprit une nouvelle expérience.

La résistance se trouva de beaucoup augmentée, et c'est seulement quand on atteignit la pression manométrique correspondant à $H = 4^m,52$ que la maçonnerie commença à se fissurer, suivant les lignes de rupture *a*, *a*, *a*, et que la partie supérieure se souleva tout d'une pièce.

En faisant, avec l'hypothèse d'une disjonction à la clef, les calculs que nous avons indiqués plus haut, on trouve que la rupture par soulèvement aurait dû se produire sous la pression qui correspond à $H = 3^m,70$; l'augmentation de résistance provient de ce que, l'ouvrage n'ayant pas subi l'action de la surcharge, les tympans n'étaient pas brisés dans le prolongement du joint de rupture, en sorte que la sous-pression avait à vaincre non-seulement le poids de la masse qu'elle soulevait, mais encore l'adhérence qui l'attachait aux maçonneries inférieures.

Ces expériences confirment donc l'exactitude des considérations théoriques que nous avons présentées.

84. *Conclusions pratiques.* — Afin de tirer des conclusions pratiques de ce que nous venons d'exposer, nous dirons que, dans un grand nombre de circonstances, il y aura avantage à substituer aux tuyaux en fonte, dans les aqueducs qui siphonent, des voûtes en maçonnerie établies d'après les conditions suivantes :

1° On adoptera pour courbe d'intrados une ellipse surbaissée qui, à égalité de débouché, permet d'augmenter l'épaisseur de la voûte à la clef (le surbaissement à $\frac{1}{5}$ paraît convenable).

2° On terminera l'ouvrage horizontalement par des tympans qui puissent résister à une pression transversale, et qui viennent butter contre des redants ménagés sur l'extrados de la voûte.

3° Si l'aqueduc est logé dans un terrain solide, on appuiera les maçonneries des culées contre les parois des fouilles. Si le terrain n'est pas solide, on donnera aux culées une épaisseur telle, que, lorsque aura lieu la plus grande sous-pression, la résultante de toutes les forces qui agiront sur une demi-voûte vienne rencontrer la base des fondations à l'intérieur de l'ouvrage, par rapport au centre de gravité de cette base des fondations.

4° En menant les deux plans de joint, qui font, avec le plan diamétral vertical, des angles de 40 degrés, on détachera de la voûte un solide dont le poids, augmenté de la surcharge qu'il supporte, devra être supérieur à la composante verticale de l'action exercée par la sous-pression sur la partie de douelle comprise entre les deux plans.

§ 5. — Ouvrages régulateurs du niveau de l'eau.

85. *Ensemble des ouvrages régulateurs.* — Sur tous les canaux, il est nécessaire d'établir des ouvrages convenablement répartis, qui permettent d'y régler à volonté l'introduction, la sortie et la hauteur des eaux ; sur les canaux à pente et qui ont un peu de longueur, cette nécessité s'impose plus impérieusement encore. Voici comment on y a satisfait sur le canal de Condé.

En tête de la dérivation et dans la traversée de la ville de Châlons, on trouve les vannes des siphons du Jard et celles du moulin des Mariniers qui permettent de fermer complétement l'arrivée des eaux. Ces deux systèmes existaient avant nos travaux.

Le canal Saint-Martin est maintenant réuni au canal latéral par une branche navigable qui contourne la ville à l'ouest. En tête de cette branche et sous le pont qui sert à la franchir, nous avons établi un barrage à deux rangs de poutrelles, dont la *Planche* 5 donne le détail, et qui permet d'isoler, quand il en est besoin, les eaux du canal latéral de celles du canal d'amenée.

Le canal Saint-Martin, près du village de ce nom, traversait le canal latéral au moyen d'un aqueduc composé de quatre ouvertures ; nous les avons fermées par des vannages mobiles qu'on lève à volonté pour écouler le trop-plein du canal dans la Marne, ou pour le mettre à sec dans les moments de réparation.

A côté de cet aqueduc, à l'origine du canal d'amenée proprement dit, il fallait pouvoir régler l'introduction de l'eau d'après les besoins de l'alimentation, et un vannage y était nécessaire. On l'a rattaché au pont dit *de Saint-Martin*, qui sert ainsi d'ouvrage de prise d'eau, et qu'on a disposé en vue de remplir sa double destination.

Au passage du ruisseau de la Veuve, sur le territoire de Juvigny, à peu près à moitié route de Saint-Martin à Condé, nous avions à construire un aqueduc. Nous l'avons muni d'un déversoir de superficie et d'un déchargeoir de fond, dont les dimensions sont en rapport avec la puissance de débit du ruisseau.

Enfin, près du bâtiment des machines, outre les vannes motrices dont la manœuvre est commandée par la marche des turbines, il fallait disposer des ouvrages régulateurs d'une grande puissance pour mettre le bief à sec et pour rendre impossible le trop grand exhaussement de la retenue, même dans le cas où la surveillance des mécaniciens serait en défaut. Ces ouvrages de l'usine se composent d'un grand déversoir de superficie et de quatre vannes de fond.

86. *Choix de la fonte pour les vannages.* — Pour former ces vannages, dont quelques-uns ont des dimensions assez grandes et sont soumis à de fortes pressions, le bois convenait peu. Il est encombrant, il est d'un entretien difficile, il oblige à des dispositions qui rendent les manœuvres plus pénibles ; aussi on était conduit tout naturellement à construire ces vannages en métal, et nous avons choisi la fonte pour les motifs que voici.

Le fer, dans les eaux de la Marne, s'oxyde assez rapidement, malgré les peintures et les goudronnages, qui, dans un courant, sont bien vite enlevés ; la fonte, au contraire, semble se conserver assez intacte.

La fonte, qui résiste parfaitement à la compression, tandis qu'à la traction elle ne peut supporter que de faibles efforts, est une excellente matière pour composer non-seulement des objets soumis à des pressions, mais encore ceux qui travaillent par flexion et dont les formes permettent dans une section d'avoir une grande surface pour les parties tirées et une faible pour les parties comprimées. C'est justement ce qui arrive pour les vannages.

Une plaque de fonte, armée de nervures, travaille dans de très-bonnes conditions si on lui fait fermer une ouverture contre l'eau et si l'on a soin de tourner les nervures vers l'amont. Alors, en effet, la fibre neutre est très-voisine de la plaque; les efforts de traction qui s'exercent dans celle-ci sont faibles par cette raison et parce que la surface est grande, tandis que les nervures supportent une forte compression, qui convient à la nature du métal.

L'application de la fonte à la construction des vannages est donc très-rationnelle, et elle l'est d'autant plus qu'il n'y a dans cet emploi à redouter aucun choc.

Les nombreuses vannes établies sur le canal d'amenée, et qui fonctionnent depuis la fin d'octobre 1869, se comportent parfaitement et elles constituent des modes de fermeture d'une étanchéité absolue.

Nous verrons plus loin, en faisant connaître les chiffres de dépense, qu'elles ont, en outre, l'avantage d'être très-économiques d'établissement.

87. *Mode de levage des vannes.* — Toutes les vannes se manœuvrent au moyen de vis en fer tournant dans des écrous en bronze. Les vannes de petite dimension n'ont qu'une vis centrale, les autres en ont deux placées sur le côté et reliées par des engrenages qui en rendent les mouvements solidaires. Nous avons eu soin de tenir toujours la partie filetée et l'écrou au-dessus de l'eau pour obtenir un graissage facile et efficace.

Les vis présentent le grand avantage d'arrêter la vanne à la hauteur que l'on veut, sans avoir la crainte qu'elle redescende brusquement par son poids, comme il arriverait avec d'autres systèmes, si l'on oubliait de mettre en place l'arrêt dont il faut les munir.

Les vis sont de mauvais organes de transmission au point de vue mécanique, à cause du frottement qui naît de leur mise en jeu, mais on y peut remédier par une augmentation du rapport des engrenages, qui n'a d'autre effet que de rendre la manœuvre un peu plus lente, ce qui, loin d'être un inconvénient, est ici plutôt un avantage, parce qu'on rend ainsi impossibles les trop rapides modifications de débouché, qui introduiraient brusquement dans les canaux des masses d'eau dangereuses. Nous avons profité de cette nécessité de lenteur dans les manœuvres pour disposer les engrenages de telle sorte qu'il suffise partout d'un seul homme pour lever une vanne.

Passons maintenant à l'examen de chaque ouvrage régulateur en particulier.

88. *Vannage de l'aqueduc de Saint-Martin* (*Pl.* 10). — L'aqueduc de Saint-Martin est formé de quatre passages qui, près des têtes, sont des voûtes en plein cintre de 2 mètres d'ouverture, portées sur des pieds-droits de $1^m,3o$.

La fermeture d'une tête se compose d'une partie fixe répondant au cintre et d'une vanne mobile de $1^m,3o$ de hauteur répondant au pied-droit.

La vanne repose sur un seuil en fonte quand elle est mise à fond, et dans son mouvement elle est maintenue par des glissières en fonte, encastrées dans les avant-becs de l'ouvrage. Les contacts sont rendus parfaits par le dressage soigné des surfaces.

La plus forte pression que ce vannage ait à supporter répond à une charge de $3^m,83$ sur le seuil.

En considérant la vanne comme un solide posé sur les glissières comme appuis, et supportant une charge uniformément répartie sur la distance, on trouve que la compression sur l'extrémité des nervures est $3^{kg},1$ par millimètre carré, et que la traction sur la plaque atteint $0^{kg},8$ par millimètre carré.

Le levage se fait au moyen d'une vis commandée par un engrenage, un pignon et une manivelle, et dans le cas de la plus forte charge, il exige sur la manivelle un effort de 14 kilogrammes.

89. *Vannage du pont Saint-Martin* (*Pl.* 9). — Le pont de Saint-Martin est formé de trois arches de $3^m,4o$ d'ouverture, séparées par des piles de $0^m,90$ d'épaisseur. Le tirant d'eau peut s'élever jusqu'à $2^m,20$, et le vannage avait à satisfaire, à la condition que l'une des vannes pût se monter assez haut pour permettre, en vue du transport des matériaux d'entretien, le passage d'un bateau de 3 mètres de largeur et de $1^m,20$ de hauteur au-dessus du plan d'eau le plus élevé.

Chaque vanne se compose de trois plaques, armées de nervures, se joignant sur des portées bien rabotées et maintenues au contact par des boulons de serrage.

En supposant un tirant d'eau de $2^m,20$ à l'amont et le canal à sec à l'aval, le travail du métal à la compression ne dépassera pas $3^{kg},20$ par millimètre carré, et le travail à la traction $0^{kg},08$ également par millimètre carré.

Le levage de chaque vanne se fait au moyen de deux vis filetées en sens contraire et auxquelles un mouvement égal est communiqué par des engrenages agissant sur un arbre commun.

Nous avons calculé, de la manière suivante, l'effort que devra exercer sur la manivelle l'agent chargé de lever la vanne à l'instant où, les eaux atteignant une hauteur de $2^m,20$ à l'amont, le canal sera à sec à l'aval.

Nommons :
Q la force verticale nécessaire pour soulever la vanne ;
T le travail moteur à appliquer à chaque vis pour lui faire faire un tour ;
T_1 le travail moteur à appliquer sur l'arbre horizontal pour faire faire un tour aux deux vis ;
T_2 le travail à appliquer au second arbre pour faire faire un tour aux deux vis ;
T_3 le travail moteur à appliquer à la manivelle pour faire faire un tour aux deux vis ;
$r' = 0^m,02$ le rayon moyen de la surface héliçoïdale d'une vis ;
$r'' = 0^m,027$ le bras de levier du frottement de la surface de l'embase qui supporte la vis ;
$h = 0^m,01$ le pas de la vis ;

$f = 0^m,10$ le coefficient de frottement des filets et de l'embase, qu'on peut toujours tenir bien graissés, puisqu'ils sont hors de l'eau;

$p = 0^m,11$ et $p' = 0^m,45$ les longueurs des perpendiculaires à la génératrice de contact des engrenages coniques, en les supposant prolongés jusqu'aux axes des engrenages;

$a = 0^m,031$ le pas des engrenages coniques;

$n = 10$ le nombre des dents des pignons des engrenages cylindriques;

$n' = 25$ le nombre des dents des roues.

On a, d'après Navier et Coriolis,

$$T = 2\pi\,\frac{Q}{2}\left(r'\frac{h + 2\pi r'f}{2\pi r' - fh} + r''f\right) = 2\pi\,\frac{Q}{2} \times 0,0063,$$

$$T_1 = 2T\left(1 + \frac{fa}{2}\frac{p + p'}{pp'}\right) = 2T \times 1,0175,$$

$$T_2 = T_1\left[1 + f\pi\left(\frac{1}{n} + \frac{1}{n'}\right)\right] = T_1 \times 1,044,$$

$$T_3 = T_2\left[1 + f\pi\left(\frac{1}{n} + \frac{1}{n'}\right)\right] = T_2 \times 1,044;$$

en multipliant ces quatre équations membre à membre, et en réduisant, il vient

$$T_3 = 2\pi Q \times 0,0068.$$

Un tour de vis correspond à $12\frac{1}{7}$ tours de la manivelle; dès lors, l'effort cherché étant désigné par X, on aura

$$T_3 = X \times 2\pi \times 0,25 \times 12,5.$$

Q, en prenant $0,20$ pour le coefficient de frottement des vannes sur les glissières, a pour valeur 4000 kilogrammes. On en tire $X = 8^{kg},9$, c'est-à-dire que l'effort à exercer sur la manivelle, pour soulever les vannes dans les conditions les plus difficiles, est toujours au-dessous de la puissance que peut développer un homme ordinaire.

La manœuvre des vannes de Saint-Martin est lente, mais ces vannes servant à régler par leur ouverture l'introduction de l'eau dans le canal d'amenée, cette lenteur est un avantage, puisqu'elle écarte le danger qu'il y aurait pour les digues à lancer brusquement dans le canal un flot considérable, et en réduisant l'effort à exercer sur la manivelle, elle permet au garde, chargé de surveiller et de régler le régime des eaux, de manœuvrer lui-même le vannage sans avoir besoin de l'aide d'un autre agent.

90. *Vannage de l'aqueduc de la Veuve* (*Pl.* 3). — Le ruisseau de la Veuve n'est pas capable d'un grand débit, aussi nous avons limité la partie mobile du vannage à 1 mètre de hauteur et, comme dans les chômages et les mises à sec l'eau ne coulera plus sur le fond qu'avec une faible profondeur, nous avons donné à l'ensemble des vannes toute la largeur de l'aqueduc. La partie supérieure du vannage est fixe et fonctionne comme un déversoir qui vient s'ajouter au déversoir en maçonnerie de 3 mètres de largeur qui a été ménagé sur la tête amont.

Afin de mettre hors de l'eau la partie filetée de la vis, c'est l'écrou qui est mobile et qu'on manœuvre, sans intermédiaires d'engrenages, avec une clef dont le bras de levier de o^m,5o suffit pour réduire à 6 kilogrammes l'effort à exercer.

91. *Déversoir et vannes de fond près de l'usine* (*Pl.* 11). — Le canal d'amenée est, dans une partie de son parcours, au-dessus des terrains qu'il traverse; il domine même les maisons des villages de Vraux et d'Aigny dont il s'approche, et si, de plus, on considère qu'en le prenant seulement à partir de Saint-Martin, il descend jusqu'à l'usine sur 14176 mètres avec une pente de o^m,10 par kilomètre, qui le met à Condé à un niveau de 1^m,42 plus bas qu'aux vannes de prise d'eau, on reconnaîtra l'indispensable nécessité d'avoir près du bâtiment des machines des vannes de décharge d'une puissance de débit égale à celle du canal, et pour parer au manque de vigilance des hommes chargés de leur manœuvre, de les accompagner d'un déversoir de superficie, c'est-à-dire d'un système exempt de tout mécanisme, fonctionnant malgré ce qui peut survenir, et qui soit capable à lui tout seul de débiter, sans exiger un trop grand relèvement du plan d'eau, tout le volume que le canal est capable de conduire.

Ce plus grand débit du canal d'amenée se détermine comme il suit :

Le canal Saint-Martin étant en communication avec le canal latéral à la Marne, le niveau de ses eaux est l'objet de la plus grande surveillance de la part des éclusiers, et ne peut d'ailleurs dépasser le couronnement des ouvrages; il est donc limité, et cette limite donnant à l'origine du canal d'amenée près des vannes Saint-Martin une profondeur d'eau de $2^m,20$, le débit du canal correspondant à cette profondeur sera le plus grand volume auquel les ouvrages régulateurs devront donner passage. Ce volume, d'après les formules de M. Bazin, est de $13^{mc},67$ par seconde.

La hauteur des digues du canal d'amenée, au-dessus du plafond, est sur les derniers kilomètres, près de Condé, de $2^m,80$, et le niveau normal de la retenue, près des machines, est à $2^m,20$. Nous avons pensé que les eaux ne devaient jamais pouvoir monter à plus de $2^m,50$, ce qui laissait encore une revanche de $0^m,30$ aux digues, et que, par conséquent, il fallait que le déversoir fût capable de débiter $13^{mc},67$ par seconde sous une lame de $0^m,30$ d'épaisseur.

Cette condition, même en arrondissant la crête en quart de rond, ce qui, d'après les expériences de M. Boileau, porte à $0^m,48$ le coefficient de la formule $Q = m\mathrm{LH}\sqrt{2g\mathrm{H}}$, obligeait à donner au déversoir une longueur de 39 mètres.

Un déversoir d'un pareil développement était difficile à loger, et la difficulté était encore augmentée de la circonstance que son couronnement étant à la cote 78,46, et celui de l'étiage de la Marne étant à la cote 71,54, c'était d'une hauteur d'environ 7 mètres qu'il fallait laisser tomber une masse d'eau considérable.

Nous avions eu d'abord la pensée de faire la décharge par un siphon qui, utilisant la chute, n'aurait eu que des dimensions assez restreintes, mais nous y avons renoncé devant la crainte des obstructions que n'auraient pas manqué de produire les herbes qu'aux époques du faucardement e canal charrie en quantités énormes. Un déversoir à ciel ouvert, l'expérience l'a prouvé, était seul admissible.

Nous l'avons construit en métal, et avec les dispositions que nous avons adoptées, non-seulement il est économique, mais il tient peu de place.

Le déversoir est formé de deux lignes parallèles de plaques verticales en fonte, reliées par des entretoises et enfermant au milieu du canal un espace allongé dans lequel viennent tomber les eaux de déversement. Après cette première chute, les eaux descendent par trois tuyaux en fonte de 1 mètre de diamètre, plongeant par le pied dans un large puisard où elles viennent éteindre en tourbillonnements la force vive dont elles sont animées. De là elles se rendent dans le canal de fuite, en sortant du puisard, par un déversoir de 16 mètres de longueur construit en maçonnerie.

Pour que le volume de $13^{mc},67$ puisse passer par les trois tuyaux de 1 mètre, il faut une pression H donnée par l'équation

$$m \frac{3 \pi d^{2}}{4} \sqrt{2gH} = 13,67,$$

dans laquelle on doit faire $d = 1,00$, et à cause de l'évasement des orifices, $m = 0,82$. On en déduit

$$H = 2,57.$$

Dans ses plus grandes crues séculaires, la Marne monte, à Condé, à 75,29; il faudra donc, pour qu'on puisse pendant sa durée débiter 13,67, que l'eau, dans la caisse du déversoir, s'élève à

$$75,29 + 2,57 = 77,86,$$

c'est-à dire à $0^{m},60$ en contre-bas du couronnement.

Quatre ouvertures de fond, de 1 mètre de hauteur et de $1^{m},38$ de largeur chacune, sont ménagées dans les plaques du déversoir; elles sont fermées par des vannes qu'on peut manœuvrer depuis l'intérieur du bâtiment des machines en exerçant, sur une manivelle de $0^{m},25$, un effort de moins de 7 kilogrammes.

Comme pour les vannes de l'aqueduc de la Veuve, et pour

éviter de mettre la partie filetée dans l'eau, c'est l'écrou qui est mobile et qui tourne sous l'action des engrenages.

Les quatre vannes forment ensemble un débouché de $5^{mq},52$, en sorte que, pour une différence de niveau H, elles peuvent débiter par seconde un volume

$$Q = m \times 5,52 \sqrt{2gH}.$$

En supposant le coefficient $m = 0,62$, il suffit que l'on ait $H = 0,82$ pour que le débit atteigne 13,67.

Les vannes seront donc plus que suffisantes la plupart du temps pour écouler ce plus grand volume sans faire dépasser à la retenue le niveau normal, et ce sera seulement pendant la courte durée d'une crue exceptionnelle, pendant laquelle le niveau devrait s'élever dans l'intérieur du déversoir jusqu'à $0^m,60$ en contre-bas du couronnement pour que les 13,67 puissent passer par les tuyaux, qu'il faudra que l'eau du bief monte un peu au-dessus du niveau normal et que le déversoir vienne en aide aux vannes. Dans ce cas, il suffit de le surmonter d'une lame de $0^m,07$;

	mc
Alors les vannes débiteront............	12,38
Le déversoir........................	1,28
Total.	13,66

Les plaques de fonte qui constituent le déversoir ont $2^m,20$ de hauteur et $1^m,50$ de longueur; elles reposent sur le fond du canal, où elles sont maintenues par des boulons scellés dans la maçonnerie du radier; elles sont attachées aux plaques voisines par des boulons de $0^m,02$ de diamètre, qui traversent les nervures verticales, et, en outre, chaque plaque est reliée à celle qui lui fait face par une entre-toise qui maintient l'écartement et qui donne par ses larges appliques de la rigidité au système.

Nous avons calculé la résistance d'une de ces plaques en l'étudiant dans sa flexion horizontale et dans sa flexion verticale.

Pour la flexion horizontale, nous avons négligé l'effet des boulons de scellement; mais, tenant compte des boulons qui la réunissent à ses voisines, nous l'avons considérée comme un solide de $1^m,50$ de longueur, encastré à ses extrémités et supportant par mètre courant une charge uniforme.

La flexion horizontale, ainsi estimée, produirait dans les nervures horizontales une traction ne dépassant pas $0^{kg},6$ par millimètre carré, et dans la table une compression atteinant seulement $0^{kg},09$ par millimètre carré.

Pour étudier le travail qui résulte de la flexion dans le plan vertical, nous avons regardé une plaque comme un solide portant seulement sur deux appuis, placés l'un à une des extrémités, qui est le pied de la plaque, l'autre à une distance de $1^m,20$ du premier et supportant une charge qui va croissant proportionnellement à partir de l'extrémité libre.

Nommons (*Pl.* 20, *fig.* 10) :

H la hauteur des plaques ;
L la longueur d'une plaque ;
h la distance du point d'appui B au couronnement A ;
x la distance d'un point considéré au couronnement A ;
M la réaction de l'appui B ;
N la réaction de l'appui C.

On a

$$M = 1000^{kg} \frac{LH^3}{6H - h} \quad \text{et} \quad M + N = 1000^{kg} \frac{LH^2}{2}.$$

Si l'on considère un point placé entre A et B, à une distance x de A, on aura

$$(1) \qquad \frac{RI}{\rho} = 1000^{kg} \frac{Lx^3}{6},$$

et pour un point situé entre B et C, à une distance x du point A, on aura

$$(2) \qquad \frac{RI}{\rho} = 1000 \frac{Lx^3}{6} - M(x - h) = \frac{1000L}{6}\left(x^3 - H^3 \frac{x - h}{H - h}\right).$$

En discutant les équations (1) et (2), on voit que le moment de flexion $\dfrac{RI}{v}$ va en croissant à mesure qu'on s'éloigne de A vers B, qu'au delà de B il va d'abord en diminuant, devient nul, change de signe, atteint un maximum absolu avec le signe contraire pour $x = 1^m,72$, qu'ensuite sa valeur absolue décroît pour devenir zéro à $x = 2,20$.

Les points de maximum sont donc à $x = 1^m,00$ et à $x = 1^m,72$.

A $x = 1$ la plus grande traction est $0^{kg},42$, et la plus grande compression $2^{kg},7$ par millimètre carré.

A $x = 1,72$ la plus grande traction est $0^{kg},78$, et la plus grande compression $0^{kg},14$ par millimètre carré.

92. *Détails de fonderie.* — Les plaques du déversoir ont présenté quelques difficultés de fonderie qui montrent toute l'importance qu'il faut attacher, non-seulement à la détermination des formes qui entraîne la répartition du métal, mais encore au choix de l'emplacement des coulées. Nous allons donner l'extrait d'une lettre fort intéressante que nous a écrite, au sujet de ces difficultés, le directeur des usines de Dammarie-sur-Saulx, dans lesquelles ont été exécutés nos ouvrages métalliques.

« Le modèle, dit-il, étant établi conformément à vos dessins, nous avons commencé le coulage des plaques au moyen de dix coulées latérales $a, a, a, \ldots$ (*fig.* 11, *Pl.* 20), cinq de chaque côté, dites coulées à talon. Nous opérions ainsi pour que le refroidissement fût plus lent dans les nervures du pourtour que dans les nervures horizontales et dans la table. C'était, du reste, une disposition adoptée avec succès pour beaucoup de plaques à nervures.

» Mais cette fois, il n'en a pas été de même, et il s'est produit en $b — c$ les petites craques que vous savez lors du retrait de la fonte. Nous avons alors pensé que le refroidissement était encore trop lent à l'intérieur et trop prompt à l'extérieur; c'est ce qui nous a conduit à évider ou échancrer la nervure horizontale pour qu'elle se refroidît plus vite, et à recharger les nervures longitudinales en $b — c$

pour y prolonger la durée du refroidissement, et nous avons conservé la même disposition des coulées.

» Malgré cette modification, les craqures ont encore apparu en $b - c$, ce qui nous a beaucoup surpris et nous a fait voir qu'il fallait changer le mode de refroidissement, puisque l'accident continuait à se produire.

» Nous avons donc, en troisième lieu, posé des coulées rondes en d, d, d, d, précisément au-dessus de la nervure horizontale, et nous avons supprimé totalement les coulées à talon a, a, a, employées d'abord.

» Ce dernier moyen nous a parfaitement réussi et aucune craqure ne s'est produite.

» Nous avons conclu qu'il fallait donc, pour éviter ces accidents, faire que l'intérieur de la pièce fût plus long-temps à refroidir que les nervures extérieures, c'est-à-dire le contraire de ce que nous avions fait d'abord.

» La conséquence de ce principe aurait été de rétablir la nervure horizontale dans son entière largeur comme elle était primitivement, mais voyant que les plaques réussis-saient bien ainsi, nous n'avons pas osé chercher le mieux, habitué que nous sommes à voir les prévisions les plus sérieuses déjouées souvent par les résultats dans les opé-rations de fonderie. Les questions de refroidissement sont quelquefois si complexes, que lorsqu'on obtient la réussite pour une pièce difficile on fait sagement de s'en tenir là. »

CHAPITRE IV.

MACHINES ÉLÉVATOIRES.

---

§ I. — Description.

93. *Dispositions générales (Pl. 14).* — En faisant l'étude des dispositions des machines de Condé, nous nous sommes attaché avec le plus grand soin à avoir un système simple, d'un entretien facile, et dont toutes les parties non-seulement fussent en vue, mais encore fussent d'un accès très-commode, afin qu'on n'éprouvât jamais d'hésitation à les visiter fréquemment. Cette pensée, qui a dominé dans la rédaction des projets, nous a conduit au système que nous allons décrire. Elle explique certaines dispositions, qui peuvent paraître onéreuses comme premier établissement, mais dont l'expérience nous montre aujourd'hui que l'entretien retire de sérieux avantages.

Le système mécanique se compose de cinq turbines Kœchlin placées en ligne à 10 mètres de distance l'une de l'autre. Chaque turbine, par l'intermédiaire d'un pignon et d'une roue d'angle, transmet le mouvement à un arbre horizontal dont l'axe, parallèle à la ligne des turbines, est à $3^m,5o$ en contre-haut du niveau normal de la retenue.

Cet arbre est soutenu par un bâti formé de colonnes en fonte reliées par un entablement et entre-toisées par des arcs de même métal.

A droite et à gauche de chacune des trois turbines centrales sont disposées des pompes verticales à double effet, dont le piston monte et descend sous l'action de bielles attachées aux boutons des manivelles, qui sont calées aux extrémités de l'arbre horizontal de la turbine correspondante. Des arbres de conjugaison, placés au même niveau et dans le prolongement des premiers, servent à relier un système au système voisin, et la conjugaison s'établit par un embrayage placé aux boutons des manivelles.

Les angles de calage des diverses manivelles sont réglés de manière à uniformiser le travail d'après le principe des manivelles multiples.

Les deux turbines extrêmes ne sont pas attelées à des pompes comme les trois intermédiaires ; elles ne prennent part au travail que quand la manivelle qui termine leur arbre est embrayée avec le système voisin.

L'eau motrice, avant d'agir sur les turbines, est reçue dans des cabinets rectangulaires formés de plaques de fonte à nervures, dans le genre de celles qui constituent le plancher de l'aqueduc de La Veuve et les parois du déversoir. Nous avons adopté ce système, auquel nous avons attaché une grande importance, parce qu'il nous fournissait, en y fixant les turbines, les bâtis et les pompes, une solide fondation qui rendait toutes les parties tellement solidaires, qu'un tassement même important dans les maçonneries ne pouvait affecter les relations des pièces mécaniques, du moment que l'on prenait la simple précaution d'arrondir un peu quelques-unes des surfaces de contact dans les embrayages des arbres de conjugaison.

Les eaux d'alimentation refoulées par les pompes se réunissent dans un grand tuyau surmonté de trois réservoirs d'air qui uniformisent la pression, et de là, par une conduite forcée, elles s'élèvent en haut du coteau, où elles sont versées dans la rigole qui les mène au bief de partage.

Nous allons examiner en détail les différentes parties du système. Nous indiquerons ensuite, dans les paragraphes suivants, les calculs qui nous ont servi à en déterminer les dimensions principales, et nous donnerons les résultats des expériences que nous avons faites sur le rendement.

94. *Turbines* (*Pl.* 16 *et* 17). — Les grandes variations de la chute qui, de 6^m,92 qu'elle peut avoir à l'étiage, se réduit

à 3^m,12 pendant les grandes crues de la Marne, jointes à l'obligation de marcher sans cesse, ne permettaient guère d'adopter d'autre moteur que la turbine. Parmi les différents systèmes de turbine, nous avons donné la préférence à celui de M. Kœchlin, parce qu'en outre de sa simplicité et de son établissement économique il conserve toujours un bon rendement, et il a l'avantage, qui était précieux pour nous, de placer son mécanisme assez haut pour rester accessible en toutes saisons.

Nous avons déjà donné dans le Livre I (n° 42) une description générale des turbines Kœchlin; nous n'avons pas à y revenir, et nous renvoyons pour les détails aux dessins des *Pl.* 16 et 17.

Les turbines de Condé ont 2 mètres de diamètre extérieur. Ce diamètre, d'après les types de M. Kœchlin, donnait des machines plus puissantes que celles qui nous étaient nécessaires; mais, en l'adoptant, nous y trouvions d'abord l'avantage, tout en laissant aux centres des orifices la vitesse linéaire dont dépend le rendement, de réduire la vitesse angulaire de la roue, ce qui facilitait la transmission du mouvement aux pompes.

Ensuite, en disposant d'une machine plus puissante qu'il n'était nécessaire, nous nous mettions à l'abri de toutes les éventualités et des erreurs qu'on peut commettre dans l'évaluation des résistances à vaincre. Nous croyons qu'il sera toujours prudent dans des cas pareils d'en agir ainsi. Les études théoriques exposées plus haut montrent en effet que, sans altérer le rendement, on pourra, comme nous l'avons fait à Condé, déterminer, au moment de l'essai des machines, les formes et les dimensions des obturateurs à fixer sur la couronne fixe et sur la couronne mobile pour réduire, dans la proportion qu'on jugera utile, les sections d'écoulement de l'eau motrice, et par suite la puissance de la turbine.

A Condé, la section annulaire d'écoulement avait une largeur de 30 centimètres; nous l'avons réduite à 20 centimètres à l'aide de pièces en fonte boulonnées à demeure sur les couronnes.

95. *Vannes motrices.* — Chaque turbine possède au bas de son tuyau fixe un vannage circulaire qu'on lève ou qu'on descend à l'aide d'une crémaillère à laquelle le mécanicien imprime le mouvement en agissant sur un petit volant qui est placé à sa portée. Ce vannage, dont les dessins font comprendre la disposition, constitue, comme nous l'avons dit déjà, un moyen qui altère, il est vrai, le rendement mécanique, mais qui est très-commode pour régler à volonté la vitesse du moteur.

En outre, quand on veut visiter la turbine et la mettre à sec, on l'isole en fermant, à l'aide de vannes, le pertuis qui fait communiquer le bassin d'amont avec la chambre à eau.

Ces vannes (*Pl.* 13) sont construites en fonte, sur le modèle de celles que nous avons déjà fait connaître. Elles constituent une fermeture d'une étanchéité absolue, ce qui donne une grande facilité pour visiter et réparer les turbines. Le pertuis qu'elles ferment étant partagé en deux travées de $2^m,25$ chacune par un poteau en fonte de 25 centimètres de largeur, elles sont ainsi réduites à de faibles dimensions, et la manœuvre en est aisée.

96. *Cabinets d'eau (Pl.* **18** et **19**). — Nous avons dit tout à l'heure l'importance que nous attachions à la rigidité des cabinets d'eau, et le rôle qu'ils avaient à remplir en servant de fondation unique à tout le système de la machine dont nous avons proscrit tout autre point de contact avec le bâtiment.

Ces cabinets d'eau sont formés de plaques de fonte à nervures, reliées fortement les unes aux autres. Le fond, ou partie inférieure, se prolonge de chaque côté en dehors du cabinet et vient servir de support aux colonnes du bâti et aux pompes. A leur partie supérieure, les plaques sont maintenues par des entre-toises qui doivent porter le palier de l'arbre de la turbine, et dont le serrage est assuré par des coins convenablement disposés près des surfaces de jonction.

Les intervalles entre les entre-toises sont remplis par un parquet à jour composé de petits fers à T du commerce, assemblés par des rivures, et qui rend l'accès de tous ces points facile aux mécaniciens.

Les résistances des plaques verticales ont été calculées en les considérant comme des solides appuyés à la base et à la partie supérieure et soumis à la pression horizontale de l'eau, qui varie d'un point à un autre suivant la profondeur.

Les résistances des plaques horizontales ont été calculées comme pour des solides chargés uniformément et reposant à leurs extrémités sur des appuis, en tenant compte toutefois de l'encastrement que produisent ici les assemblages.

Nous avons, comme dans les différents vannages et dans le tablier de l'aqueduc de La Veuve, fait travailler les nervures à la compression et les tables à la traction, ce qui a permis de ne pas dépasser $1^{kg},5$ par millimètre carré pour cette dernière nature d'effort.

Afin de donner plus de masse aux parois de ces cabinets d'eau, on a rempli en maçonnerie de ciment de Portland les cases formées par les nervures.

Un point qui avait une grande importance, et dont nous ne devons pas omettre de parler, était la jonction des parois verticales des caisses avec les bajoyers des pertuis d'arrivée de l'eau. Tout d'abord, on s'était borné à refouiller les pierres à la demande des extrémités des parois métalliques, et l'on avait ensuite garni le joint avec du ciment de Portland. Mais les trépidations inévitables, surtout dans les premiers temps de la marche des machines, et les changements de température causés par l'arrivée de l'eau ne tardèrent pas à ébranler les maçonneries, à les briser et à montrer finalement qu'il fallait renoncer aux joints rigides. On enleva alors le ciment, on ménagea entre la maçonnerie et la fonte un jeu convenable, et l'on y introduisit du chanvre goudronné sur lequel la lame d'une cornière, maintenue par des boulons, presse énergiquement, à la manière d'un presse-étoupe ordinaire.

Ce système de joint empêche les vibrations de se transmettre, il permet la dilatation, et il est d'une étanchéité parfaite.

97. *Transmissions (Pl. 16).* — Les turbines, comme nous l'avons vu dans l'exposé théorique, doivent, pour fournir un bon rendement, être animées, au centre des orifices de leur roue, d'une vitesse qui soit à la vitesse relative de l'eau qui les traverse dans un rapport qui dépend des formes de la machine.

Avec une chute comme celle de Condé, la vitesse des turbines est considérable, et nous verrons plus loin, par les calculs mécaniques qui nous ont servi à déterminer les proportions générales du système, qu'on a dû, pour mettre les pompes dans des conditions de marche convenables, ne donner à la vitesse de rotation de l'arbre qui les mène qu'environ le dixième de celle de l'arbre de la turbine.

Cette transmission s'opère en une fois, à l'aide d'un pignon de $0^m,6283$ de diamètre primitif, monté sur l'arbre de la turbine, et d'une roue d'angle de $5^m,984$ de diamètre primitif, calée sur l'arbre horizontal des pompes.

Les pignons, à cause de leur petit diamètre, ramenant souvent les mêmes dents au contact, on les a construits en fer, en apportant un soin particulier à leur fabrication. A cet effet, on a formé des paquets avec des plaques mises l'une sur l'autre dans le sens perpendiculaire à l'axe de rotation, et on les a corroyés sous des marteaux puissants. Les dents, géométriquement tracées, ont ensuite été taillées à la machine.

Quant aux roues d'angle, dont les dents viennent à peu près dix fois moins souvent au contact, elles sont simplement en fonte et ont été coulées en deux pièces, réunies au montage par des boulons.

Les arbres sur lesquels sont calées ces grandes roues ont 40 centimètres de diamètre au milieu, afin non-seulement d'être en état de transmettre les efforts qui leur sont appliqués, mais encore de n'éprouver qu'une flexion insensible et de posséder une grande roideur que le fonctionnement régulier de pareils engrenages exigeait.

Les manivelles sont en fer comme les arbres; leur bouton décrit une circonférence de 1 mètre de diamètre, qui règle la course du piston, auquel le mouvement est communiqué par une bielle de $2^m,50$ de longueur.

L'embrayage des arbres de conjugaison, qui permettent de rendre solidaires toutes les machines, se fait simplement en saisissant entre deux brides serrées par des boulons, d'une part l'extrémité du bouton qui conduit la bielle, de l'autre un appendice fixé en regard sur la manivelle de l'arbre de conjugaison.

Ce système ne permet d'embrayer qu'en arrêtant les machines, ce qui a l'avantage d'éloigner des causes d'accidents qui seraient sérieux avec de pareilles masses en mouvement si l'embrayage pouvait s'opérer en pleine marche. Le temps nécessaire pour mettre en place ces brides ne dépasse pas vingt-cinq à trente minutes.

Pour faciliter les indications dans le service de chaque jour, nous avons désigné par une lettre l'ensemble de chaque turbine et du système qu'elle commande. Ces lettres, découpées dans des feuilles de cuivre poli, sont attachées en évidence sur la traverse qui porte le palier de l'arbre de la turbine. Nous emploierons dans cette étude, pour la facilité du langage, les mêmes désignations.

La première turbine en entrant porte la lettre E, et les autres successivement les lettres D, C, B, A.

Les systèmes B, C, D commandent directement le mouvement à des pompes que nous désignerons plus loin par les lettres B_1, B_2, C_1, C_2, D_1, D_2. Les systèmes A et E sont des machines de secours qu'on emploie dans les grandes eaux.

Les manivelles qui appartiennent à un même système sont calées à angle droit l'une par rapport à l'autre, et quand les trois systèmes B, C, D sont réunis par les brides d'embrayage, les manivelles se présentent de la manière suivante pour un observateur qui entre dans le bâtiment. D'abord, pour cet observateur, la partie inférieure des grandes roues marche de gauche à droite.

La première manivelle D_2 du système D étant verticale et tournée vers le bas, la seconde manivelle D_1 du même système est horizontale et dirigée à gauche.

La première manivelle C_2 du système C est dirigée à droite, inclinée vers le bas et faisant avec l'horizon un angle de 45 degrés; la seconde manivelle C_1 du système C est dirigée à gauche et d'une manière symétrique.

La première manivelle B_2 de B est horizontale et dirigée à droite, et la seconde manivelle B_1 du même système est verticale et dirigée en haut (*Pl.* 20, *fig.* 12).

98. *Bâtis* (*Pl.* 15 et 16). — Les bâtis, nous l'avons dit plus haut, sont formés de colonnes en fonte solidement entre-toisées et supportant un entablement qui réunit chaque système à son voisin en recouvrant l'espace qui les sépare. Les bâtis jouent un rôle considérable dans l'établissement des machines : ils constituent la base des liaisons des systèmes, et leur rigidité seule assure entre les organes les rapports de position qu'on a pris soin de leur donner au montage.

Il est donc de la plus haute importance d'en bien étudier les formes et de se rendre un compte exact des efforts auxquels ils seront soumis, afin de leur donner des dimensions suffisantes pour maintenir leurs déformations dans des limites qui ne nuiront pas au jeu des mécanismes qu'ils soutiennent.

Nous ne reproduirons pas ici les calculs laborieux qu'on a dû faire pour s'assurer que la rigidité était suffisante avec les dimensions adoptées, et que les flexions, même de pièces assez longues, ne dépasseraient pas une fraction de millimètre.

Nous dirons seulement quelques mots du mode de détermination des efforts auxquels les pièces sont soumises.

Pendant que la machine est au repos, le bâti supporte dans ses différents points des efforts qui résultent de l'action de la gravité, et dont on peut trouver les valeurs au moins d'une manière approchée.

Dès que la machine se met en marche, de nouvelles actions se développent, dont quelques-unes varient d'intensité et même de sens aux divers instants de la révolution de la manivelle.

Nommons F la force à appliquer à un piston pour lui donner le mouvement, force que les expériences que nous rapporterons plus loin indiquent que les réservoirs d'air ont rendue à peu près constante pendant la durée de la course.

Si G est le poids qui, à l'état de repos, pèse sur les colonnes soutenant un palier de l'arbre moteur des pompes, ces colonnes auront à supporter, quand le piston montera, une charge verticale G + F, et quand il descendra, une charge G — F dont la différence avec la première est 2 F. L'effet de cette variation de la charge sera de produire une variation Δl de la hauteur L du bâti, qui sera sensiblement donnée par l'équation

$$\omega \, \mathrm{E} \, \Delta l = 2\,\mathrm{FL},$$

ω étant la section horizontale réduite du bâti et E le coefficient élastique.

En même temps que se produit cette cause de variation de la hauteur L, il naît des actions horizontales qui tendent à faire incliner les bâtis à droite et à gauche et à déformer les entablements.

Quand le piston est en mouvement, la bielle qui le mène et qui fait avec la verticale un angle δ éprouve dans le sens de sa longueur un effort égal à $\dfrac{\mathrm{F}}{\cos \delta}$, et qui est une traction ou une compression, suivant que le piston monte ou descend. Cet effort, en se transmettant au bouton et ensuite à l'arbre, peut se décomposer en une force verticale F et en une force horizontale qui a pour valeur F tang δ. Cette force, en admettant, comme ci-dessus, que l'observateur tourne le dos à la porte d'entrée, est dirigée vers la gauche à toutes les époques de la rotation. Le coefficient tang δ de F, la bielle ayant cinq fois la longueur de la manivelle, varie de zéro à 0,204.

Sur le bouton de la seconde manivelle du même système, il y aura un effort horizontal semblable; mais, comme les manivelles sont à angle droit, l'un des efforts sera à son maximum quand l'autre sera à son minimum.

En outre de ces efforts auxquels il est soumis à ses extrémités, l'arbre moteur reçoit dans son milieu une action provenant du pignon et qui, transportée sur l'axe, représente une pression horizontale dirigée à droite, et dont la valeur approchée peut se déterminer de la manière suivante, en faisant abstraction des variations de la force vive emmagasinée dans les masses en mouvement.

La force F, avons-nous dit, est constante aux différentes époques d'une rotation de la manivelle; il faut, pour la produire, qu'on applique à la circonférence de la roue d'angle une force égale à $F \dfrac{r}{c} \dfrac{\sin(\delta + \beta)}{\cos\delta}$, r étant le rayon de la manivelle, c celui de la roue d'angle et β l'angle que la manivelle fait avec la partie inférieure de la verticale du centre de rotation.

L'autre pompe du même système nécessitera une force exprimée par $F \dfrac{r}{c} \dfrac{\sin(\delta' + \beta')}{\cos\delta'}$, les angles β et β' différant entre eux de 90 degrés.

L'action totale que devra exercer le pignon sera

$$N = F \frac{r}{c} \left[\frac{\sin(\delta + \beta)}{\cos\delta} + \frac{\sin(\delta' + \beta')}{\cos\delta'} \right],$$

et c'est cette action transportée sur l'axe dont nous aurons à étudier les effets.

Nous avons (*Pl.* 20, *fig.* 13) représenté graphiquement le coefficient de $F \dfrac{r}{c}$ par les ordonnées d'une courbe *abcde* en prenant pour abscisses les chemins décrits par le bouton de la première manivelle D_2.

Les ordonnées de la courbe $a_1 b_1 c_1 d_1 e_1$ représentent les valeurs de $\tan\delta$, et celles de la courbe $a'_1 b'_1 c'_1 d'_1 e'_1$ celles de $\tan\delta'$.

Cela posé, partons de l'instant où la première manivelle est verticale et dirigée vers le bas, et à mesure que sa rotation va se faire, suivons la marche des forces.

Pour $\beta = 0$ l'action horizontale de la bielle est nulle en D_2, et en D_1 elle atteint son maximum $0,204\,F$; la force N, qui agit dans la direction contraire, a dans cet instant pour valeur $0,17\,F$. Décomposons-la en deux forces égales que nous transporterons, l'une en D_2, l'autre en D_1; elles s'y composeront avec les actions des bielles et donneront finalement en D_2 une force égale à 0,085 F qui tire l'entablement sur la droite, et en D_1 une force égale à 0,119 F qui tire l'autre entablement sur la gauche.

Pour $\beta = 45°$ les actions des bielles en D_2 et en D_1 sont égales à 0,14 F et $N = 0,27$ F. En décomposant N comme plus haut en deux forces transportées aux extrémités de l'arbre, on a, toute réduction faite, en D_2 une force 0,005 F tirant à gauche, et en D_1 une force pareille tirant également à gauche.

Quand β atteint 90 degrés, l'action horizontale des bielles est égale à 0,204 F en D_2 et nulle en D_1; N est égale à 0,27 F. En décomposant les forces comme ci-dessus, il reste en D_2 une force 0,119 F, qui maintenant tire à gauche, et en D_1 une force 0,085 F qui tire à droite.

Les deux paliers au montage sont mis en regard l'un de l'autre, mais sous l'action de ces efforts qui tirent tantôt à droite, tantôt à gauche, et qui agissent à l'extrémité d'un bras de levier qui a toute la hauteur de l'entablement; des déplacements préjudiciables à la marche de la machine ne manqueraient pas de se produire dans le cours d'une rotation si, par des entre-toisements énergiques et par des dimensions suffisantes données aux pièces, on ne s'était pas opposé à toute flexion sensible du bâti.

Si le système C marche en même temps que le système D sans être conjugué avec lui, il peut arriver qu'à un même instant on ait en D_1 une force 0,085 F tirant l'entablement à droite; et en C_2 une force 0,119 F tirant l'autre extrémité de l'entablement à gauche. Ces forces tendront à déformer l'entablement en ouvrant les angles d'un côté et fermant ceux qui sont opposés.

On a résisté à ces efforts en ménageant des nervures horizontales convenablement disposées.

Après avoir étudié les effets de la marche indépendante des systèmes, il reste à chercher les efforts qui doivent naître quand on les rend solidaires par l'embrayage des arbres de conjugaison.

Pour fixer les idées, supposons que, les systèmes BCDE étant réunis, le mécanicien commence par lever les vannes motrices de la turbine E.

Cette turbine est capable de produire un effort P qui, mesuré à la circonférence des centres des orifices de la roue, a une valeur donnée par l'équation

$$\frac{P v}{\pi Q} = \frac{2 v (U_0 \cos \alpha_0 + w_1 \cos \gamma_1 - v)}{2g} - \frac{w_1^2}{2g} F_1,$$

que nous avons donnée dans le Livre premier (n° 42).

Nous rappellerons seulement que F_1 est égal au rapport $\frac{v}{w_1}$ multiplié par une expression de degré zéro, qui n'est fonction que de $\frac{v}{w_1}$ et des rapports des dimensions de la turbine.

La plus grande valeur de P correspond à $v = 0$; ici, elle sera inférieure à celle qui sera nécessaire pour mettre en mouvement les six pompes attelées aux arbres rendus solidaires.

Cette plus grande valeur de P transformée par les rapports des engrenages fait connaître l'action considérable qui s'exerce sur le bouton de la manivelle D_2 du système D.

De cette action résultent, si la manivelle est verticale, des efforts qui tirent à droite un des paliers voisins de D_2 et l'autre à gauche, et qui tendent avec une grande énergie à déformer la partie correspondante du premier entablement.

Le mécanicien, après avoir levé les vannes de la turbine E, lèvera celles de la turbine D; un nouvel effort s'ajoutera au premier, et ils se transmettront au bouton de la manivelle C_2 du système C, dans une proportion qu'on a pu calculer, sinon exactement, du moins d'une manière suffisamment approchée.

Nous ne nous étendrons pas davantage sur ces calculs, qui ont été laborieux, mais qu'on a dû faire pour s'assurer que les proportions qu'on adoptait donnaient une rigidité suffisante à un système de bâti qu'on avait tenu à isoler de toutes parts, pour laisser à tous les mécanismes un accès

facile et pour écarter les inconvénients des tassements iné-
gaux, qui sont inévitables quand on multiplie les points
d'appui sur des maçonneries différentes.

99. *Pompes.* — Les pompes sont au nombre de six, et
sont placées de chaque côté des trois turbines centrales.

Chaque pompe a $0^m,95$ de diamètre et 1 mètre de course ;
elle est placée verticalement, et se trouve tout entière au-
dessous du niveau de l'eau du canal d'amenée, ce qui sup-
prime l'aspiration.

Le cylindre du corps de pompe forme une pièce distincte,
qu'on pourra enlever et remplacer quand l'usure produite
par le frottement du piston le rendra nécessaire.

Le piston se compose d'un plateau creux en fonte de
$0^m,93$ de diamètre, qui porte comme garniture à la circonférence deux cuirs emboutis, que la pression de l'eau applique contre le cylindre et dont l'un sert à la montée et l'autre
à la descente. Le mode d'attache de ces cuirs mérite de
nous arrêter un instant.

Primitivement, ils étaient simplement placés l'un au-
dessus de l'autre et maintenus ensuite par une couronne en
fonte remplissant le vide ménagé autour du piston ; mais
ils s'usaient rapidement, ils étaient mis hors de service au
bout de quelques mois, et, en les visitant, on les trouvait
coupés le long de la ligne de flexion. Le chef mécanicien,
M. Marette, qui conduit les machines, a eu l'idée d'empêcher cette usure, en interposant entre les deux cuirs un
cercle en bronze tourné suivant le profil qui est figuré sur
les planches 15 et 16.

Ce cercle soutient les cuirs ; il les empêche de se couper
à la ligne de flexion, et l'expérience semble annoncer que,
avec cette disposition, leur durée en service, qui est aujour-
d'hui de près d'une année, atteindra peut-être quinze mois.

Le système de pompes verticales et à piston plein que
nous avons adopté ne nécessite, pour le passage de la tige
du piston dans le couvercle, qu'un joint de dimension res-
treinte, et qu'il est facile d'entretenir étanche ; aussi nous
l'avons préféré au système à piston plongeur, qui, pour des

engins de ce calibre, donne aux garnitures extérieures un développement énorme, augmentant dans une proportion fâcheuse les chances de rentrée d'air si nuisible au rendement.

Les tuyaux d'aspiration et ceux de refoulement ont des sections considérables, qui sont les $\frac{3}{10}$ de celle du cylindre; ils ne présentent pas de changements brusques de direction, et, en armant leurs parois planes d'entre-toises ou de nervures, on a pu leur donner une section rectangulaire, qui rend plus facile leur raccordement avec le cylindre et permet de diminuer la hauteur des pompes, que nous avons pu ainsi tenir au-dessous du niveau de la retenue.

Les tuyaux d'aspiration viennent puiser directement dans les cabinets d'eau par des orifices évasés; nous avons recourbé les tuyaux de l'aspiration supérieure pour permettre aux pompes de fonctionner, alors qu'on devrait, pour une cause quelconque, tenir l'eau dans le canal d'amenée plus bas que le niveau normal.

Les tuyaux de l'aspiration supérieure, entre les caisses à eau et les chapelles des clapets, portent des vannes verticales qu'on peut ouvrir ou fermer à volonté, et dont nous indiquerons plus loin l'objet en traitant des conditions mécaniques du système.

100. *Clapets.* — La détermination de la forme et des dimensions des soupapes ou clapets qui, dans leur mouvement, doivent ouvrir ou fermer, suivant la position occupée par le piston, les orifices d'entrée et de sortie de l'eau, constituent, dans l'étude d'une pompe, la partie la plus délicate et la plus importante.

Nommons :

Ω la section de la pompe;

ma la section contractée de la soupape d'aspiration et de la soupape de refoulement, qui sont semblables ;

a la section du tuyau de refoulement ;

V la vitesse du piston à l'instant considéré;

π le poids du mètre cube d'eau ;

g le coefficient de la pesanteur.

La perte de force vive qu'éprouve l'eau pendant l'élément de temps dt, au passage des soupapes d'une pompe à double effet, est, comme on le sait (NAVIER, *Mécanique appliquée*, IIIe Partie, n° 216),

$$\frac{\pi}{g}\,\Omega\,V\,dt\left[V^2\left(\frac{\Omega - ma}{ma}\right)^2 + \frac{V^2\,\Omega^2}{a^2}\left(\frac{a - ma}{ma}\right)^2\right].$$

Cette expression met en évidence l'avantage qu'il y a, pour obtenir un bon rendement, d'abord à réduire la vitesse du piston, ensuite à faire s'écarter le moins possible de l'unité le rapport $\dfrac{ma}{a}$ de la même section contractée à celle du tuyau de refoulement.

A cette expression de perte de force vive, il faudrait ajouter celle qui résulterait des changements brusques de direction, et qu'il importe soigneusement d'éviter.

En ne considérant que ce côté de la question, on est conduit à donner de grandes sections aux tuyaux de refoulement, à éviter la contraction au passage des soupapes, et à les disposer pour qu'elles démasquent, en s'ouvrant, des orifices dont l'aire soit peu différente de la section des tuyaux de refoulement, sur le parcours desquels, en un mot, il faut chercher à éviter tout changement brusque de vitesse.

Mais il y a d'autres conditions à remplir, et que voici :

Il est indispensable que la soupape puisse être ramenée rapidement sur son siége à l'instant où le piston, atteignant l'extrémité de sa course, va changer le sens de sa marche. Si la fermeture de la soupape de refoulement, par exemple, n'était pas faite entièrement à l'instant du changement de sens de la marche du piston, l'eau qui a dépassé la soupape et qui est à la pression de la conduite ascensionnelle agirait fortement sur le côté d'aval de la soupape, dont le côté amont ne serait plus soumis qu'à une pression beaucoup plus faible, car, le liquide étant à peu près incompressible, le moindre mouvement de retour du piston suffit pour produire un changement de volume qui fait brusquement tomber la pression dans le cylindre. La soupape est alors ramenée énergiquement vers son siége, et, si elle en était assez écartée pour avoir le temps de prendre de la vitesse, elle le choquerait avec une violence à laquelle les organes de la machine ne résisteraient pas.

En même temps, par l'orifice entr'ouvert, les eaux qui avaient été refoulées rentrent dans le corps de pompe, et le rendement en est d'autant amoindri.

Pour parer à ces difficultés, on a eu recours à différents moyens. On a cherché, par l'emploi de matières compressibles, comme le cuir, le bois, le caoutchouc, à empêcher l'effet destructeur des chocs sur les organes. Mais ce ne sont là que des palliatifs qui ne corrigent pas le défaut mécanique et empêchent seulement qu'on ne l'aperçoive.

Un meilleur remède a consisté à réduire la course nécessaire de la soupape, c'est-à-dire le chemin qu'elle a à parcourir pour démasquer les orifices d'écoulement suffisants aux différentes époques de la course du piston, et revenir ensuite sur son siége. Pour cela on a imaginé des dispositions comme celle de la soupape à double siége, en vue d'augmenter la longueur du contour suivant lequel la soupape offre un passage à l'eau lorsqu'elle se soulève, de manière à obtenir une même section d'écoulement avec un soulèvement d'autant plus petit que le contour est plus grand.

M. l'inspecteur général Harlé, dans une Note fort intéressante, qu'il a publiée dans les *Annales des Mines* (4ᵉ livraison de 1865), sur les machines établies par lui à Périgueux, a appelé l'attention des constructeurs sur l'importance du rapport à adopter entre la longueur du contour d'écoulement des soupapes et le débit des pompes.

A Périgueux, pour un débit de 17 litres à la seconde, on a $1^m,31$ de longueur d'écoulement, ce qui correspond à 77 millimètres par litre. Il y a absence complète de choc dans les soupapes.

A Caen, pour un débit de 32 litres à la seconde, la soupape à double siége, de $0^m,28$ de diamètre extérieur, a $1^m,60$ de longueur de contour d'écoulement, ce qui correspond à 50 millimètres par litre. Il y a des chocs, mais ils sont faibles.

A l'établissement d'Oldford à Londres, pour un débit de 370 litres à la seconde, pendant la descente du piston, la soupape à double siége d'un diamètre de 1^m,41 pour la couronne extérieure a une longueur de contour d'écoulement de 8 mètres, ce qui correspond à 21 millimètres par litre. Il y a des chocs assez violents.

De ces chiffres, on peut tirer comme conséquence que, avec les formes ordinaires des soupapes, abandonnées à elles-mêmes, on ne doit pas donner au contour d'écoulement une longueur de moins de 60 millimètres par litre de débit d'une pompe.

Le poids considérable qu'on a donné à quelques soupapes en bronze peut contribuer comme la longueur d'écoulement à en accélérer la fermeture avant le changement de marche du piston, et par là à diminuer l'intensité des chocs. Aussi des constructeurs ont-ils augmenté le poids, ou ont-ils, comme Girard à Saint-Maur, adopté une disposition qui permet de régler à volonté l'effort vertical dont une soupape est capable, en la faisant presser par un ressort dont la tension se règle à l'aide d'une vis, et qui agit sur l'extrémité de la tige de la soupape qu'on a fait sortir de la chapelle au travers d'un petit presse-étoupe étanche.

Mais de l'augmentation du poids de la soupape ou, ce qui revient à peu près au même, de l'action d'un ressort qui la presse, résulte l'inconvénient de donner lieu à une perte de force vive, causée à tous les instants de la marche par l'étranglement qu'éprouve la veine liquide et par le travail qu'on lui fait produire dans des conditions assez désavantageuses pour vaincre l'action de ce poids ou de ce ressort.

L'idéal, pour une bonne soupape, serait d'abord d'être très-légère, et de pouvoir être soulevée sans effort pour offrir au passage du liquide une section libre égale à celle des tuyaux.

Ce serait ensuite, alors que le piston, approchant de la fin de sa course, ralentit sa marche et ne produit plus qu'un faible débit, au passage duquel peut suffire une petite section, que la soupape s'allourdît, qu'elle redescendît vers son siége et que, s'en rapprochant graduellement, elle vînt s'y reposer en même temps que le piston atteindrait la fin de sa course. Nous verrons plus bas comment nous avons cherché à réaliser ces conditions.

Avec nos pompes de $0^m,95$ de diamètre et de 1 mètre de course, devant battre par instant jusqu'à dix coups à la minute, ce qui fournit en moyenne par pompe un débit de 233 litres à la seconde, il fallait pour des soupapes ordinaires à double siége, en prenant le coefficient de 60 millimètres par litre, offrir au passage de l'eau 14 mètres de longueur de contour d'écoulement.

Une seule soupape à double siége, présentant un pareil contour, aurait eu $2^m,50$ de diamètre, et en le répartissant entre deux soupapes, chacune aurait encore dû avoir $1^m,25$. Les chapelles, pour loger de tels organes, eussent été des monuments; on n'y pouvait songer. Nous avons alors imaginé la solution suivante :

Les clapets sont disposés de manière à ne pas gêner le passage de l'eau et à lui éviter tout changement brusque de section et de direction. Ils sont rectangulaires, comme les tuyaux d'aspiration et de refoulement, et en tournant autour de leur axe horizontal et en se soulevant, ils démasquent un orifice ménagé dans leur siége, qui a la même section droite que les tuyaux.

L'axe de rotation des clapets sort des chapelles et porte une petite manivelle dont le bouton reçoit l'action d'une tige à ressort, qui, liée par des transmissions convenables et par un excentrique au mouvement de l'arbre de couche, tire sur le clapet pour l'obliger à redescendre vers son siége à mesure que, le piston se ralentissant, le débit devient moindre, et à être fermé au moment où le piston va changer le sens de sa marche. Pour fixer les idées, considérons le clapet supérieur de refoulement (*Pl.* 15) que la tige va ramener sur son siége.

La tige à ressort est construite de telle sorte (*Pl.* 17) qu'elle peut s'allonger ou se raccourcir suivant la direction de l'effort qui la sollicite.

Bientôt après que le clapet est revenu sur son siége, la tige à ressort cesse d'agir sur le bouton de la petite manivelle; elle change le sens de sa marche et laisse couler, dans la fourchette qui la termine, le bouton qui y glisse à frottement doux jusqu'à ce qu'il en touche le fond.

Alors la tige recommence à agir sur le clapet en faisant effort pour le soulever; le clapet résiste parce qu'il est maintenu par la pression de l'eau, mais la tension du ressort va croissant, et quand le piston change de marche et contre-bute, par une pression dans le cylindre, la pression de la conduite ascensionnelle, le clapet se lève, comme s'il était sans poids, par l'effet de la simple pression du ressort.

Les quatre tiges à ressort des clapets d'un corps de pompe sont commandées par un seul excentrique.

Une étude de la disposition des pièces qui règlent le mouvement des clapets, est représentée (*Pl.* 20, *fig.* 14); elle est analogue à celle qu'on fait chaque jour dans les ateliers de construction de machines à vapeur pour étudier la relation de marche du tiroir et du piston.

Ce système a été complété en ménageant dans les clapets huit ouvertures oblongues de 4 centimètres de largeur sur 16 de hauteur, fermées par de petits clapets indépendants, dont la levée, limitée à 3 centimètres, suffit au passage des eaux au dernier instant de la course du piston.

L'application de ce mécanisme, réglant la marche des clapets, a donné les résultats les plus satisfaisants; les pompes battent jusqu'à neuf coups de piston par minute sans qu'il se produise aucun choc; au delà de neuf coups, on entend certains clapets retomber sur leurs siéges; mais jusqu'à dix tours, qui est la limite extrême de vitesse qu'on pourra obtenir dans les très-basses eaux avec toute la chute, les chocs n'ont rien d'inquiétant.

Il n'en est pas de même si l'on vient à démonter l'une des tiges à ressort et à en supprimer l'action; alors, même aux très-petites vitesses, il se produit des chocs, qui briseraient bien vite les organes.

Nous avons voulu nous rendre compte par expérience de la relation effective de marche du piston et du clapet. A cet effet, nous avons adapté à une pompe un indicateur de Watt, dont le cylindre tournait proportionnellement à la marche du piston, et dont le style était conduit par le mouvement du bouton de la manivelle d'un clapet de refoulement supérieur. Nous donnons (*Pl.* 20, *fig.* 15) la ligne tracée par le style; les longueurs verticales sont proportionnelles au chemin parcouru par le piston, et les longueurs horizontales sont proportionnelles à la levée du clapet. On remarque que le clapet se lève brusquement dès l'origine du mouvement ascensionnel du piston, qu'il reste stationnaire pendant les 0,93 de la levée, après quoi il redescend vers son siége, qu'il atteint très-peu d'instants avant la fin de la course.

101. *Réservoirs d'air.* — Les tuyaux de refoulement versent leurs eaux dans un grand tuyau de $1^m,10$ de diamètre intérieur, placé le long du mur d'aval du bâtiment, et l'on peut, quand il en est besoin, au moyen de clapets de retenue, isoler chaque tuyau de refoulement de la pompe à laquelle il correspond.

Le grand tuyau commun est surmonté de trois réservoirs d'air, qui chacun ont la forme d'un cylindre vertical de $1^m,10$ de diamètre, terminé par une calotte sphérique. La hauteur d'un réservoir est de $6^m,65$ au-dessus du sol de l'usine, et de $5^m,20$ au-dessus du grand tuyau.

Il y a quelques années, on avait coutume pour remplir les réservoirs de disposer des pompes à air, auxquelles le moteur de l'usine imprimait le mouvement; mais on n'a pas tardé à reconnaître que ces pompes étaient inutiles, et que l'air entraîné par l'eau était en quantité plus que suffisante pour alimenter les réservoirs et les tenir constamment pleins.

Chaque réservoir porte à une certaine hauteur un tube indicateur en verre, qui permet de juger de ce qui se passe au dedans. Or, à Condé, le niveau n'en est plus atteint par l'eau, depuis que les joints de la fonte sont devenus complétement étanches et ne laissent pas passer l'air.

Si, ce qui est probable dans ce moment, le niveau de l'eau ne dépasse que très-peu la partie supérieure du tuyau de $1^m,10$, le volume de l'air des réservoirs est de plus de

14 mètres cubes, c'est-à-dire plus de vingt fois le volume d'une cylindrée.

Dans ces conditions, on remarque la plus grande uniformité dans le débit, au point où les tuyaux débouchent dans la rigole et dans la pression de l'eau à l'intérieur des cylindres.

Nous avons pu nous en assurer avec un indicateur de Watt, placé sur la première pompe du système B.

Nous donnons (*Pl.* **20**, *fig.* 16, 17, 18 et 19) les courbes tracées par le style indicateur des pressions.

Les abscisses sont proportionnelles au chemin parcouru par le piston, et les ordonnées sont proportionnelles aux pressions.

Les oscillations rapides du style tiennent à deux causes : la première, que connaissent toutes les personnes qui ont fait des expériences à l'indicateur de Watt sur des machines à vapeur, résulte du crachement d'eau qui avait lieu autour du piston de l'indicateur, lequel est sans garniture; la seconde est due aux oscillations du liquide contenu dans les tuyaux qui mettaient l'indicateur en communication avec le dessus et le dessous du piston.

Ces relevés indiquent que la pression change brusquement avec le sens de la marche du piston, et qu'elle garde assez uniformément la même valeur pendant toute la durée de la course.

§ II. — Établissement du système élévatoire.

102. *Conditions mécaniques.* — Le niveau de la retenue en amont de l'usine ne doit pas dépasser le couronnement du déversoir qui est à la cote 78,46.

L'eau alimentaire est refoulée dans une double conduite qui à son extrémité vient se recourber horizontalement pour déboucher dans la rigole (*Pl.* **24**) par des orifices circulaires dont la partie supérieure est à la cote 97,55, c'est-à-dire au-dessus de l'eau du bassin à $19^m,09$. A-cette différence de niveau, il faut, pour obtenir la hauteur effective d'ascension, ajouter : 1° l'épaisseur de la tranche d'eau, qui surmonte dans la rigole la partie supérieure de l'orifice des tuyaux; 2° la hauteur qui représente la résistance éprouvée par l'eau dans une conduite de 622 mètres de longueur, formée de deux files de tuyaux en fonte de 0ᵐ,80 de diamètre intérieur. Ces deux quantités dépendent du volume d'eau monté, lequel varie de 600 à 1200 litres par seconde; on les peut calculer facilement en prenant les coefficients de Darcy pour une surface en maçonnerie comme celle de la rigole et pour des conduites de fonte en service, et, en les ajoutant à 19ᵐ,09, on obtient la hauteur par laquelle il faut multiplier le poids de l'eau élevée pour avoir la valeur du travail utile à produire par les pompes.

Nous avons dans le tableau suivant réuni les résultats que donne le calcul pour différents débits.

VOLUME d'eau monté par seconde.	HAUTEUR du dessus des orifices.	HAUTEUR de l'eau qui surmonte les orifices.	HAUTEUR représentant la résistance des tuyaux.	HAUTEUR d'ascension effective.	TRAVAIL mécanique en eau montée.
lit	m	m	m	m	km
600	19,09	0,00	1,13	20,22	12132
800	19,09	0,00	1,95	21,04	16832
1000	19,09	0,15	3,17	22,41	22410
1200	19,09	0,30	4,50	23,89	28668

Pour produire ce travail, on dispose d'une chute motrice qui varie de 6ᵐ,92 à l'étiage à 3ᵐ,12 dans les crues extraordinaires, comme celle des premiers jours de janvier 1861.

Nous avons vu, dans le Chapitre I, que les besoins de l'alimentation ne sont pas les mêmes pendant toute l'année, et que, bien que leurs variations ne soient pas parallèles aux variations de la chute, il est certain cependant qu'ils sont moindres pendant la saison des pluies que pendant la période de l'étiage de la Marne.

En faisant la part des circonstances diverses relevées par une étude attentive de la variation des besoins et des chutes, nous avons trouvé qu'il convenait d'établir cinq turbines dont chacune, à l'époque où la chute atteint $6^m,92$, eût la puissance nécessaire pour monter un volume d'eau de 400 litres dans l'hypothèse d'une alimentation de 800 litres, c'est-à-dire fût capable de faire produire à des pompes un travail utile d'au moins $\dfrac{16832}{2}$ kilogrammètres mesuré en eau montée.

En multipliant les turbines, nous écartions une des grandes difficultés que présente l'emploi de ces moteurs.

Si l'on se reporte en effet aux formules que nous avons données dans le Livre I, on voit que le volume d'eau qu'une turbine peut débiter varie à peu près comme le produit de la section d'écoulement multipliée par la racine carrée de la hauteur de la chute, en sorte qu'alors même qu'on la pourrait faire fonctionner dans les conditions de vitesse du maximum de rendement, le travail qu'elle pourra fournir variera à peu près comme le produit de la section d'écoulement multiplié par la puissance $\dfrac{3}{2}$ de la chute. Dès lors, si l'on veut que la force motrice de l'usine n'éprouve pas de trop grandes différences, il faut faire varier dans une proportion considérable la section d'écoulement des récepteurs, la diminuer quand la chute est grande et l'augmenter quand la chute se réduit.

Mais, comme le montre l'expérience et comme l'indiquent nos formules, aucun système pratique d'obturation ne permet de faire subir à une turbine ces variations dans la section d'écoulement sans altérer le rendement, précisément aux époques de bas étiage où l'on a le plus besoin de tirer un bon parti du volume d'eau réduit dont on dispose.

La difficulté disparaît en prenant cinq turbines établies pour fonctionner sans obturateurs et dans de bonnes conditions de marche en basses eaux, et assez puissantes pour qu'avec deux on puisse alors suffire aux besoins de l'alimentation normale. Dès que l'étiage cessera et que la chute diminuera, on mettra en mouvement, à mesure que cela sera nécessaire, une troisième, puis une quatrième, puis une cinquième turbine, qui toutes pourront fonctionner à pleine eau et sans obturateurs. Ce sera, pour obtenir la puissance qu'on veut maintenir, comme si l'on augmentait les orifices d'introduction, sans avoir les inconvénients mécaniques inhérents à tous les systèmes imaginés jusqu'à ce jour.

La multiplicité a en outre l'avantage de laisser presque en tous temps des moteurs en réserve, ce qui facilite les visites soigneuses et les réparations.

Cela posé, voici la marche que nous avons suivie pour calculer les dimensions d'un système élévatoire pouvant monter 400 litres à la seconde en développant un travail utile de $\dfrac{16832^{km}}{2} = 8416$, soit 8500 kilogrammètres.

La hauteur d'ascension de l'eau était assez grande pour assurer à des pompes à piston bien faites un titre de rendement élevé; en même temps on avait la facilité, par une transmission convenablement réglée, de mettre les turbines dans une condition voisine de celle qui est le plus favorable à leur marche; aussi estimant, d'après une appréciation sommaire, à environ 0,70 le rendement des turbines et à un taux pareil celui de la transmission et des pompes, on pouvait, sans crainte de mécompte, adopter 0,50 pour celui de l'ensemble du système.

Nous verrons plus loin, en citant des expériences, que les machines de Condé donnent un résultat bien supérieur; mais, nous l'avons déjà dit et nous y reviendrons, il est essentiel dans ces déterminations de se donner de la marge pour parer aux éventualités qu'on ne saurait d'abord prévoir, et il est toujours facile ensuite de réduire, sans en altérer les conditions de marche, la puissance d'une turbine si on la juge trop grande.

Cette base d'appréciation de 0,50 pour le rendement général étant adoptée, le volume moteur que doit pouvoir dépenser la turbine sous la chute de $6^m,92$ est alors donnée par la relation

$$Q \times 6,92 \times 0,50 = 8,500.$$

On en tire

$$Q = 2456 \text{ litres}, \quad \text{soit } 2500 \text{ litres}.$$

C'est le chiffre que nous avons demandé au constructeur des turbines, en réduisant toutefois la chute à 6,70 pour tenir compte de l'imprévu dans l'établissement de la dérivation des eaux motrices.

Les circonstances de la marche d'une turbine Kœchlin sont, comme nous l'avons démontré (n° 42), réglées par les équations

$$Q = \varpi_1 \omega_1,$$

$$H = \frac{\varpi_1^2}{2g}\left[B + \left(\frac{\omega_1}{S}\right)^2 + 2D\frac{v}{\varpi_1} + F_2 - F_1\right] = \frac{\varpi_1^2}{2g}C,$$

$$\frac{Pv}{\pi QH} = \frac{2\dfrac{v}{\varpi_1}\left(\dfrac{\omega_1}{O_0}\cos\alpha_0 + \cos\gamma_1 - \dfrac{v}{\varpi_1}\right) - F_1}{C}.$$

En mettant à la place des lettres les valeurs qui conviennent aux turbines du type de celles de Condé, quel qu'en soit le module, on a

$$Q = \varpi_1 \omega_1,$$

$$H = \frac{\varpi_1^2}{2g}\left[2,50 + \left(\frac{\omega_1}{S}\right)^2 + 0,064\frac{v}{\varpi_1}\right],$$

$$\frac{Pv}{\pi QH} = \frac{2\dfrac{v}{\varpi_1}\left(1,997 - 1,02\dfrac{v}{\varpi_1}\right)}{C}.$$

Cette dernière équation montre que le maximum de rendement a lieu pour $\dfrac{v}{\varpi_1} = 1,00$; qu'il est alors, la vanne S étant levée entièrement, égal à 0,76, et qu'il varie peu quand $\dfrac{v}{\varpi_1}$ oscille autour de 1,00; on a en effet pour $\dfrac{v}{\varpi_1} = 1,20$

$$\frac{Pv}{\pi QH} = 0,72,$$

et pour $\dfrac{v}{\varpi_1} = 1,80$

$$\frac{Pv}{\pi QH} = 0,73.$$

En calculant, à l'aide de ces équations, la dimension de la turbine débitant 2500 litres sous la chute de $6^m,70$, la vanne S étant entièrement levée et la vitesse de marche étant celle qui correspond au maximum de rendement, on trouve qu'avec une turbine de 2 mètres de rayon extérieur il faut $\omega_1 = 0,35$, ce qui correspond à des largeurs d'orifice de 26 centimètres mesurées suivant le rayon. M. Kœchlin, en constructeur prudent, a pris une largeur d'orifice de 30 centimètres.

La dimension des pompes se déduit naturellement du volume d'eau à élever, en ayant égard aux considérations suivantes :

D'abord il convient, pour obtenir un bon rendement et pour ne pas fatiguer les machines, de ne donner au piston qu'une vitesse assez faible, et l'on estime généralement qu'elle ne doit pas dépasser la moyenne de 33 centimètres par seconde dans une oscillation. En second lieu, une pompe, à moins d'être dans des conditions exceptionnelles qu'on ne réalise pas ici, n'élève pas un volume égal au volume engendré par le piston. Il se forme en effet des rentrées d'air par les garnitures; les soupapes laissent refouler de l'eau; le liquide qu'on pompe renferme de l'air qui se dégage, se loge dans les parties supérieures et réduit d'autant le volume de l'eau. On regarde comme prudent de ne compter comme utiles que les 90 centièmes de la cylindrée.

Alors si l'on désigne par x le diamètre que doivent avoir deux pompes à double effet capables d'élever 400 litres d'eau à la seconde, on aura l'équation

$$2 \times \frac{\pi x^2}{4} \times 0,33 \times 0,90 = 0,400.$$

On en déduit $x = 0^m,93$, que nous avons porté à 95 centimètres.

La course a été fixée à 1 mètre, ce qui conduisait, comme on peut le voir, à des relations convenables entre le niveau des arbres moteurs et les rayons des roues de transmission.

Cette course de 1 mètre, que les pistons ne doivent pas accomplir avec une vitesse moyenne supérieure à 0,33, fixe à dix la limite du nombre de coups que les pompes doivent battre par minute. Les proportions de la transmission de mouvement en ont été immédiatement la conséquence.

Avec les roues d'angle et les pignons dont nous avons déjà donné les dimensions, dix tours correspondent à une vitesse v égale à $8^m,48$ par seconde, mesurée sur la circon-férence des centres des orifices de 3o centimètres de lar-geur, et comme à la chute $6^m,92$ correspond alors une vi-tesse relative d'écoulement $w_1 = 7,08$, il s'ensuit qu'on a seulement dans ces cas extrêmes $\dfrac{v}{w_1} = 1,20$, et nous avons vu qu'on est encore très-près du maximum de rende-ment.

Les machines ont été construites avec les dimensions que nous venons d'indiquer; mais à la mise en eau, on n'a pas tardé à reconnaître que le système avait un rendement supérieur à $0,50$ et que les turbines avaient trop de puis-sance. On les a diminuées pour rentrer dans les conditions qu'on s'était posées de ne pas dépasser dix coups de piston par minute avec la chute de $6^m,92$, et, procédant par tâton-nements, nous en sommes venu à réduire à 20 centimètres la largeur des orifices des turbines.

103. *Construction des machines.* — Les conditions mé-caniques des machines une fois arrêtées, nous avons pu en dresser un programme que nous donnerons plus loin. Ce programme, avec quelques dessins d'ensemble et un extrait des calculs que nous venons de présenter, a été adressé à plusieurs constructeurs qu'on a appelés à concourir à une adjudication à la suite de laquelle M. Claparède ayant fait les offres les plus avantageuses à l'État, a été chargé de la fourniture et de l'établissement des appareils élévatoires.

Il restait à étudier et à déterminer les formes précises et les dimensions des organes qui devaient constituer le sys-tème. Cette partie des études qui a tant d'importance et qui n'est pas assurément la moins délicate dans celles qu'exige la construction des machines, appartient à M. Claparède et particulièrement à **M. Boulogne**, le savant et habile ingénieur de ses ateliers, dont la précieuse collaboration nous a été si utile.

§ III. — MARCHE DU SYSTÈME ÉLÉVATOIRE.

104. *Objet et dispositions des expériences.* — Les expériences que nous avons faites sur les machines élévatoires de Condé avaient pour objet de déterminer :

1° Le rapport entre l'eau montée dans la rigole et le volume engendré par les pistons;

2° Le volume d'eau débité par les turbines sous diverses chutes et pour différentes levées de la vanne inférieure;

3° Le rendement du système élévatoire.

Ces expériences reposent sur des jaugeages que nous avons opérés de la manière suivante ;

Pour déterminer le volume de l'eau élevée dans la rigole, nous avions d'abord établi, à 5o mètres de son origine, un barrage à poutrelles parfaitement calfaté et retenu dans des rainures ménagées pendant la construction dans les parements des bajoyers. Ce barrage, qui était de toute la largeur de la rigole, avait o^m,6o de hauteur au-dessus du fond et était, suivant le type adopté dans les expériences de M. Bolleau, dressé à vive arête du côté d'amont et taillé en biseau du côté d'aval.

L'écoulement sur ce barrage était très-difficile à observer, d'abord à cause des perturbations qu'y causaient les variations de la pression de l'air qui, emprisonné sous une lame déversante d'une largeur égale à celle de la rigole, n'était plus en communication avec l'atmosphère, et ensuite parce que, quand on augmentait le débit, on était trop voisin du point où la lame se noyait en-dessous (*voir* les études de M. Boileau).

Nous avons enlevé ce déversoir et nous lui avons substitué un barrage percé d'un orifice de 2 mètres de largeur sur o^m,2o de hauteur, dont les bords étaient garnis de fer-blanc pour réaliser les conditions d'une mince paroi.

A l'aide de plaques rectangulaires mobiles, également en

fer-blanc et qui avaient exactement o^m,5o de largeur, on pouvait fermer une partie de l'orifice et le réduire successivement à 1^m,5o, 1 mètre et o^m,5o, de manière à le faire toujours fonctionner avec une charge sur le sommet, quel que fût le volume à jauger.

Le seuil de cet orifice était à o^m,8o en contre-haut du radier de la rigole, et de cette façon la lame d'eau versait librement dans l'air (*Pl.* 20, *fig.* 21).

Le niveau en amont du barrage s'observait dans le fond d'une des rainures de la maçonnerie, où l'eau était parfaitement tranquille.

Quand les pompes étaient en expérience, un observateur notait, de cinq en cinq minutes, la hauteur de l'eau en amont du barrage, pendant qu'un autre observateur, placé près de la pompe avec une montre réglée sur celle du premier, notait aux mêmes instants les nombres de tours de la manivelle qui sont enregistrés par des compteurs placés à demeure sur chacun des systèmes.

Le jaugeage de l'eau débitée par les turbines était moins aisé à obtenir.

On ne pouvait se placer en aval, à cause des sources importantes qui viennent sourdre dans le canal de fuite et à cause de la difficulté qu'on aurait eue à faire la part des produits de ces sources, auxquels seraient encore venus se joindre ceux de la décharge.

Nous nous sommes alors placé en amont, et nous avons établi sous les vannes motrices un barrage dont nous donnons les dispositions (*Pl.* 20, *fig.* 20). Nous avons cherché à nous rapprocher le plus possible des conditions des expériences de M. Lesbros, qui sont rapportées dans les traités d'hydraulique. A cet effet, le barrage était percé de deux orifices de 2 mètres de largeur et de o^m,4o de hauteur, pratiqués dans une paroi en madriers de o^m,o5 d'épaisseur, avec leur seuil d'épaisseur double.

Ce seuil était à o^m,68 au-dessus du radier, c'est-à-dire à o^m,92 en contre-bas du couronnement du déversoir de l'usine, et l'orifice était, pendant les expériences, noyé sur ses deux faces.

Le niveau de l'eau s'obtenait en amont des orifices, en observant un flotteur placé près des vannes motrices d'une autre turbine, qu'on maintenait fermées et devant lesquelles l'eau était parfaitement tranquille.

Pour obtenir le niveau d'aval, on avait appuyé verticalement contre le poteau qui sépare le pertuis en deux travées un tube de fer-blanc de $0^m,10$ de diamètre, ouvert à un bout et fermé à l'autre par un diaphragme de fer-blanc qu'on y avait soudé, et qu'on avait percé de trois trous d'environ 1 millimètre de diamètre.

Ce côté fermé était descendu jusque sur le radier du pertuis, et les trois trous suffisaient pour qu'il s'établît dans l'intérieur du tube un niveau que n'impressionnaient pas sensiblement les agitations du dehors, et qui donnait la pression moyenne sur l'aval des orifices. Ce niveau était accusé par un flotteur ayant à peu près la forme d'un aréomètre, qu'on lestait convenablement et qui était muni d'une tige dont l'extrémité supérieure montait et descendait le long d'une échelle graduée et repérée par rapport au plan de la retenue normale.

De la différence des niveaux observés on concluait la quantité d'eau qui traversait les orifices, et, en en retranchant le volume monté dans la rigole, on obtenait le débit de la turbine.

Les expériences ont été faites avec le plus grand soin ; on les a multipliées et variées, et de leur concordance on peut conclure l'exactitude des résultats que nous allons faire connaître.

105. *Expériences sur le rendement des pompes en volume.* — Une première série d'expériences pour estimer le rendement des pompes en volume a été faite au moyen d'un déversoir placé dans la rigole, et par-dessus la crête duquel les eaux montées par les pompes devaient s'écouler.

La largeur de lame déversante allait d'un bajoyer à l'autre ; elle était de $2^m,34$, et le barrage était disposé pour rendre applicables les coefficients donnés par M. Boileau.

Les éléments des expériences sont consignés dans le tableau suivant :

HEURE de l'observation.	CHARGE d'écoulement.	COEFFICIENT de débit.	DÉBIT par seconde	INDICATIONS du compteur.		OBSERVATIONS.
				Système B.	Système C.	
h m	m		lit			
2.10	0,196	0,43	387	12577	//	Nappe libre ou détachée du barr... en aval.
2.20	0,194	0,43	381	12638	//	
2.30	0,197	0,43	390	12725	//	
2.40	0,198	0,43	392	12813	//	
2.50	//	//	//	12901	26462	Mise en marche système C à 2ʰ45
3.00	0,284	0,48	753	12985	26545	Nappe noyée en d... sous.
3.10	0,284	0,48	753	13070	26629	
3.20	0,284	0,48	753	13154	26713	
3.30	0,286	0,48	760	13241	26798	

Le volume de l'eau montée en trente minutes, de $2^h 10^m$ à $2^h 40^m$, est, en faisant la somme par la formule de Simpson,

$$\left(\frac{387}{2} + 381 + 390 + \frac{292}{2}\right) 600'' = 696\,300^{lit}.$$

Pendant le même temps, le nombre de tours de manivelle a été de 256, et, chaque tour donnant quatre cylindrées de 700 litres chacune, le volume engendré par les pistons a été de 716 800 litres.

Le rapport du volume monté au volume engendré a donc été de 0,971.

On trouve de la même manière que le volume de l'eau montée en trente minutes, de 3 heures à $3^h 30^m$, a été de 1 351 500 litres pour un volume de 1 425 200 litres, engendré par les pistons des deux systèmes ; ce qui donne, pour ce cas, un rapport de 0,948. Les cuirs des pistons, renouvelés quelque temps avant la guerre, avaient servi pendant plusieurs mois de marche effective.

Des expériences sur le rendement en volume ont encore été faites en même temps que celles sur le rendement mécanique, en adoptant pour le jaugeage de l'eau montée le mode d'écoulement par orifices avec charge sur le sommet, dont nous avons donné plus haut la disposition.

Voici les éléments d'une série de ces expériences faites en juillet 1871 :

...RE ...rva- ...1.	LARGEUR de l'orifice.	CHARGE sur le sommet.	COEFFICIENT du débit.	DÉBIT par seconde q	NOMBRE de tours par minute N	VOLUME engendré par seconde.	RENDE-MENT en volume.	COTE de l'eau en amont de l'orifice.
m	m	m		lit	tours	lit		
5	1,00	0,045	0,582	196	4,4	205	0,953	97,695
o	1,00	0,150	0,595	264	6,1	284	0,930	97,800
5	1,50	0,055	0,595	307	7,0	326	0,940	97,705
o	1,50	0,076	0,588	328	7,5	349	0,951	97,726
5	1,50	0,095	0,591	348	7,7	359	0,969	97,745
o	1,50	0,118	0,593	368	8,3	387	0,950	97,762
5	1,50	0,136	0,594	385	8,6	401	0,960	97,786
o	1,50	0,138	0,595	387	8,7	405	0,955	97,788
Rendement moyen........							0,951	

Le volume engendré par seconde est égal à $N \times 0,0466$.
Les coefficients de débit sont ceux donnés par Poncelet et Lesbros.

Ce déchet de 5 pour 100 du volume monté sur le volume engendré nous a paru tenir en grande partie à la petite quantité d'air qui, malgré les formes qu'on a adoptées pour éviter cet effet, reste cantonnée dans les chapelles des clapets d'aspiration. On peut s'en rendre compte de la manière suivante :

Considérons, par exemple, la partie supérieure de la pompe ; le ciel de la chapelle du clapet d'aspiration a une section horizontale de $0^m,785 \times 0,35 = 0,275$; et si l'on imagine, ce qui est possible, qu'une couche d'air de $0^m,05$ d'épaisseur y soit cantonnée pendant la période ascendante du piston, il n'y a aucun motif pour qu'elle soit entraînée dans les tuyaux de refoulement.

L'air de cette couche sera alors soumis à une pression de 3 atmosphères, et son volume sera de $0,275 \times 0,05 = 14^{\text{lit}}$.

Aussitôt que la période descendante commencera, la pression dans la partie supérieure du corps de pompe ne sera plus que d'une atmosphère à peu près; l'air se dilatera et occupera un volume de $3 \times 14 = 42^{\text{lit}}$, qui est à déduire de l'espace que viendra, pendant la période descendante, occuper l'eau aspirée dans la partie supérieure de la pompe.

Quand le piston remontera, il comprimera de nouveau l'air, qu'il ramènera à ne plus occuper que 14 litres; mais cette compression consommera $42 - 14 = 28^{\text{lit}}$ |de volume engendré, qui seront employés à la produire et non à monter de l'eau; or 28 litres représentent 4 pour 100 d'une cylindrée.

Il en résulte un déficit pour le rendement en volume; mais le rendement mécanique ne s'en trouve pas sensiblement altéré; car, aux résistances passives près, le travail dépensé par la compression de l'air est compensé par celui que produit la détente.

Nous avons, pour empêcher ces effets, établi sur les chapelles des clapets des robinets de purge qu'on ouvre de temps à autre pour évacuer l'air.

106. *Expériences sur le rendement mécanique.* — Les expériences sur le rendement mécanique présentaient, pour le choix du coefficient de débit par les orifices dont nous avons indiqué plus haut la disposition, une difficulté que nous devons d'abord résoudre.

Tous les hydrauliciens s'accordent pour admettre (malgré quelques expériences de M. Lesbros, qui sembleraient prouver le contraire) que les coefficients de débit des orifices noyés sont les mêmes que ceux des orifices débouchant à l'air libre; mais, bien que ces derniers varient considérablement pour un même orifice avec la charge sur le sommet, tous se taisent sur ce qu'on doit prendre pour cette charge quand il s'agit de choisir le coefficient de débit d'un orifice noyé. Cherchons celui que nous devrons adopter pour les appareils de jaugeage que nous avons déjà décrits plus haut, et qui étaient établis en avant des turbines pour mesurer le volume des eaux motrices.

Nous rappellerons que les deux orifices d'écoulement avaient $0^m,40$ de hauteur et $2^m,00$ de largeur chacun; qu'ils étaient pratiqués dans des madriers de $0^m,10$ d'épaisseur sur le seuil et de $0^m,05$ sur les autres côtés, rabotés avec soin et à vive arête sans chanfrein, et qu'on avait simulé par des étroites planchettes de $0^m,05$ d'épaisseur les joues des vannes des expériences de M. Lesbros. Nous ajouterons que les orifices étaient isolés des parements du pertuis, les côtés verticaux n'en étant éloignés toutefois que de $0^m,15$; qu'ils fonctionnaient noyés sur les deux faces et qu'ils se sont trouvés recouverts à l'amont de $0^m,32$ à $0^m,34$ d'eau sur leur sommet.

En opérant sur des orifices de $0^m,40$ de hauteur et $0^m,60$ de largeur, percés dans des parois exactement semblables aux nôtres, mais versant à l'air libre et ayant leurs côtés verticaux à une grande distance des cloisons du réservoir, M. Lesbros a trouvé que la plus grande valeur du coefficient de débit est $0,654$, et correspondant à des charges sur le sommet de l'orifice comprises entre $0^m,30$ et $0^m,40$. Nous regardons ce coefficient comme trop faible pour nos appareils, à cause du rapprochement des bajoyers.

M. Lesbros, pour un orifice de $0^m,20$ de largeur sur $0^m,20$ de hauteur, dont le seuil et les côtés verticaux sont dans le prolongement des parois du réservoir, et dont le côté supérieur est taillé à vive arête en biseau à l'aval, donne un coefficient de débit variant de $0,708$ à $0,682$, quand la charge sur le sommet varie de $0,20$ à $0,40$. Il indique un coefficient variant de $0,713$ à $0,684$, c'est-à-dire à peu près égal, pour des orifices dont le seuil et les côtés verticaux ont $0^m,267$ d'épaisseur et sont équarris à vive arête, quand la charge varie sur le sommet de $0^m,20$ à $0^m,40$. On sait que les coefficients de débit diminuent quand, toutes choses égales d'ailleurs, on augmente la hauteur des orifices.

Donc, si l'on admet, avec tous les hydrauliciens, que les écoulements d'eau par ouvertures noyées sont pareils aux écoulements à l'air libre, le coefficient qui conviendra à nos appareils doit être plus grand que 0,654 et plus petit que 0,713. D'autre part, les expériences auxquelles nous avons déjà fait allusion plus haut, et qui sont rapportées au tableau XVIII de la publication de M. Lesbros, semblent indiquer que, contrairement à ce qui est admis dans les traités d'hydraulique, le coefficient de débit des orifices noyés est plus considérable que celui des orifices débouchant à l'air libre.

Nous avons adopté pour coefficient 0,70, et nous verrons plus loin que les résultats de jaugeage qu'on en déduit s'accordent assez bien avec ceux qu'on tire de l'équation générale des moteurs hydrauliques.

Pendant les expériences dont nous allons donner les éléments dans le tableau qui va suivre, le niveau de l'eau dans le canal de fuite était à la cote 72,01; celui de la retenue dans le bassin était maintenu à la cote 78,26 à très-peu près.

On prenait pour hauteur réelle de l'ascension de l'eau alimentaire la différence entre le niveau dans la rigole et celui dans la caisse à eau, et pour hauteur effective la hauteur réelle augmentée de la résistance de tuyaux convertie en hauteur d'eau.

Les expériences ont été simultanées avec celles données plus haut, qui avaient pour objet la détermination du rendement en volume. En voici le tableau :

HEURE de l'observation.	LEVÉE de la vanne inférieure.	CHUTE à l'orifice d'entrée.	DÉBIT de l'orifice	VOLUME MOTEUR Q	CHUTE MOTRICE H	EAU MONTÉE q	HAUTEUR RÉELLE d'ascension.	HAUTEUR effective.	TRAVAIL ABSOLU du moteur πQH	TRAVAIL UTILE en eau montée.	RENDEMENT mécanique.
h m			lit	lit	m	lit	m	m	km	km	
8.15	0,054	0,130	1789	1593	6,12	196	19,56	19,68	9749	3857	0,39
8.30	0,072	0,150	1921	1657	6,10	264	19,69	19,91	10107	5256	0,52
8.45	0,090	0,170	2045	1738	6,08	307	19,61	19,91	10567	6112	0,57
9.00	0,108	0,185	2134	1806	6,07	328	19,65	19,98	10962	6553	0,59
9.15	0,126	0,192	2174	1826	6,065	348	19,68	20,06	11075	6981	0,63
9.30	0,180	0,205	2246	1878	6,05	368	19,68	20,10	11362	7397	0,65
9.45	0,360	0,213	2289	1904	6,04	385	19,74	20,19	11500	7773	0,67
10.00	0,414	0,215	2300	1913	6,035	387	19,74	20,20	11545	7817	0,67

**107. *Calcul théorique du rendement mécanique du sys-
tème.*** — Le rendement mécanique estimé en eau élevée est
considérable ; mais il a été accusé par toutes les expériences
qui ont été faites et qui ont montré une concordance parfaite ; il s'explique d'ailleurs quand on observe qu'entre la
roue de la turbine et la sortie des pompes on ne trouve que
des causes peu importantes de perte de travail, en sorte que
la puissance de la turbine est presque complétement utilisée à pousser l'eau alimentaire dans la conduite ascensionnelle.

Nous allons nous en rendre compte, en comparant les
résultats de l'expérience à ceux auxquels on est conduit par
des calculs théoriques.

Étudions d'abord les pertes que le travail éprouve sur son
trajet entre la roue de la turbine et la sortie des pompes.

Ces pertes sont dues aux causes suivantes :

1° Perte de force vive, éprouvée par l'eau à son entrée
dans le corps de pompe et à son passage dans les clapets ;

2° Frottement du piston dans le cylindre et de sa tige
dans la boîte à étoupes ;

3° Frottement de la tête du piston sur ses glissières ;

4° Frottement du bouton des manivelles ;

5° Frottement de l'arbre de couche dans ses paliers ;

6° Frottement des engrenages de transmission ;

7° Frottement de l'arbre de la turbine sur son pivot et
dans son palier ;

8° Travail nécessaire pour mouvoir les clapets.

Nous allons calculer, approximativement du moins, l'importance de ces résistances passives pour le cas d'une hauteur effective d'ascension de 20 mètres.

Perte de force vive éprouvée par l'eau. — Nous avons
rappelé, n° 100, que, d'après Navier, la perte de force vive
éprouvée par l'eau en traversant la pompe pendant l'élément de temps dt a pour valeur

$$\frac{\pi}{g} \Omega V \, dt \left[V^2 \left(\frac{\Omega - ma}{ma} \right)^2 + \frac{V^2 \Omega^2}{a^2} \left(\frac{a - ma}{ma} \right)^2 \right].$$

Avec les dispositions adoptées, il n'y a pas d'étrangle-

14.

ment au passage des clapets, qui peuvent démasquer et qui démasquent en effet, comme le montre l'expérience rappelée plus haut, des orifices d'une section égale à celle des conduites. Il n'y a pas non plus de changements brusques de direction, que les soupapes produisent d'ordinaire dans les filets liquides, en donnant lieu à une perte de force considérable. Ici l'on a sensiblement $ma = a = 0,30\,\Omega$, et en prenant pour V sa valeur moyenne dans le cas extrême où les manivelles font dix tours par minute, on a pour la force vive perdue par les deux pompes pendant un tour de manivelle

$$2 \times \frac{1000}{g} \times 0,70 \times 2 \times \overline{0,33}^{\,2} \times 5,43 = 167^{km};$$

c'est l'équivalent d'une résistance passive de 42 kilogrammes qui serait opposée à la marche de chaque piston.

· *Frottement du piston et de sa tige.* — Le cuir qui garnit dans les deux sens le pourtour des pistons vient s'appuyer contre la paroi intérieure des cylindres, en exerçant une pression qui a pour valeur le produit de la hauteur effective de la colonne refoulée, multipliée par le poids de l'unité de volume du liquide et par la surface de contact de la fonte et du cuir. Cette pression fait naître un frottement dont nous ferons, avec M. le général Morin, le coefficient égal à $0,36$, en sorte que, comptant sur une surface annulaire de contact de $0^{m},02$ de hauteur, nous aurons pour la résistance opposée à la marche d'un piston

$$20 \times 1000^{k} \times 3,14 \times 0,95 \times 0,02 \times 0,36 = 432^{k},$$

et pour le travail consommé par les deux pistons dans un tour de manivelle

$$432 \times 4 = 1728^{km}.$$

Le frottement de la tige du piston, dans une boîte à étoupe bien graissée, peut être évaluée par une formule empirique, rapportée par M. le général Morin, et qui, pour une hauteur ascensionnelle de 20 mètres et un diamètre de $0,125$, donne

$$0,125 \times 20 \times 7^{k} = 17^{k},50.$$

Le travail qui sera consommé par ce frottement pour un tour de manivelle des deux pompes sera

$$17,5 \times 4 = 70^{km}.$$

Il faudra donc, en tenant compte de toutes les résistances passives, appliquer à la tige du piston pour le mouvoir une force qui, indépendamment du poids des organes, est de

$$20 \times 1000^k \times 0,70 + 42^k + 432^k + 17^k,5 = 14,491^k,5,$$

soit 14 500 kilogrammes.

Frottement de la tête du piston. — Nous avons vu plus haut que l'effort horizontal, qui naissait de l'inclinaison de la bielle, avait pour valeur le produit de la force nécessaire pour mouvoir le piston, multipliée par la tangente de l'angle que la bielle fait avec la verticale.

Cette tangente varie de o à o,204; supposons-lui sa valeur moyenne pendant la durée d'une révolution ; prenons o,o54 pour le coefficient du frottement sur des surfaces bien polies et bien lubrifiées, et remarquant que le poids des organes compense à la montée les avantages qu'il offre à la descente, nous aurons approximativement, pour la valeur moyenne de la résistance due au frottement dans les glissières,

$$14500^k \times 0,102 \times 0,054 = 80^k.$$

Le travail consommé pendant un tour de manivelle sera

$$4 \times 80 = 320^{km}.$$

Frottement du bouton des manivelles. — Le bouton des manivelles a un diamètre de o,25; on peut le considérer, au point de vue du frottement, comme recevant de la bielle une action verticale constante et égale à 14 500 + 80 = 14 580 et une action horizontale variable et moyennement égale à la pression sur les glissières ou à 1480^k. La résultante moyenne de ces actions a pour valeur 14 650^k; elle consomme sur les deux boutons, pour un tour de manivelle, une quantité de travail égale à

$$2 \times 14650^k \times 0,054 \times 3,14 \times 0,25 = 1242^{km}.$$

Frottement de l'arbre de couche. — La pression de l'arbre de couche sur ses paliers est la résultante des actions verticales dues au poids des organes et aux efforts à exercer sur les pistons, et des actions horizontales provenant de l'inclinaison des bielles. Ces dernières actions ayant peu d'influence sur le résultat, nous les négligerons pour ne nous occuper que des actions verticales.

Les poids de l'arbre et des organes sont les suivants :

1 arbre et deux manivelles............	$7,080^k$
1 roue d'angle, frettes, clavettes, etc...	$9,611$
2 bielles et accessoires...............	998
2 pistons avec leurs tiges............	$2,300$
2 excentriques, colliers, etc..........	506
Total...........	$20,495$

soit, 20 500 kilogrammes.

Ce poids de 20 500 kilogrammes se répartit également entre les deux paliers, et pèse de 10 250 sur chacun. Considérons-en un isolément et voyons ce qui se passe aux différentes époques de la rotation. Partons de l'instant où la manivelle voisine se trouve verticale et dirigée vers le bas ; le piston va commencer sa période ascendante. La pression que l'arbre exercera sur le palier sera 14580 + 10250 pendant toute cette période, c'est-à-dire pendant le parcours d'une demi-circonférence. Mais dès que le bouton ayant atteint le point mort supérieur se disposera à descendre, la réaction du piston changera de sens, l'arbre sera soulevé et pressé contre le chapeau du palier avec une force égale à 14580 — 10250, et cela pendant toute la descente, c'est-à-dire pendant le parcours de l'autre demi-circonférence ; un frottement résultera de ces pressions, il consommera une quantité de travail, qui sera la même que si la pression avait été constamment égale à 14580, et qui sera exprimée pour l'ensemble des deux paliers par

$$14580^k \times 0{,}054 \times 3{,}14 \times 0^m{,}36 \times 2 = 1779^{km}.$$

Frottement des engrenages de transmission. — On sait qu'en désignant par p et p' les longueurs des perpendiculaires, menées au même point de la génératrice de contact et prolongées jusqu'à la rencontre des axes, et par a le pas des engrenages au point où on élève les perpendiculaires, on a pour la valeur de la fraction du travail transmis que consomme le frottement

$$\frac{fa}{2} \frac{p + p'}{pp'}.$$

Cette fraction, par la substitution des longueurs relevées sur la machine et en faisant $f = 0,10$, devient numériquement $0,011$.

Frottement de l'arbre de la turbine. — L'arbre de la turbine exerce sur son pivot une pression qui est due à l'action de la pesanteur sur l'arbre, sur le pignon et sur la couronne mobile et à la composante verticale des actions de l'eau motrice sur les aubes.

Le poids de l'arbre, joint à celui des pièces qui lui sont attachées, est de 2000 kilogrammes. Quant à l'action verticale de l'eau sur les aubes, elle se détermine approximativement de la manière suivante :

Avec le rapport des engrenages et des bras de levier de l'ensemble de la machine, il faut, pour vaincre une pression de 14000 kilogrammes sur le piston, et sans tenir compte des résistances passives, qu'on ait tangentiellement au cercle des centres des orifices d'écoulement de la roue un effort P, donné par la relation

$$14000 \times 4 = 9,53 \times 3,14 \times 1,80 \times P,$$

d'où l'on tire

$$P = 1040^k ;$$

et en ajoutant 135 kilogrammes pour les résistances passives (valeur que nous trouverons plus loin), nous ferons dans ce calcul

$$P = 1175^k.$$

Soit maintenant ε l'inclinaison d'un élément des aubes par rapport à l'horizon, la composante verticale de l'action de l'eau qu'il supporte sera égale à la composante horizontale divisée par $\tang \varepsilon$.

Or, à l'entrée des aubes,

$$\operatorname{tang}\varepsilon = \operatorname{tang}78° = 4,70,$$

et à la sortie

$$\operatorname{tang}\varepsilon = \operatorname{tang}25° = 0,46;$$

la valeur moyenne de $\operatorname{tang}\varepsilon$ est à peu près 2,50, et en l'a-
doptant pour toute la surface, on aura pour l'action verti-
cale de l'eau sur la roue le quotient de 1175 par 2,50 ou
470 kilogrammes.

La pression de l'axe sur son pivot sera donc

$$2000^{k} + 470^{k} = 2470^{k}, \quad \text{soit } 2500^{k}.$$

Le graissage est continu, le frottement est faible, son
coefficient peut être pris égal à 0,054; il agit sur un bras de
levier, qui est les $\frac{2}{3}$ du rayon ou 0,06; en sorte que le travail consommé pour un tour de manivelle, en observant
qu'il correspond à 9,53 tours de turbine, est

$$2500^{k} \times 0,054 \times 3,14 \times 2 \times 0,06 \times 9,53 = 485^{km}.$$

L'action horizontale de l'eau sur la roue de la turbine
étant supposée représentée par une force tangentielle de
1175 kilogrammes, agissant sur un bras de levier de $0^{m},90$,
produira au contact des dents du pignon avec la roue d'angle un effort qui, n'ayant qu'un bras de levier de 0,314, sera
d'à peu près 3300 kilogrammes. Cet effort, transporté sur
l'axe de l'arbre, pressera le palier, et il naîtra un frottement
qui aura pour bras de levier $0^{m},10$, et qui consommera par
tour de manivelle

$$3300 \times 0,054 \times 3,14 \times 0,20 \times 9,53 = 534^{km}.$$

Travail du mouvement des clapets. — Il nous reste à estimer le travail consommé par les pièces qui transmettent le
mouvement aux clapets; ce travail est extrêmement faible :
la course de la bielle n'est que de $0^{m},25$; les efforts sont
limités par la tension des ressorts, qui rendent en grande
partie le travail qu'a nécessité, soit leur extension, soit
leur compression; les tourillons ont de petits diamètres, et
en se reportant aux épures de la *Pl.* 20, on peut, sans entrer

dans les détails, calculer par aperçu que le travail consommé n'atteindra pas 75^{km} pour un tour de manivelle.

Récapitulation des pertes de travail. — Récapitulons maintenant les différentes pertes de travail que causent les résistances passives pendant un tour de manivelle. Nous avons d'abord

Perte de force vive éprouvée par l'eau...............	167^{km}
Frottement du piston dans le cylindre...............	1728
» de la tige dans le presse-étoupes.........	70
» de la tête du piston sur les glissières.	320
» du bouton des manivelles...............	1342
» de l'arbre dans ses paliers..............	1779
» de l'arbre de la turbine sur son pivot.....	485
» » dans son palier....	534
Travail du mouvement des clapets...................	75
Total...........	6400

Si, comme nous l'avons supposé dans ce calcul, la hauteur effective d'ascension est de 20 mètres, et si l'on tient compte du déchet de 5 pour 100 sur le volume engendré par les pistons, le travail en eau élevée sera, pour un tour de manivelle,

$$0,95 \times 4 \times 700 \times 20 = 53,200^{km}.$$

Le travail, consommé par les résistances que nous venons de récapituler, est déjà de 6,400, c'est-à-dire les $0,12$ du travail en eau montée ; il faut encore y ajouter celui dépensé par les engrenages, qui en est, nous l'avons calculé plus haut, le $\frac{1}{100}$, et l'on arrive, pour le total des quantités de travail consommées par les résistances passives, aux $0,13$ du travail en eau montée.

Cela étant, soit pour l'unité de temps T_e ce dernier travail et T_u le travail utilisable recueilli par la roue de la turbine, on aura

$$T_u = T_e \times 1,13, \quad \text{d'où} \quad T_e = T_u \times 0,885.$$

Maintenant, déterminons, à l'aide des formules que nous avons données dans le Livre I, les valeurs de T_u pour les diverses levées de la vanne inférieure de la turbine.

Calcul théorique de la marche de la turbine. — Les équations qui règlent les conditions de la marche d'une turbine Kœchlin sont

$$(1) \quad \begin{cases} \dfrac{P v}{\pi Q} = \dfrac{2 v (U_0 \cos\alpha_0 + w_1 \cos\gamma_1 - v)}{2g} - \dfrac{w_1^2}{2g} F_1 \\[2mm] \qquad = \dfrac{w_1^2}{2g} \left[\dfrac{2 v}{w_1} \left(\dfrac{\omega_1}{O_0} \cos\alpha_0 + \cos\gamma_1 - \dfrac{v}{w_1} \right) - F_1 \right], \end{cases}$$

$$(2) \quad \begin{cases} H = \dfrac{w_1^2}{2g} \Bigg[\left(\dfrac{\omega_1}{O} \right)^2 \left(\dfrac{1}{\mu} - 1 \right)^2 + \left(\dfrac{\omega_1}{O_0} \right)^2 + \left(\dfrac{\omega_1}{\omega_0} \right)^2 + 1 \\[2mm] \qquad + \left(\dfrac{\omega_1}{O_2} \right)^2 + \left(\dfrac{\omega_1}{S} \right)^2 + f_1 + f_2 - 2 \dfrac{\omega_1}{O_2} \sin\gamma_1 \\[2mm] \qquad - F_1 + F_2 + 2 \dfrac{v}{w_1} \dfrac{\omega_1}{O_0} \left[\cos\alpha_0 - \sin(\alpha_0 + \gamma_0) - \cos(\alpha_0 + \gamma_0) \right] \Bigg], \end{cases}$$

$$(3) \qquad\qquad\qquad Q = w_1 \omega_1.$$

Les formes et les dimensions des turbines du type adopté à Condé donnent

$$\left(\frac{\omega_1}{O} \right)^2 \left(\frac{1}{\mu} - 1 \right)^2 = \left(\frac{0,27}{2,47} \right)^2 \left(\frac{1}{0,55} - 1 \right)^2 = 0,0081,$$

$$\left(\frac{\omega_1}{O_0} \right)^2 = \left(\frac{0,27}{0,237} \right)^2 = 1,3996,$$

$$\left(\frac{\omega_1}{\omega_0} \right)^2 = \left(\frac{1,27}{0,07} \right)^2 = 0,0625,$$

$$\left(\frac{\omega_1}{O_2} \right)^2 = \left(\frac{0,27}{3,59} \right)^2 = 0,0061,$$

$$f = 0,08, \quad f_2 = 0,04,$$

$$2 \frac{\omega_1}{O_2} \sin\gamma_1 = 2 \frac{0,27}{3,59} \sin 25° = 0,0699,$$

$$F_1 = -0,0092 \frac{v}{w_1} + 0,0212 \left(\frac{v}{w_1} \right)^2, \quad F_2 - F_1 = 0,0510 - 0,0561 \frac{v}{w_1},$$

$$\frac{\omega_1}{O_0} \left[\cos\alpha_0 - \sin(\alpha_0 + \gamma_0) - \cos(\alpha_0 + \gamma_0) \right]$$

$$= \frac{0,27}{0,237} \left[\cos 18° - \sin(18° + 78°) - \cos(18° + 78) \right] = 0,06.$$

En substituant ces valeurs à la place des lettres, divisant

les deux termes de la première par **H**, les équations deviennent numériquement

$$(1) \qquad \frac{P\,v}{\pi\,QH} = \frac{2\,\dfrac{v}{w'_1}\left(1,997 - 1,02\,\dfrac{v}{w_1}\right)}{2,50 + 0,064\,\dfrac{v}{w'_1} + \left(\dfrac{\omega_1}{S}\right)^2},$$

$$(2) \qquad H = \frac{w'^2_1}{2\,g}\left[2,50 + 0,064\,\frac{v}{w'_1} + \left(\frac{\omega_1}{S}\right)^2\right],$$

$$(3) \qquad Q = 0,27\,w'_1.$$

Les équations (1) et (2) conviennent à toutes les turbines du même type, quel qu'en soit le module, et à toutes les allures de ces turbines.

A Condé, l'orifice contracté S, que démasque la vanne circulaire, peut, en tenant compte de l'obstacle apporté par les supports du tuyau, s'exprimer en fonctions de la hauteur z, dont la vanne est soulevée par la relation

$$S = 4,50\,z;$$

on a aussi, entre le nombre de tours de manivelle par minute et la vitesse v des centres des orifices d'écoulement de la couronne mobile,

$$v = 0,897\,N.$$

Cela posé, si, à l'aide des formules (1), (2) et (3), on calcule les valeurs de Q, w_1 et du rendement de la turbine pour les différentes levées z des expériences précédentes, et si l'on compte sur une consommation de travail de 13 pour 100 par les résistances passives, on trouvera, pour les allures du système, des nombres que nous groupons dans le tableau suivant, en mettant en regard les résultats de l'expérience :

HEURE de l'observation.	LEVÉE de la vanne inférieure.	CHUTE MOTRICE H	VOLUME MOTEUR Q d'après		NOMBRE de tours N	RENDEMENT de la turbine d'après le calcul.	RENDEMENT DU SYSTÈME d'après	
			le calcul.	l'expérience.			le calcul.	l'expérience.
h m			lit	lit				
8.15	0,054	6,12	1512	1593	4,4	0,46	0,407	0,39
8.30	0,072	6,10	1636	1657	6,1	0,60	0,531	0,52
8.45	0,090	6,08	1704	1738	7,0	0,65	0,577	0,57
9.00	0,108	6,07	1736	1806	7,5	0,68	0,602	0,59
9.15	0,126	6,065	1769	1826	7,7	0,70	0,619	0,63
9.30	0,180	6,05	1798	1878	8,3	0,71	0,628	0,65
9.45	0,360	6,04	1825	1904	8,7	0,73	0,646	0,67
10.00	0,414	6,035	1831	1913	8,7	0,75	0,664	0,67

Les résultats donnés par le calcul diffèrent très-peu de ceux qui sont fournis par l'expérience, et en tous cas ils suivent la même loi; ils sont une vérification de l'exactitude de nos formules, que nous avons constatée sur beaucoup d'autres exemples.

Les différences peuvent tenir d'abord peut-être au coefficient de débit des orifices de jaugeage de l'eau motrice, que nous avons fait égal à 0,70, en nous basant sur des considérations qui n'ont rien d'absolu; mais elles tiennent surtout aux conditions dans lesquelles l'expérience se faisait. L'eau, en sortant des orifices de jaugeage, possédait une vitesse assez considérable, qui ne s'éteignait pas complétement en tourbillonnant dans la caisse à eau; elle en conservait encore une partie à l'entrée de la couronne fixe, et il faudrait tenir compte de ce reste de vitesse en augmentant le débit de la turbine donné par les équations (2) et (3) qui sont établies dans l'hypothèse que le liquide est sans vitesse sensible dans la caisse à eau.

Cette observation sur les conditions des expériences est importante, et elle donne à penser que le coefficient 0,70, adopté pour le jaugeage, doit être à bien peu près exact.

108. *Nécessité des turbines de renfort.* — Portons dans l'équation (1) la valeur de

$$\pi Q = 1000 \times 0,27 w_1 = 270 w_1$$

donnée par l'équation (3); nous en déduirons la relation

$$(4) \quad \frac{v}{w_1}\left(\frac{270\,H}{P} \times 2,04 + 0,064\right) = \frac{270\,H}{P} \times 3,994 - 2,50 - \left(\frac{\omega_1}{S}\right)^2,$$

qui, avec

$$(2) \qquad H = \frac{w_1^2}{2g}\left[2,50 + 0,064\frac{v}{w_1} + \left(\frac{\omega_1}{S}\right)^2\right],$$

$$(5) \qquad v = 0,897\,N,$$

$$(6). \quad \left\{\begin{array}{l}\text{Et } Q \text{ le volume monté par seconde} = 44^{\text{lit}}N \text{ (déduction faite}\\ \quad \text{du déchet),}\end{array}\right.$$

fera connaître la marche de la turbine sous les différentes chutes H.

Adoptons pour P la valeur 1175 qui résulte des calculs développés plus haut, et en supposant la vanne qui démasque l'orifice S entièrement levée, nous aurons les chiffres consignés au tableau suivant, dans lequel N désigne le nombre de tours que, d'après le calcul, la manivelle fera par minute, et N' le nombre qui correspondrait au maximum de rendement.

H	$\frac{w}{w_1}$	w_1	v	N	N'	q
m		m	m	t	t	lit
7,00	1,17	7,30	8,54	9,52	8,24	419
6,00	1,05	6,76	7,10	7,91	7,64	348
5,00	0,87	6,20	5,40	6,10	6,99	268
4,00	0,61	5,55	3,39	3,77	6,24	166

En faisant $v = 0$ dans l'équation (4), on obtient

$$270\,H \times 3,994 = 2,50\,P$$

pour la relation qui fera connaître au-dessous de quelle valeur de H la turbine ne pourra plus communiquer le mouvement aux pompes. Il faut, pour en faire le calcul, mettre pour P la valeur qui résulte du coefficient de frottement au départ et de la position des manivelles en $\beta = 45°$ ou $135°$, que la *fig.* 13, *Pl.* 20, indique comme celle où l'effort est le plus grand. On trouve alors, pour la valeur de P, 1466 kilogrammes, qui conduit, par l'équation précédente, à $H = 3^m,40$. L'expérience a donné $3^m,60$. On voit, d'après ces chiffres, qui s'accordent sensiblement avec ceux qu'on a observés, que, dès que la chute devient moindre que 5 mètres, les trois systèmes, alors qu'on les ferait marcher ensemble, n'élèveraient plus au bief de partage le volume d'eau nécessaire à l'alimentation.

Des turbines de renfort deviennent indispensables. Nous en avons adopté deux, placées aux deux extrémités de l'ensemble des systèmes; nous allons en examiner l'effet pour le cas où la chute est réduite à son minimum de 3 mètres.

Les orifices d'écoulement de ces turbines n'ont pas été réduits, et ils ont une fois et demie la surface des orifices des turbines centrales; il en résulte, d'après ce que nous avons démontré dans le Livre I, que quand elles marchent sous la même chute et au même titre de rendement, elles développent une puissance qui est une fois et demie celle de ces dernières.

Cela posé, imaginons les cinq systèmes embrayés et rendus solidaires; la résistance pour l'ensemble étant représentée approximativement par trois fois celle d'un système central, la puissance sera représentée par $3 + 2 \times 1,50 = 6$ fois celle d'un de ces systèmes; ce sera pour la détermination du rapport $\dfrac{v}{w_1}$ par l'équation (4), comme si H avait doublé et était devenu égal à 6 mètres; on a alors $\dfrac{v}{w_1} = 1,05$, et, comme $w_1 = 4^m,83$, il s'ensuit que $v = 5,07$, $N = 5^t,67$ et $Q = 249^{lit}$; ce qui, pour l'ensemble, donne encore un volume d'eau monté par seconde égal à 747 litres dans ces moments passagers et tout à fait exceptionnels.

Par des calculs analogues, on se rendrait compte de la

)uissance et de l'élasticité du système élévatoire pour .outes les chutes comprises entre la plus grande et la plus)etite ; mais nous ne nous y arrêterons pas, et nous termi-1erons ce qui est relatif à la marche des machines en disant in mot de la question des volants et de l'objet des vannes 1ue nous avons placées sur les tuyaux de l'aspiration supé-'ieure des pompes.

109. *Vannes des tuyaux d'aspiration des pompes.* — Si, pour une cause quelconque, on se trouvait dans l'impossi-bilité de conjuguer les systèmes au moment des basses chutes, on voit, par le tableau qui précède, que le rapport $\dfrac{v}{w_1}$, dont dépend le rendement des turbines fonctionnant à pleine eau, deviendrait très-petit et s'éloignerait beaucoup de l'unité qui correspond à très-peu près au rendement maximum, en sorte que, dans ces moments où la puissance de la chute est réduite, on en tirerait un mauvais parti. En prévision de cette éventualité, et pour augmenter la vitesse des turbines et rapprocher leur allure de celle qui donne le maximum de rendement, nous avons imaginé de réduire la résistance opposée par les pompes, en faisant qu'elles soient à volonté à simple ou à double effet.

Tel est un des buts des vannes que nous avons placées sur les tuyaux de l'aspiration supérieure, et dont le jeu s'ex-plique facilement à la vue des figures des *Pl.* 15 et 16.

Ces vannes ont en outre l'avantage de permettre de con-tinuer à marcher, alors même que des réparations oblige-raient à tenir l'eau dans le canal d'amenée à un niveau plus bas que l'orifice des tuyaux de l'aspiration supérieure, que, dans un semblable but, on a déjà recourbés à leur point de jonction avec les caisses à eau.

110. *Contre-poids des roues d'angle.* — M. Claparède, pour uniformiser davantage le mouvement de rotation des turbines, avait eu la pensée de donner plus de masse à la jante de la roue d'angle pour lui faire remplir la fonction de volant, et **M.** Boulogne a fait de cette question une étude complète qu'il nous a présentée; mais, en voyant les faibles écarts de vitesse qui restaient à corriger avec les dimensions obligées pour fondre les roues, nous avons cru cette adjonction inutile, en considérant que le travail à produire n'exigeait pas, comme dans une filature, l'uniformité dans la rotation, et que, d'ailleurs, la turbine elle-même produisait un peu l'effet d'un volant par la propriété qu'elle possède, et qu'indique l'équation (1), de devenir capable d'un plus grand effort quand une augmentation dans la résistance vient à réduire sa vitesse.

Nous nous sommes borné à placer dans la jante de la roue un contre-poids en plomb d'environ 700 kilogrammes, qui contre-balance les poids des manivelles, des bielles et des pistons, et donne au système un équilibre indifférent dont on a besoin pour faciliter la visite et l'entretien des organes.

CHAPITRE V.

BATIMENT DES MACHINES, SES ABORDS ET SES DÉPENDANCES.

§ I. — BATIMENT DES MACHINES.

111. *Disposition.* — Étant donné le système des machines élévatoires, le bâtiment se trouvait commandé dans ses dispositions d'ensemble.

Nous nous sommes attaché tout particulièrement à avoir des massifs solidement établis pour recevoir les plaques de fondation des machines, et nous les avons isolés de l'enceinte pour ne pas les faire participer aux tassements inévitables de murs d'une faible épaisseur relative et qui atteignent une grande élévation. Nous n'avons pas perdu de vue non plus la condition, si essentielle pour le bon entretien des mécanismes, d'éclairer largement toutes les parties de l'édifice et de rendre très-facile l'accès de tous les points. Les dessins des *Pl.* 12, 14, 21 font voir dans quelle mesure on est parvenu à satisfaire à ces exigences.

Les murs sont percés sur les quatre faces de larges ouvertures, qui laissent la lumière entrer directement à toutes les heures du jour. Un trottoir, qui est de plein pied avec la cour d'entrée et qui règne sur trois côtés du bâtiment, en divise l'intérieur comme en deux étages, répondant aux niveaux du couronnement et du radier des caisses à eau. On communique de l'un à l'autre par six escaliers tournants en fonte, dont la *Pl.* 22 reproduit les dispositions.

Les trottoirs des deux extrémités sont soutenus sur des arcades en maçonnerie qu'on ferme par des grilles de fer, et qui servent de magasin pour les agrès et pour les objets de consommation, comme l'huile, la graisse, les chiffons.

Dans le fond du trottoir, à droite en entrant, on a placé

15

un petit corps de garde avec un poêle pour que les graisseurs puissent, pendant les froids rigoureux de l'hiver, s'y venir chauffer et y déposer l'huile et la graisse qui, au dehors, se figeraient dans les burettes.

Le long du mur d'aval, la circulation du trottoir est continuée par une passerelle légère, composée d'un plancher à claire-voie, soutenu par des consoles et des entretoises en fonte (*Pl.* 21).

112. *Grille extérieure.* — En dehors du bâtiment, sur la façade d'amont, règne une passerelle analogue à celle du dedans. Elle soutient une grille de protection, destinée à arrêter les herbes et les corps flottants devant les orifices d'entrée de l'eau motrice. Cette grille, comme l'indiquent les détails de la *Pl.* 21, est formée de nombreuses lames de fer plat qu'on a rendues rigides en les maintenant en cinq points de leur longueur.

113. *Treuil de levage.* — Afin de faciliter le levage et la visite des lourdes pièces des machines, on a installé, du mur d'amont au mur d'aval, un chariot muni d'un treuil mobile et dont les roues portent sur deux files de rails cramponnés aux pierres de taille d'un encorbellement qui règne sur la longueur du bâtiment. Ce chariot peut se promener au-dessus de toutes les machines, de manière à faire arriver son treuil à l'aplomb de chacune des pièces qu'on veut soulever.

On accède à ce chariot depuis le trottoir par des échelles en fer et par une légère passerelle scellée dans le mur d'amont, et dont la *Pl.* 21 montre la disposition à laquelle nous nous sommes arrêté pour n'occuper que le moins de place possible, tout en évitant un long parcours aux ouvriers de l'usine qui sont en petit nombre, et qui, pendant une même opération, doivent faire plusieurs fois le chemin du chariot à la pièce à visiter.

114. *Portes et fenêtres.* — Les grandes ouvertures ménagées dans les façades pour éclairer l'intérieur et pour

permettre l'entrée des grandes pièces des machines auraient été fermées difficilement avec des châssis en bois; il
aurait fallu leur donner d'énormes dimensions pour les
mettre en état de résister à l'action du vent, qui a une grande
puissance sur de pareilles surfaces. L'emploi du fer était
donc tout indiqué, et nous avons en outre trouvé à l'adopter l'avantage d'obtenir une construction plus durable,
tout en n'étant pas plus coûteuse, ainsi qu'on le verra plus
loin à l'article des dépenses.

Ces portes et ces fenêtres sont représentées avec assez
de détail sur les *Pl.* 12 et 21 pour que nous n'ayons pas à
entrer ici dans plus de développements. Nous dirons seulement que nous avons calculé les dimensions des pièces
pour que, sous une pression de vent de 5o kilogrammes par
mètre carré, le fer ne travaille pas à une traction de plus
de 6 kilogrammes par millimètre carré.

115. *Couverture et combles.* — Tous les bâtiments sont
couverts en tuile mécanique de Lorraine, avec des faîtières
et des parcloses en poterie de Monchanin. Cette tuile, qui
donne des toitures d'un aspect satisfaisant et d'une belle
couleur rouge, est très-économique et ne pèse pas sensiblement plus que l'ardoise (43^k, 3o le mètre carré).

Nous avons donné une forte pente aux combles du bâtiment des machines, dont les pans font sur l'horizon un angle
de 4o degrés. Avec cette inclinaison, le vent a peu de prise
pour soulever les tuiles; le toit s'égoutte parfaitement, la
neige y séjourne peu, et comme il s'assèche rapidement, il
se trouve dans des conditions moins favorables au développement de ces végétations qu'on remarque sur les toitures
qui restent humides.

On avait cru pouvoir se passer d'un lattis jointif entre les
chevrons, mais on vient de reconnaître la nécessité de l'é-
tablir pour prévenir les accidents en arrêtant les fragments
d'une tuile qui viendrait à se casser, et pour mieux défendre
l'intérieur du bâtiment contre les variations de température.

Les fermes des combles sont conçues dans le système

Polonceau; elles sont, partie en bois de sapin, partie en fer
et fonte. Les arbalétriers en bois sont engagés par la tête et
par le pied dans des sabots en fonte, et ils sont tendus par
des tirants en fer, agissant sur les bielles ou contre-fiches
en fonte.

Les éléments de ces charpentes ont été calculés par les
formules du *Cours* de M. Bresse.

Nous avons été amené à la combinaison bois et métal par
des considérations d'économie. Une ferme toute en métal
aurait coûté plus cher et n'aurait présenté aucun avantage
sur le bois, qui, dans les conditions où il est placé, est en
vue de toutes parts, et n'a à redouter ni l'humidité ni aucune cause d'altération.

116. *Dallage.* — L'aire des trottoirs et du reste de l'intérieur des bâtiments est formée d'un enduit de $0^m,03$ d'é-
paisseur en ciment de Boulogne, reposant sur une maçonnerie de béton de chaux hydraulique.

Pour empêcher le cloquement, on a divisé l'enduit en
rectangles de 0,80 à 1 mètre de côté, et l'on a obtenu à peu
de frais une surface unie, résistante et simulant un dallage
en pierre de taille, qui coûterait bien plus cher pour ne pas
mieux valoir ici.

117. *Fondations.* — Les fondations du bâtiment des machines, celles de l'aqueduc sous le canal latéral et du déversoir qui formaient, avec la fouille du canal de fuite, un
ensemble de parties solidaires, ont présenté les plus grandes
difficultés à cause de l'abondance des sources qui, de chacune des nombreuses fissures de la craie fendillée, sortaient
avec une pression assez considérable pour soutenir les eaux,
quand on abandonnait la fouille à elle-même, à plus de $3^m,50$
au-dessus du fond, c'est-à-dire souvent à plus de 2 mètres
au-dessus du niveau qu'avaient les eaux de la Marne, à
quelques mètres plus loin, à l'époque de la construction.

On sait combien les maçonneries sont difficiles à établir
dans de pareilles conditions, surtout quand elles doivent
pouvoir former des radiers qu'on aura besoin de mettre à

sec, comme c'était le cas pour les puits des turbines et pour le bassin de chûte du déversoir, et elles exigent alors des précautions dont nous allons parler, en entrant dans quelques détails sur l'exécution des travaux.

L'aqueduc sous le canal latéral a été exécuté le premier, en profitant d'un chômage, qui a duré du 20 juillet au 1er septembre 1868.

La fouille en a été attaquée dans les derniers jours de juin et poussée avant le chômage aussi loin que le permettait le maintien des digues du canal. On était resté isolé de la rivière en ne creusant point le canal de fuite en aval de l'ouvrage et en conservant le terrain naturel qui formait batardeau.

Le 21 juillet, on donna une vigoureuse impulsion aux terrassements. Le 1er août, on commença les maçonneries; on les termina le 29, et le 1er septembre la navigation put reprendre son cours sur le canal latéral.

Dès qu'on fut descendu au niveau du fond de la fouille, on creusa trois rigoles de 0m,25 de largeur sur 0m,25 de profondeur, qu'on traça, l'une sous la pile centrale, les deux autres sous chacune des culées; on recouvrit ensuite ces trois rigoles de moellons plats posés sans mortier, et l'on essaya, à l'aide de pompes installées dans un puisard creusé en aval et où débouchaient les rigoles, de maintenir les eaux au-dessous du fond de la fouille.

Néanmoins les sources qui sortaient de chaque fissure de la craie ne purent être taries que jusqu'à une petite distance des rigoles sur l'emplacement des culées et des piles, et l'on dut construire le radier de l'aqueduc en deux couches : l'une de 0m,20 en moellons sans mortier, formant drainage, et l'autre de 0m,30 en maçonnerie ordinaire à joints brouillés.

Plus tard, quand l'ouvrage fut fini, on injecta du mortier à prise rapide dans les conduits qu'on avait conservés sous la pile et sous les culées, et pour empêcher les eaux recueillies sous toute la surface du radier par la première couche, qui, posée à sec, constituait un grand drainage, de venir tomber dans la fouille du bâtiment et du déversoir, on disposa, en avant de la tête d'amont de l'aqueduc, une crèche dont une partie, sur 1 mètre de largeur, fut remplie de béton de ciment jusqu'au niveau du radier.

Nous appliquions ainsi le principe qui nous guida pendant toute la construction, et qui consistait à fractionner le travail en plusieurs parties, qu'on isolait ensuite le mieux possible, dès qu'elles étaient achevées, pour diminuer l'importance de sources si considérables, qu'on n'aurait pu s'en rendre maître s'il avait fallu épuiser en une fois une surface de fouille d'environ 2000 mètres carrés. Malgré ces précautions, les difficultés, déjà grandes pour l'aqueduc, augmentèrent encore quand on arriva au déversoir et aux puits des turbines.

Alors on ne pouvait plus se contenter de rigoles espacées, et qui étaient suffisantes en posant le premier lit de pierres à sec ; ici il fallait non-seulement parvenir à construire une bonne maçonnerie, mais il fallait encore, avec des épaisseurs qui ne dépassaient pas $0^m,60$ et qu'on ne pouvait songer à augmenter, lui donner la puissance de résister à des sous-pressions considérables, qui, avec la perméabilité de la craie fendillée, pouvaient peut-être atteindre 7 mètres, c'est-à-dire la hauteur de la chute.

Nous avons eu recours au mode d'exécution suivant, dont on a seulement un peu varié les détails, d'après le plus ou moins d'eau et d'après les exigences de chaque point en particulier.

On commençait par établir, dans l'emplacement le plus convenable pour le jeu des pompes, un puisard assez profond et assez large (1 mètre environ dans tous les sens); on ouvrait ensuite, autour de la partie qu'on allait maçonner, un fossé d'enceinte de $0^m,20$ à $0^m,30$ de largeur et de profondeur, qui venait tomber dans le puisard. Ce fossé, à son tour, recevait l'égout d'une série de petites rigoles parallèles de $0^m,10$ de largeur et de $0^m,10$ à $0^m,15$ de profondeur, espacées de 1 mètre environ, et qui sillonnaient le fond de la fouille.

Ces travaux préliminaires achevés, on maintenait l'eau dans le puisard au-dessous du fond du fossé ; la surface de la fouille s'asséchait; on recouvrait les petites rigoles avec des briques ou des pierres plates maçonnées avec du ciment à prise rapide, puis on étendait sur tout le fond de la fouille une couche de béton de très-bonne chaux hydraulique, avec addition de ciment en poudre; on fermait les fissures de la craie, que l'appel d'eau fait par les petites rigoles avait mises à sec, et, au bout de quelques heures, le béton était capable de supporter une sous-pression dix fois plus considérable que celle que comportait son épaisseur, puisqu'elle ne s'exerçait plus que sur un dixième de la surface.

Si l'on n'avait pas eu, au contraire, la précaution de tenir le niveau de l'eau un peu bas pendant la prise du béton, il se serait délavé, comme on sait qu'il arrive quand il est attaqué avant son durcissement par des sources de fond dont on n'a pas arrêté l'écoulement, et le moins qui en serait résulté, c'est que les eaux auraient pu se faire un accès et se répandre sous une partie du radier assez grande pour avoir la force de le soulever, quand on aurait dû le mettre à sec, ne fût-ce que pour l'installation des turbines. Nous avons représenté (*Pl.* 22) la disposition de ces fossés et de ces rigoles de drainage, et nous compléterons ces indications en donnant, d'après le journal tenu sur le chantier, un rapide historique de la marche des travaux.

Dans les derniers jours de juin 1868, on attaque les fouilles de l'aqueduc, et les épuisements peuvent se faire au début avec une pompe Letestu n° 2 à 4 hommes, qu'on remplace, le 18 juillet, par une pompe n° 1 à 8 hommes.

Le 20 juillet, le canal latéral est mis en chômage.

Le 26, les eaux augmentant dans la fouille, on installe, sur le puisard creusé en aval de l'aqueduc, deux pompes Letestu n° 1, menées par une locomobile de 6 chevaux. Ces deux pompes fournissent moyennement 45 litres par seconde.

Le 1er août, on commence les maçonneries de l'aqueduc; on travaille aux fouilles du déversoir et de la partie du canal de fuite qui leur fait face, et dont le fond devait être défendu par un radier maçonné.

Le 26 août, on met en marche une deuxième locomobile,

installée, avec deux pompes Letestu nº 1, sur un puisard creusé derrière le mur de fond du déversoir.

Le 29 août, les maçonneries de l'aqueduc sont achevées, et, le 1ᵉʳ septembre, la navigation est rétablie sur le canal latéral.

Du 1ᵉʳ au 17 septembre, on continue les fouilles; on construit la crèche en avant du radier de l'aqueduc; on enlève la première locomobile et les pompes qui étaient près de la tête aval, et l'on vient les placer en face du déversoir (*Pl.* **22**, *deuxième emplacement de la locomobile nº 1*).

Le 17 septembre, on commence les maçonneries du déversoir, qui sont montées rapidement jusqu'aux naissances des voûtes; le manque de moellons force à ajourner jusqu'au 30 l'exécution du parement du radier, qui est achevé le 4 octobre.

Le 24 septembre, les fouilles des puits C, D, E arrivent à la cote 71,90, où commence le terrain sourceux. On installe provisoirement, entre C et D, deux pompes Letestu nº 2, que, dès le 26, on fait conduire par une troisième locomobile de la force de 4 chevaux.

Le 27 septembre, les perrés d'aval de l'aqueduc étant fondés, on construit sous la tête amont un batardeau en terre pilonnée à talus coulant vers l'aval, mais soutenu à l'amont par les jeux de poutrelles placées dans les rainures.

Le 6 octobre, on commence la maçonnerie du fond du canal de fuite en face du déversoir.

Le 9 octobre, le radier du déversoir étant achevé depuis le 4, on injecte, dans les cheminées du conduit qui le traverse, du béton de ciment qui l'obstrue; on comble le puisard dans lequel il débouchait, et la machine nº 2, avec ses pompes, est amenée dans le fond du canal de fuite.

Le 18 octobre, des sources abondantes s'étaient déclarées au pied du talus de droite, en face du déversoir et à l'emplacement du mur en aile de l'aqueduc; on en opère la captation à l'aide d'un long coffre en bois de 0ᵐ,40 sur 0ᵐ,40 à l'intérieur, muni de cheminées verticales, qu'on descend dans la fouille au pied du talus et qu'on enveloppe d'un bon béton de ciment qui lui donne de l'assiette et qui sera une fondation pour le perré.

Ce coffre, de 20 mètres de longueur, est terminé, à son orifice libre, par une vanne en forme d'empellement, qui doit permettre d'arrêter l'écoulement de l'eau quand le moment sera venu d'introduire par les cheminées le béton de ciment dont on les remplira.

Le 21 octobre, on remplace les pompes Letestu n° 2 des puits C et D par une pompe rotative Coignard, de $0^m,15$ de tuyau, qui débite environ 40 litres par seconde.

Le 24 octobre, une quatrième locomobile de 12 chevaux, qui est devenue nécessaire, est installée, avec une pompe rotative, sur le puits A, dont la fouille, arrivée à la cote 71,30, donne à ce moment 50 litres par seconde.

Le 27 octobre, on arrête l'écoulement de l'eau du coffre établi au pied du talus; on le remplit de béton, et les sources si abondantes dont il donnait le produit sont entièrement aveuglées.

Le lendemain 28, on ajoute une seconde pompe rotative à la locomobile de 12 chevaux, et l'on peut continuer à approfondir le puits A, qui, seul à ce moment, fournit plus de 100 litres par seconde.

Le 5 novembre, on commence le béton du radier dans les puits A et E.

Le 10 novembre, on termine la fouille D ; on isole le puits E, dont le radier est achevé depuis quelques jours, en versant du béton de ciment dans le conduit qui le faisait communiquer avec le puisard du canal de fuite.

Le 11 novembre, on commence le béton de D.

Le 14 novembre, on termine la fouille C et l'on en fait le radier.

Le 19 novembre, on maçonne celui B, et l'on isole le puits D, comme on a fait pour E.

Le 24 novembre, on isole à leur tour les puits A, B et C, et l'on remonte la locomobile n° 2 et les pompes qui étaient au fond du canal de fuite.

Le 26 novembre, les murs verticaux des puits, qui ont été construits rapidement, sont arrêtés à la cote 72,54,

c'est-à-dire à 1 mètre au-dessus de l'étiage de la Marne.
Les voûtes du déversoir sont achevées. Il ne reste plus qu'à
approfondir le fond du canal de fuite; les quatre machines,
actionnant sept pompes, suffisent à le maintenir à sec, et,
le 10 décembre, les déblais étant achevés, on arrête les
machines et l'on finit la campagne.

Ces travaux de fondation ont été pénibles et difficiles. Ils
ont été dirigés avec une grande énergie et une rare intelli-
gence par un jeune conducteur, M. Métayer, qui était
chargé, comme chef de section, de toute la partie comprise
entre Condé et le bief de partage.

§ II. — Dépendances.

118. *Maisons pour loger le personnel.* — Un système mécanique comme celui de Condé réclame des soins de tous
les instants et la plus active surveillance; il était donc nécessaire que le personnel préposé tant à la direction du
service qu'à la manœuvre et à l'entretien des machines fût
logé à proximité de l'usine.

Dans ce but, on a construit trois maisons : une pour un
conducteur, une autre pour le mécanicien-chef et son aide,
et la troisième pour le garde qui dirige les cantonniers
chargés de l'entretien et qui veille au régime et au mouvement des eaux dans le canal d'amenée et dans la rigole,
entre Châlons et le bief de partage.

Les dispositions adoptées pour ces maisons sont représentées sur les *Pl.* 1 et 23.

119. *Atelier de réparation.* — On a journellement à faire,
pour l'entretien des machines, de petites réparations qu'on
doit pouvoir exécuter sur place, sans recourir à des ouvriers étrangers : un atelier est indispensable. Celui qu'on
a construit se compose de deux pièces affectées, l'une à la
forge, l'autre à l'ajustage (*Pl.* 22).

Les outils qu'il renferme sont : une forge et son ventila-
teur, une machine à percer, une meule, une machine à ra-

boter, un tour à fileter et à charrioter, un banc d'étaux et un marbre à tracer.

Les machines-outils sont mises en mouvement par une turbinelle qui marchera à l'aide d'une prise d'eau de quelques litres, faite sur la conduite ascensionnelle.

120. *Grille de clôture.* — La maison du conducteur est séparée de l'ensemble des autres constructions par un chemin public; mais le bâtiment des machines, l'atelier et les maisons des mécaniciens et du garde, avec les jardins qui en dépendent, forment un enclos fermé par des canaux sur deux côtés et par une grille en fer sur les deux autres.

Cette grille en fer, d'un modèle simple, et qui est représentée *Pl.* 23, n'offre de particulier que le système qui la soutient. Nous ne pouvions, sans de grandes dépenses, la poser sur des maçonneries, à cause de la hauteur du remblai; nous l'avons attachée à des petits pieux en fonte, posés dans des trous garnis de ballast, et qui jusqu'à présent la maintiennent parfaitement.

CHAPITRE VI.

CONDUITE ASCENSIONNELLE.

121. *Disposition et système.* — Les eaux alimentaires refoulées par les pompes, et qui sont d'abord reçues dans un grand tuyau de $1^m,10$ de diamètre, surmonté de trois réservoirs d'air, se divisent, avant de sortir du bâtiment des machines, entre deux files de tuyaux de $0^m,80$ de diamètre intérieur, qui viennent les verser dans la rigole.

Cette double conduite a été adoptée pour diminuer les chances d'interruption du service en cas d'avaries et de réparations ; aussi l'on a muni chacune des files, à son origine, d'un robinet-vanne qui l'isole, et d'un robinet de décharge qui permet de la vider, et l'on a disposé les orifices, au débouché de la rigole, de manière à pouvoir être fermés indépendamment l'un de l'autre.

Nous avons pris pour nos tuyaux les modèles de la ville de Paris, et parmi ces modèles nous avons choisi le système des tuyaux à cordons et emboîtement, qui seuls se prêtent sans rupture aux tassements inévitables qui se produisent dans une conduite posée en terre.

Chaque tuyau a une longueur utile de 4 mètres, en sorte que le nombre des joints est assez restreint.

122. *Tubulures.* — Pour permettre la visite de la conduite, son nettoyage et l'enlèvement des dépôts que feront les eaux troubles de la Marne, on a ménagé de 100 mètres en 100 mètres des tubulures de 60 centimètres de diamètre fermées par des plaques et qui serviront de trous d'hommes.

123. *Pose.* — Les deux files de tuyaux sont parallèles et distantes de $1^m,30$ d'axe en axe ; elles sont placées dans une tranchée en pente continue et à une profondeur telle, qu'elles sont recouvertes d'un remblai de $1^m,20$ au-dessus de leur axe, de manière à être mises à l'abri de la gelée.

Les tuyaux ont été fournis et posés par la fonderie de Marquise, qui en avait obtenu l'adjudication au rabais. Ils ont été éprouvés à l'usine à une pression de 10 atmosphères, et ensuite sur place, après leur pose, à une pression de 8 atmosphères, pour s'assurer de la bonne exécution des joints.

La longueur de chaque file entre les tubulures des robinets-vannes et les orifices de débouché dans la rigole est de 621 mètres.

CHAPITRE VII.

RIGOLE.

124. *Tracé.* — La rigole qui reçoit les eaux d'alimentation montées par les machines pour les conduire au bief de partage a, comme nous l'avons déjà dit, une longueur de 7605 mètres. Elle se développe sur le versant gauche du vallon d'Isse, en épousant toutes les formes du terrain et de manière à être, autant que possible, entièrement logée dans lesol. Son tracé, néanmoins, affecte des formes régulières, et le rayon des courbes qui raccordent les alignements droits ne descend pas au-dessous de 150 mètres. La pente du fond est réglée uniformément à 15 centimètres par kilomètre.

125. *Section.* — La section adoptée, et dont nous ferons connaître la puissance de débit, est un trapèze de $2^m,20$ de largeur au fond, de $1^m,25$ de hauteur et de $2^m,40$ de largeur en tête.

Elle est maçonnée sur toutes ses parois : le radier se compose d'une couche de béton de gravier de 15 centimètres d'épaisseur, bien battue et bien lissée, sur laquelle on a élevé, avec un fruit de 8 centimètres, des murettes en maçonnerie de moellons bruts paramentés sans sujétion d'appareils, mais bien garnis dans les joints.

Ces murettes, qu'on a cherché à souder en quelque sorte à la craie, ne forment qu'un revêtement dont l'épaisseur moyenne est de 35 centimètres seulement dans les parties en déblai et qu'on a augmentée dans les parties en remblai, en la proportionnant aux efforts qui tendent à renverser la maçonnerie.

Les produits des fouilles exécutées pour loger la rigole

ont été déposés de chaque côté en banquettes régulières de 60 centimètres de hauteur au-dessus du couronnement des murettes.

Nous avions été conduit à cette forme presque rectangulaire de la section par les considérations suivantes :

La rigole est ouverte dans un sol de craie fendillée assez solide, mais tellement perméable que, pour ne pas perdre de l'eau alimentaire élevée à tant de frais, on ne pouvait pas hésiter à y faire un étanchement complet. Or dans une contrée où la bonne terre végétale n'existe pas et dans un sol fissuré comme celui qu'on rencontre, le seul mode d'étanchement possible était un revêtement soit de béton, soit de maçonnerie.

Le système auquel nous nous sommes arrêté donne une rigole d'une étanchéité certaine ; il permet, si une fuite se produit, de la découvrir et de la réparer avec la plus grande facilité ; il n'a pas l'inconvénient des étanchements en béton recouvert de terre sur talus très-inclinés, qui ne permettent pas de voir le point où une brisure se produirait et qui, laissant se développer une végétation de plantes aquatiques, obligent, pour conserver l'écoulement des eaux, à augmenter la pente ou à élargir les sections.

La forme presque verticale pour les maçonneries fait disparaître le danger des cassures dans les parties en remblai, en permettant de faire descendre à moindres frais toute la construction jusque sur le sol incompressible.

Mais de tous les dangers contre lesquels il faut se prémunir quand on a affaire à la craie de Champagne, les plus sérieux viennent de l'action de la gelée, dont nous allons faire connaître les effets.

La craie se pénètre d'eau, et, lorsqu'elle est atteinte par la gelée, elle se gonfle et, en augmentant de volume, elle chasse et brise avec une force irrésistible tout obstacle opposé à son expansion. Sur les routes mêmes, où la craie se laisse atteindre par la gelée jusqu'à des profondeurs de 80 centimètres, il se produit des désorganisations telles que, dès que la congélation qui réunit les matériaux cesse par le dégel, la chaussée devient impraticable et se laisse couper

sous la roue des voitures. Or, pendant le rigoureux hiver de
1870, la rigole, à la suite de l'invasion, ayant été laissée sans
eau, la gelée a pénétré profondément au travers des maçonneries, le radier s'est soulevé et fendu, et les murettes, sur
d'assez grandes longueurs, se sont déversées tout d'une
pièce, en prenant un surplomb de quelques centimètres, au
lieu du fruit qu'elles avaient auparavant.

Le remède que nous avons appliqué a été le suivant :

Nous ne pouvions essayer de lutter contre la force d'expansion de la glace, qui est irrésistible; mais nous avons
cherché à l'empêcher de naître en protégeant la craie qui
est au contact des murettes par un manteau de gravier, qui
ne se laisse pas pénétrer par le froid.

A cet effet, nous avons ouvert derrière les murettes, qui
avaient été déplacées, une fouille descendue jusqu'au-dessous de la ligne de renversement des maçonneries, en lui
donnant une largeur de 3o centimètres au fond. Ce dégage-
ment opéré, on a pu, avec un faible effort, remettre les murettes à leur ancien aplomb, puis on a comblé le vide de la
fouille avec du béton sur une hauteur de 55 centimètres et
avec du gravier sur les 45 centimètres restants.

Dans les autres parties, qui pouvaient avoir à souffrir des
rigueurs d'un autre hiver, on s'est borné à ouvrir, en ar-
rière des murettes, sur 6o centimètres de profondeur, une
fouille qu'on a remplie ensuite avec du gravier.

De plus, pour se mettre en garde contre la poussée que
l'eau pénétrant le gravier pouvait exercer contre les murettes, on les a maintenues par un certain nombre d'arcs ou
de traverses en briques maçonnées en ciment de Boulogne,
qui vont d'une rive à l'autre et empêchent le renversement
par la poussée (*Pl.* 25).

Quant aux cassures du radier, on a ouvert leurs lèvres,
on les a piquées au vif et on les a refermées comme un
joint avec du mortier de ciment de Boulogne. Enfin on a
achevé la restauration en jointoyant complétement avec le
même mortier tous les parements des murettes.

Depuis l'exécution de ces travaux, la rigole est d'une
étanchéité complète, et les rigueurs de l'hiver dernier, en

n'occasionnant aucun dérangement, ont semblé montrer que le remède employé avait été efficace.

126. *Ouvrage de tête.* — Au point où les tuyaux de la conduite forcée sortent du sol, ils s'élèvent verticalement dans une tour en maçonnerie et viennent déboucher dans la cuvette de la rigole, qui à son origine est portée sur une série d'arcades de 3 mètres d'ouverture en plein cintre. La tour et les arcades sont construites en maçonnerie brute de moellons de meulière.

La tour est placée au point où l'ouvrage en maçonnerie ne coûte pas sensiblement plus cher que la double ligne de tuyaux, sur laquelle il a l'avantage de n'avoir aucune partie cachée et de n'opposer que peu de résistance au mouvement de l'eau.

127. *Ouvrages courants.* — Les autres ouvrages, tels que aqueducs, ponts par-dessus, aqueducs de décharge et ouvrage d'introduction de l'eau qu'a nécessités l'établissement de la rigole, ne présentent rien de particulier, et ils sont suffisamment définis par les dessins de la *Pl.* 25.

128. *Puissance de débit.* — Nous terminerons ce qui est relatif à la rigole en indiquant, d'après les coefficients de M. Bazin, sa puissance de débit pour différentes profondeurs d'eau.

PROFONDEUR de l'eau H	SECTION Ω	PÉRIMÈTRE X	RAYON moyen R	VITESSE moyenne U	DÉBIT Q
m	m	m	m		lit
0,60	1,38	3,50	0,39	0,397	548
0,80	1,84	3,90	0,47	0,436	802
1,00	2,30	4,30	0,53	0,473	1088
1,10	2,53	4,50	0,56	0,489	1237

CHAPITRE VIII.

DÉPENSES ET EXPLOITATION.

§ I. — Dépenses de premier établissement.

129. *Ensemble des dépenses.* — Les principaux travaux de l'alimentation du canal de l'Aisne à la Marne ont fait l'objet de sept entreprises; les travaux qui avaient été réservés ou qui n'avaient pas été prévus ont été exécutés à la tâche ou en régie.

On peut, sans s'astreindre à cette division par lots, résumer de la manière suivante les dépenses qui sont à porter au compte de premier établissement du système :

I.

Frais des bureaux extérieurs et personnel des surveillants..............................		25 847,87^{fr}

II. — Acquisitions de terrains et indemnités.

Acquisition de 56^h 28^a 68^c	289 676,16^{fr}	
Intérêts pour prise de possession anticipée, éviction des fermiers, publications, frais d'expropriations, etc.	14 779,69	
Droits d'extraction, dommages, y compris ceux causés par l'accident du 24 mai 1870........	63 734,21	368 190,06

III. — Canal d'amenée.

1° *Entre Châlons et Saint-Martin.*

Terrassements (entreprise et tâche)	41 997,46	
Accessoires des terrassements (entrepr. et tâche).	7 986,22	
Travaux d'art (entreprise et tâche)...........	27 449,30	
Épuisements, batardeaux, assainissements.....	10 641,65	88 074,63

A reporter........	482 112,56

fr
Report........ 482 112,56

2° *Entre Saint-Martin et Condé.*

		fr	
Terrassements (entreprise et tâche)..........		366 731,69	
Accessoires (pilonnages, semis, perrés, etc.)...		45 111,21	
Accéssoires, étanchements		55 661,13	
Travaux d'art (entreprise et tâche)		212 892,24	
Épuisements et dépenses diverses............		8 811,57	689 207,84

IV. — CANAL DE FUITE, DÉVERSOIR ET BATIMENT DES MACHINES.

Bassin en avant des machines.................		9 612,24	
Canal de fuite.	Déblais, radier, perrés, etc....	20 858,46	
	Aqueduc sous le canal latéral.	31 189,39	
	Travaux divers à la tâche.....	546,85	
Bâtiment des machines...	Maçonneries, etc.............	178 719,12	
	Parties métalliques spéciales (portes, passerelles, etc.)...	34 785,79	
	Travaux à la tâche...........	16 849,47	
Épuisements, batardeaux, etc		55 539,77	
Dépenses diverses........................		2 259,22	350 360,31

V. — ABORDS ET DÉPENDANCES.

Maison des mécaniciens.	Entreprise.........	17 826,30	
	Tâche.............	1 698,33	
Maison de garde	Entreprise.........	6 732,32	
	Tâche.............	541,03	
Atelier, bâtiment.......	Entreprise.........	4 821,07	
	Tâche.............	54,64	
Outillage évalué à		10 000,00	
Maison du conducteur.	Travaux non entière- ment réglés, évalués à	12 000,00	
Abords, jardins, empierre- ments, clôtures, etc.....	Entreprise.......	5 840,75	
	Tâche..........	8 723,73	
Dépenses diverses.........................		383,58	68 621,75

VI. — CONDUITE ASCENSIONNELLE.

Travaux à l'entreprise........................	123 389,39	
Robinets, vannes, etc. (à la tâche)...........	5 734,45	
Dépenses diverses en régie..................	1 124,65	130 248,49

A reporter........ 1 720 550,95

16.

Report........ 1 720 550,95 ^{fr}

VII. — RIGOLE.

Ouvrage de tête	(Entreprise..........	28 630,67 ^{fr}	
	(Tâche.............	1 417,99	
Rigole proprement dite.	(Entreprise	239 590,56	
	(Tâche.............	11 365,66	
Complément et réparations après la guerre....		50 302,26	
Épuisements de l'ouvrage d'introduction......		389,35	
Dépenses diverses.........................		1 860,58	333 557,07

VIII. — MACHINES ÉLÉVATOIRES.

Travaux à l'entreprise......................	460 859,78	
Travaux à la tâche.........................	16 887,31	
Épuisements.............................	6 092,04	
Dépenses diverses.........................	145,60	483 984,73
Total des dépenses de premier établissement...		2 538 092,75

130. *Observation générale.* — Entrons maintenant, après ce résumé de l'ensemble des dépenses, dans quelques détails sur les éléments qui le composent.

Déjà nous avons, en regard des dessins des principaux ouvrages, donné l'extrait du décompte qui leur est relatif; nous y renverrons, et nous ne consignerons ici que les résultats intéressants à connaître, qui ne pouvaient trouver place sur les planches de l'Atlas.

Nous commencerons par observer, ce qui est important quand il s'agit d'apprécier des dépenses, que le pays traversé ne fournit, à l'exception du gravier et du sable de la vallée de la Marne, aucun des matériaux nécessaires à la construction : il faut aller les chercher au loin, ce qui élève le prix des ouvrages. C'est ainsi que la pierre de taille est venue de Lérouville, près de Commercy; la chaux, de Ville-sous-la-Ferté, près de Bar-sur-Aube, et que le moellon a été tiré des carrières calcaires des départements de la Meurthe et de la Meuse, ou des carrières de meulière de Port-à-Binson et de la montagne de Reims.

Nous suivrons, pour l'examen des détails, le même ordre que dans le résumé.

131. *Canal d'amenée des eaux motrices.* — Nous avons distingué, dans le canal d'amenée, la partie comprise entre Châlons et Saint-Martin de celle qui s'étend de Saint-Martin à Condé.

La première, qui est accessible à la navigation, est établie dans un lit de la Marne qu'on a régularisé; la seconde a été creusée de toutes pièces, pour mener les eaux motrices aux machines. C'est d'elle seule que nous allons parler.

La dépense d'exécution de cette partie, non compris les acquisitions de terrains et les frais de surveillance, s'élève, pour les terrassements, accessoires des terrassements, étanchements, travaux d'art, ouvrages régulateurs, épuisements, etc., à $48^{fr},62$ par mètre courant.

Le cube moyen de tous les terrassements exécutés sur cette partie est de 27 mètres par mètre courant, qui reviennent en moyenne, pour fouille, charge et transport, à $1^{fr},01$ le mètre cube.

Parmi les ouvrages accessoires, les étanchements offrent seuls de l'intérêt.

On a étanché au sable une longueur de 7700 mètres, et l'on y a dépensé $1^{fr},55$ par mètre courant.

On a étanché, en remaniant les talus et en broyant sous un rouleau compresseur la craie du plafond, une longueur de 700 mètres, et l'on y a dépensé $27^{fr},41$ par mètre courant.

On a étanché la tranchée de Condé, sur une longueur de 700 mètres, avec du béton sur les talus de déblai, avec de la craie broyée par un rouleau compresseur sur le fond et avec des remaniements et des pilonnages sur les talus de remblai, et l'on a dépensé 35 francs par mètre courant.

Les ouvrages d'art se composent d'un mur de soutènement de 100 mètres de longueur, de 31 aqueducs, de 6 ponts en maçonnerie, dont un sous le chemin de fer; de 8 ponts avec culées en maçonnerie et tabliers métalliques, enfin de vannages de prise d'eau et de décharge.

Les types des aqueducs et des ponts en maçonnerie n'ont pas été préparés spécialement pour ce travail; nous les avions étudiés quelques années auparavant et appliqués un grand nombre de fois sur différentes lignes du réseau des chemins de fer d'Orléans; ils sont très-économiques, et nous n'avons rien à ajouter aux détails que les planches fournissent.

Nous allons seulement passer en revue quelques-uns des ouvrages métalliques.

Les garde-corps en fer des ponts en maçonnerie et du mur de soutènement sont semblables à ceux des ponts métalliques; ils coûtent, non compris le scellement, qui est fait en ciment de Boulogne, 16^{fr},07 le mètre courant; ils pèsent par mètre, y compris les crampons de scellement, 21^{kg},36.

L'aqueduc du ruisseau de la Veuve est formé, comme l'indique la *Pl.* 3, d'un tablier en fonte porté sur des culées en maçonnerie, et recouvrant un vide de 14 mètres de longueur et de 3 mètres de largeur.

Ce tablier pèse, par mètre carré de vide couvert, 372 kilogrammes, et coûte 106^{fr},72.

Les vannes mobiles de la décharge du même aqueduc ferment des orifices de 93 centimètres de largeur et de 1 mètre de hauteur; elles coûtent, par mètre carré d'orifice qu'elles ferment, 61^{fr},20.

Les vannes mobiles de l'aqueduc-siphon de Saint-Martin ferment sous une forte pression des orifices de 2 mètres de largeur et de 1^{m},25 de hauteur; elles coûtent, par mètre carré d'orifice qu'elles ferment, 67^{fr},06.

Les grandes vannes mobiles du pont Saint-Martin ferment, sur 2^{m},28 de hauteur, des pertuis de 3^{m},40 de largeur; elles coûtent, par mètre carré d'orifice qu'elles ferment, 88^{fr},44.

Le tablier d'un pont métallique, comprenant les fontes, les fers, le garde-corps, les voûtes en briques, le béton et les trottoirs, ne coûte que 4685^{fr},21. C'est, pour 14 mètres de portée, une dépense de 334^{fr},66 par mètre courant, et, pour un vide couvert de 56 mètres, une dépense de 83^{fr},66 par mètre carré.

On a tenu régulièrement, pendant leur montage et pendant la construction des voûtes, du béton et des trottoirs, des attachements dont nous allons faire connaître le résultat :

Le montage se faisait avec huit hommes, dont trois monteurs, un maître charpentier et trois compagnons charpentiers.

Les maçonneries étant achevées et les sabots étant ajustés sur les pierres de taille de coussinets convenablement taillées à l'aide d'un gabarit, on amenait les arcs dans le fond du canal et on les rangeait entre les culées. Avec les cordages de deux chèvres on saisissait près de leur centre de gravité chacune des parties qui devaient former un même arc, on les soulevait à une hauteur convenable, et, quand on avait placé les trois tourillons, en commençant par ceux des culées, on abandonnait l'arc à lui-même.

Les deux autres demi-arcs s'enlevaient de la même façon, et l'on disposait primitivement les chèvres de manière à n'avoir pour cela qu'à les riper un peu. Toutefois, avant de procéder au levage de ce second arc et à cause de la disposition adoptée dans les attaches des entretoises, en vue du contreventement, il fallait d'abord approcher ces entretoises qui, les arcs une fois mis en place, n'auraient pu être introduites entre les nervures.

Dans ce but, on installait sous le pont trois légers tréteaux, un près de chaque culée, et le troisième au milieu; on faisait courir de l'un à l'autre quatre cours de forts madriers qui, en même temps qu'ils fournissaient un échafaudage aux ouvriers, servaient à soutenir les entretoises, à mesure qu'on les amenait à leur place et qu'on réglait leur position au moyen de cales en bois.

Cela fait, on approchait les pièces du second arc, dont le levage se faisait à peu près aussi facilement que pour le premier.

On réglait alors ces arcs avec les cales des sabots, puis on boulonnait les entretoises, en opérant graduellement, et enfin on terminait le montage par la mise en place des consoles et des pièces du trottoir.

En laissant de côté la difficulté de l'approche des matériaux par des chemins non terminés, difficulté dont on a dû tenir compte au constructeur, les attachements donnent pour dépense du montage d'un pont :

	fr
4 journées de 3 ouvriers monteurs	72,00
3 ½ journées de maître charpentier	28,00
3 ½ journées de 4 compagnons charpentiers	84,00
Loyer de chèvres et câbles	48,00
Transport des chèvres et du matériel	6,00
Total	238,00

A cette somme il faudrait ajouter la dépréciation et l'usure des tréteaux, madriers, cales, etc., qui ont coûté d'acquisition 246^{fr},08 et ont servi pour tous les ponts.

On a tenu également des attachements pour la construction des voûtes et des trottoirs. En voici les résultats pour un pont :

	fr
Salaire des maçons et aides	253,25
Briques	122,90
Ciment (900^{kg})	90,00
Chaux, gravier et sable	25,95
Balais et menus frais	4,00
Total	496,10

A cette somme il faudrait ajouter la dépréciation et l'usure des cintres qui ont servi pour les dix ponts, et qui ont coûté 168^{fr},34.

132. *Canal de fuite, déversoir, bâtiment des machines et dépendances.* — Les fondations de cet ensemble d'ouvrage ont été très-difficiles, à cause de l'abondance des sources et ont coûté fort cher.

Les dépenses faites pour les épuisements se classent de la manière suivante :

	fr
Ouvriers employés à la conduite des machines, aux pompes, aux rigoles, drainages, puisards, batardeaux et à la captation des sources	17045,13
Locations et transports des machines locomobiles	9392,69
Locations, transports et achat de pompes et de tuyaux	8044,81
Abris et installations des machines et des pompes	3004,10
Houille	10350,32
Graissage et éclairage des machines	1533,37
Réparation et entretien des machines et des pompes	1232,94
Matériaux pour batardeaux, etc.	4936,41
Total	55539,77

De cette somme il faudrait, à la rigueur, défalquer environ 2000 francs pour la houille qui restait après l'achèvement des travaux, et 5000 francs pour le matériel d'épuisement qu'on avait acheté et dont on a déjà pu faire profiter d'autres chantiers.

A ces éléments de dépense et à ceux que donnent les planches nous ajouterons seulement quelques détails pour ce groupe de travaux.

Le bâtiment des machines et le déversoir avec tous les massifs de fondation des turbines et des pompes renferment :

$$
\begin{array}{lr}
 & \text{mc} \\
\text{Maçonnerie de béton, soit maigre, soit ordinaire...} & 735,56 \\
\text{»} \qquad \text{de moellons bruts.................} & 3034,79 \cdot \\
\text{»} \qquad \text{de moellons tetués................} & 197,24 \\
\text{»} \qquad \text{de pierres de taille................} & 453,35 \\
\end{array}
$$

La grande porte d'entrée du bâtiment, qui a une surface utile de $61^{mq},24$, pèse par mètre carré $59^{kg},51$ et coûte, sans la vitrerie, $42^{fr},70$, dont $1^{fr},05$ pour la peinture.

Les fenêtres latérales du bâtiment pèsent, par mètre carré de surface utile, $24^{kg},95$, et coûtent, sans la vitrerie, $17^{fr},94$, dont $1^{fr},05$ pour la peinture.

Les portes en fer qui ferment une voûte sous les trottoirs coûtent, mises en place, $117^{fr},97$.

La surface occupée par le bâtiment des machines et ses abords est fermée par une grille en fer fondée sur des pieux en fonte. Cette grille coûte moyennement, en comprenant les portes, 30 francs le mètre courant, mise en place.

133. *Conduite ascensionnelle.* — La conduite ascensionnelle, mesurée entre les brides d'amont des robinets-vannes et l'orifice du débouché dans la rigole, a une longueur de $621^{m},80$ de double file, ou 621 mètres si l'on ne compte la longueur qu'à partir des brides d'aval.

La dépense, déduction faite des deux robinets-vannes, qui coûtent chacun $2235^{fr},45$, et des deux robinets de vidange, qui ont coûté ensemble $763^{fr},75$, se réduit à $125013^{fr},80$. Elle donne, pour le prix du mètre linéaire de la double conduite courante, $201^{fr},31$, se décomposant en

167^{fr},25 pour la fourniture de la fonte et des boulons de quelques joints qui sont à brides, et 32^{fr},46 pour l'essai et le coaltarage des tuyaux, le terrassement, la pose, la fourniture de la corde goudronnée et du plomb des joints et l'essai de la conduite.

La double file des tuyaux de fonte pèse en moyenne, le mètre courant, 779^{kg},56, et on l'a payée 0^{fr},207 le kilogramme, rendue à pied d'œuvre.

134. *Rigole.* — La rigole se compose de deux parties : la première, qui est portée sur arcades, et que nous nommons *ouvrage de tête*, a une longueur de 138^{m},9; la seconde, qui est la rigole proprement dite, mesure, entre la fin de l'ouvrage de tête et la crête du talus du canal de l'Aisne à la Marne à l'ouvrage d'introduction, une longueur de 7469^{m},93.

L'ouvrage de tête coûte 30048^{fr},66, ce qui en fait revenir le mètre courant à 216^{fr},33, la tour comprise.

La rigole proprement dite, pour terrassements, accessoires, chaussées, ponts, aqueducs, ouvrage d'introduction et dépenses en régie, coûte 303508^{fr},41, ce qui en met le mètre courant à 40^{fr},63. Dans cette somme, nous comprenons la dépense de 50302^{fr},26, qui a été faite après la guerre, parce que les travaux qu'elle représente, et dont nous avons rendu compte plus haut, constituent des améliorations qu'on aurait pu introduire dès l'origine, si l'on n'avait pas cru devoir attendre les résultats d'une première épreuve.

Ainsi l'on avait pensé qu'en faisant des maçonneries bien pleines et en les exécutant avec soin, on pourrait peut-être se dispenser, sur les murettes, d'un rejointoiement de surface comme on l'exécute d'ordinaire, et l'on s'était borné à faire faire des joints à la truelle par les maçons, à mesure qu'ils montaient la construction.

L'expérience a partout montré que ces joints ne valaient absolument rien, parce que le mortier, en séchant, éprouvait un retrait qui le détachait du moellon, et l'on n'a pu arriver à rendre la rigole étanche, comme elle l'est aujourd'hui, qu'en dégarnissant complétement les joints et en remplaçant le mortier de chaux hydraulique par du mortier de ciment de Boulogne, bien serré au fer.

Le prix de $40^{fr},63$ du mètre courant se décompose ainsi :

	fr
Terrassements...............................	4,75
Accessoires, empierrements, plantations, etc....	0,42
Radier, murettes, aqueducs, ponts, etc........	35.15
Dépenses diverses en régie..................	0,31
Total.................	40,63

A cette somme il faudrait ajouter l'acquisition d'une zone de terrain d'une largeur moyenne de $20^m,05$, qui a permis l'établissement de chemins latéraux d'exploitation qui ont été fort utiles pendant la construction.

Les aqueducs sous la rigole consistent en tuyaux de 50 centimètres de diamètre intérieur et de 15 centimètres d'épaisseur, construits sur place en ciment de Boulogne. Il fallait, pour en construire 1 mètre de longueur, 86 kilogrammes de ciment, 300 litres de gravier mêlé de sable, et six heures de maçon; le mètre revenait à $11^{fr},40$.

135. *Machines élévatoires.* — Dès que l'étude générale du système élévatoire fut achevée et que, pour donner une base précise à la discussion, nous eûmes dressé un avant-projet sommaire en ce qui touchait aux formes définitives de certains organes et donnant, avec les dispositions d'ensemble, les dimensions calculées d'après les méthodes exposées plus haut, on adressa, en avril 1868, à différents constructeurs, cet avant-projet, accompagné d'une Note, dont le § II du Chapitre IV n'est que le développement, et d'un programme des conditions à imposer pour la construction et la mise en place des machines, programme que nous avions rédigé d'après un modèle de marché de la ville de Paris.

Nous allons reproduire ici ce programme.

136. *Conditions pour la construction et la mise en place des machines élévatoires.* — ARTICLE 1er. — Les eaux de la Marne, dérivées depuis Châlons, arrivent à Condé à un niveau qui sera le même en tous temps, et qui est à la cote 78,46 du nivellement général de la France. A Condé, l'étiage de la Marne est à la cote 71,54, et les crues les plus hautes montent à 75,34, en sorte que les différences de niveau entre les eaux dérivées et celles de la rivière sont, en étiage, $6^m,92$, et en crue, $3^m,12$. Ces différences de niveau, s'il n'y avait pas de pertes entre les moteurs et la rivière, représenteraient les deux valeurs extrêmes de la chute utilisable.

La puissance motrice de cette chute sera recueillie par cinq turbines du système Kœchlin, qui auront 2 mètres de diamètre extérieur et seront capables de débiter 2500 litres à la seconde, sous la chute de $6^m,70$.

Les turbines ne fonctionneront pas habituellement toutes ensemble. Le nombre qu'on en mettra en marche à la fois dépendra et de la hauteur de l'eau en rivière, c'est-à-dire de la chute, et des besoins de l'alimentation, besoins qui varient, sinon dans la même proportion, du moins dans le même sens que la chute.

Ces turbines devront pouvoir se conjuguer au moyen d'un système d'embrayage des arbres de couche. Ce système d'embrayage devra être solide, facile, simple. Toutefois il ne devra pas, pour éviter les causes d'accidents, pouvoir fonctionner en pleine marche.

Les turbines actionnent six pompes à double effet, lançant l'eau dans une conduite de refoulement formée de deux files de tuyaux de fonte de 80 centimètres de diamètre intérieur, de 670 mètres de longueur (réduite pendant l'exécution à $621^m,80$), et débouchant dans une rigole dans laquelle le niveau de l'eau sera supposé à la cote 97,74.

Dans les basses eaux, c'est-à-dire avec la forte chute, deux pompes à double effet correspondront à la puissance d'une turbine.

Les pompes seront verticales, elles n'auront pas ou n'auront que peu d'aspiration.

Les soupapes ou clapets seront, avant le changement de direction du piston, tirés par une tige à ressort qui recevra son mouvement d'un excentrique calé sur l'arbre, et qui tendra à les ramener sur leur siége. L'angle d'avance dans le calage et la force du ressort se détermineront de manière à supprimer les chocs et à obtenir le maximum d'effet utile.

Afin de faire varier le travail, en conservant constante la course du piston, les pompes devront pouvoir être rendues à volonté à simple ou à double effet, par une manœuvre facile et qu'on puisse exécuter en pleine marche.

Les dispositions de transmissions seront telles que, les turbines marchant à pleine eau, on puisse toujours, en les conjuguant convenablement et en réduisant le travail des pompes par la mise à simple effet d'une ou de plusieurs, arriver à faire faire le nombre de tours qui correspond au maximum d'effet.

La fourniture comprendra les turbines, les parois en fonte des cabinets d'eau, les bâtis, les plaques de fondation des pompes, les transmissions de mouvement, les pompes, leurs tuyaux d'aspiration et de refoulement, les réservoirs d'air munis de manomètres, de tubes et de robinets indicateurs du niveau d'eau, la portion des tuyaux de refoulement qui est logée dans le bâtiment, et qui finit inclusivement à la tubulure de raccordement avec la double conduite.

Le tuyau de refoulement de chaque pompe est séparé du grand tuyau commun par un clapet de retenue faisant partie de la fourniture.

Enfin la fourniture comprend deux séries de tarauds et deux séries de clefs pour toutes les dimensions de boulons employés, deux crics, deux moufles différentielles avec chaînes, dix burettes à graisser, un réservoir d'huile en tôle de 100 litres; les rechanges, comprenant deux pistons complets avec garnitures, un moule pour les garnitures, deux jeux de clapets d'aspiration et de refoulement.

ARTICLE 2. — Les plans ci-joints indiquent les emplacements des turbines, qui seront disposées en ligne et distantes l'une de l'autre de 10 mètres.

Le sol général, dans la chambre des machines, est à la cote 75,86. Il règne sur les côtés transversaux et sur le côté d'amont un long trottoir à la cote 78,86, qui est la cote du couronnement des digues du canal d'amenée.

Les turbines seront exécutées dans les ateliers de M. Kœchlin.

Le constructeur pourra, s'il le juge convenable, ne pas couler chez lui les fontes des cabinets d'eau, des bâtis, des tuyaux et des autres pièces qui ne sont pas, à proprement parler, des pièces de mécanique; mais les usines dans les-quelles il les commandera·devront être agréées par les in-génieurs.

Les fontes seront en seconde fusion.

Toutes les parties qui composeront le système élévatoire seront parfaitement en vue, et disposées de telle façon que l'accès en soit très-facile.

Les fers et les fontes qui composent les cabinets d'eau, les bâtis, le grand tuyau commun de refoulement, les réservoirs d'air, l'escalier sous le radier des cabinets d'eau, seront payés d'après leur poids et au prix consenti par le fournisseur.

Les turbines, les paliers, les transmissions, les pompes, les tuyaux d'aspiration et de refoulement, les clapets, les soupapes, les reniflards, les manomètres, les robinets des chambres d'air, enfin le treuil de pose formeront un forfait dont le soumissionnaire fera connaître le prix pour lequel il s'engage à l'exécuter.

Les grandes vannes motrices, la grille d'épuration le long du bâtiment, les escaliers, qui font descendre du trottoir sur le sol de l'usine, font partie d'une autre entreprise.

ARTICLE 3. — L'adjudication aura lieu avec concurrence. A cet effet, au jour qui sera fixé, les constructeurs qui au-ront été appelés et qui voudront concourir à l'adjudication devront déposer les pièces ci-après :

1° Engagement de verser au Trésor, dans la huitaine qui suivra l'approbation de l'adjudication, une somme de 10 000 francs à titre de cautionnement;

2° Une soumission sous enveloppe cachetée, qui devra être conforme au modèle annexé, et qui portera le prix auquel le soumissionnaire aurait à faire la fourniture;

3° Le projet représenté par des plans, coupes et éléva-tions, cotés et suffisamment développés pour qu'on puisse apprécier le système.

Les dessins seront accompagnés d'un devis descriptif, contenant les poids approximatifs des principales pièces de l'ensemble de l'appareil.

Séance tenante, il sera procédé, en présence des concurrents, à l'ouverture des enveloppes contenant les projets et les soumissions. Toutes les pièces seront ensuite adressées à l'Administration supérieure, avec un rapport des ingénieurs, qui proposeront l'adoption du système qui leur semblera le meilleur et le plus avantageux, tant sous le rapport de la disposition que sous celui de la dépense.

L'adjudication ne deviendra définitive qu'après l'approbation du Ministre.

ARTICLE 4. — Le constructeur, en cours d'exécution, ne pourra apporter de changement au projet que du consentement de l'Administration.

Les poids indiqués au devis descriptif pour les pièces à forfait ne pourront être diminués de plus d'un dixième, et de plus de 5 pour 100 sur l'ensemble des pièces.

ARTICLE 5. — Les appareils formant l'objet de la soumission seront loyalement exécutés dans toutes leurs parties, et formés de matériaux de très-bonne qualité.

L'entrée des ateliers sera toujours accordée aux ingénieurs et aux agents de l'Administration chargés de surveiller la construction.

ARTICLE 6. — Les appareils complets seront terminés et mis en place dans un délai maximum de douze mois après l'approbation de l'adjudication. Ce délai est de rigueur, et, en cas de retard du fait du constructeur, il lui sera fait une retenue de 100 francs par jour sur le prix de l'adjudication.

L'État devra livrer l'emplacement complétement uni et entretenu à sec pendant le montage des turbines.

Cet emplacement devra être livré dans un délai de huit mois après l'approbation de l'adjudication. Tout retard donnerait lieu à une extension égale du délai accordé pour la mise en place et le montage des machines.

L'État prend à sa charge les dépenses qu'exigeront les tailles et les ravalements des pierres pour la préparation des emplacements, les refouillements, les trous des boulons de scellement. Toutefois ces travaux seront exécutés sous la surveillance et sous la direction du constructeur.

Article 7. — Bien que les appareils aient été agréés par l'Administration, il est bien entendu que le constructeur sera complétement responsable de leur bon fonctionnement, qu'il devra remplacer à ses frais toutes pièces dont la marche serait défectueuse. Les clapets ne devront faire entendre aucun choc.

Article 8. — Le délai de garantie sera de deux ans à partir du jour du fonctionnement des appareils; pendant la durée de la garantie, le constructeur devra remplacer à ses frais toute pièce présentant quelque défaut de qualité des matières ou vice de construction dûment constaté, sans toutefois qu'il soit tenu à payer aucune indemnité pour chômage.

Article 9. — A la réception provisoire et à l'expiration du délai de garantie, des essais seront faits contradictoirement pour reconnaître la marche des machines et la valeur du rapport entre le travail effectif et le travail disponible.

Les pompes devront élever un volume d'eau égal au moins aux neuf dixièmes du volume engendré par les pistons.

Le travail effectif sera au moins égal à la moitié du travail disponible.

Le travail disponible sera mesuré par le volume de l'eau motrice, multiplié par la différence entre le niveau de l'eau devant les vannes motrices et le niveau de l'eau dans le puits de la turbine.

Le travail effectif sera mesuré par le volume de l'eau montée multiplié par la pression manométrique observée dans les tuyaux à l'origine de la conduite et diminuée de la hauteur du niveau de l'eau dans le canal d'amenée au-dessus du zéro du manomètre.

Dans le cas où le minimum de rendement ne serait pas obtenu, les appareils pourraient être refusés et, en cas de refus, ils devraient être enlevés.

Article 10. — Le payement du prix consenti par l'adjudicataire s'effectuera comme il suit :

Trois dixièmes lorsque l'adjudicataire justifiera que les principales pièces sont en construction dans ses ateliers;

Quatre dixièmes au commencement de la pose;

Deux dixièmes à la mise en marche des appareils;

Un dixième à l'expiration du délai de garantie.

ARTICLE 10. — L'adjudicataire sera d'ailleurs soumis aux clauses et conditions générales imposées aux entrepreneurs des travaux publics, par décision en date du 16 novembre 1866, en tout ce qui n'est pas contraire au présent cahier des charges.

137. *Classification des travaux sur série de prix.* — Nous terminerons ce qui est relatif à l'adjudication des machines en disant que, pour les travaux sur série de prix, on avait · réuni tous les fers en une seule classe, mais qu'on en avait distingué deux pour les fontes. La première classe des fontes comprenait les caisses à eau, les plaques de fondation, la conduite de refoulement entre les brides des clapets de retenue et les brides d'attache des robinets-vannes; la deuxième classe était réservée aux pièces exigeant plus d'ajustage, comme les colonnes des bâtis avec leurs entretoises et les entablements.

M. Claparède s'engagea à fournir, pour les travaux sur série de prix, le fer à $0^{fr},80$ le kilogramme, la fonte de première classe à $0^{fr},37$, et celle de seconde à $0^{fr},62$.

138. *Classement des dépenses d'établissement des machines.* — Les dépenses de la fourniture et de la pose des machines, que nous avons déjà données plus haut, peuvent se grouper ainsi :

1° Travaux à forfait.

5 turbines comptées pour.........	k	74000^f
Fonte de machine pesant..........	121357,10	
Fers et aciers...................	59940,64	
Bronze et cuivre rouge.	5011,03	
Fonte, fer et bronze des rechanges..	19976, »	
Poids total......	206284,77	Prix. 232000 (¹)

(¹) Ce qui fait revenir le kilogramme à $1^{fr},125$.

2° Travaux de l'entreprise sur série de prix.

Fonte de 1re classe.........	188670^k	à 0,37^{fr}	69807,90^{fr}
Fonte de 2e classe..........	94494	à 0,62	58586,28
Fer.....................	33082	à 0,80	26465,60

3° Travaux à la tâche et en régie.

Peinture et goudronnage...........................	6091,82^{fr}
Scellements......................................	6774,40 (¹)
Travaux divers...................................	4021,11
Épuisements et dépenses diverses, comme plus haut...	6237,64

139. *Éléments des poids des pièces qui entrent dans la composition d'un système complet.* — Nous avons pensé qu'il y aurait de l'intérêt à donner le poids des pièces qui composent un des systèmes complets B, C ou D, et qui sont représentées sur les *Pl.* **15, 16, 17, 18 et 19**, et nous avons fait dans ce but un classement des inscriptions du carnet des pesées.

Nous distinguerons dans un système : 1° la caisse à eau et les plaques de fondation qui en font partie, 2° le bâti, 3° la transmission, 4° les pompes, 5° la marche des clapets.

1° Caisse à eau et plaques de fondation.

Fonte de 1re classe..............................	31701^k

Fers :

Boulons...............................	1324^k	
Parquets à jour.......................	1626	
Garde-corps...........................	270	
Cales et boulons d'assemblage...........	864	4084^k

2° Bâti.

Fonte de 2e classe :

8 colonnes et leurs entretoises...........	12884^k	
1 entablement et 2 pièces.................	9250	22134^k

(¹) **Soit par système** 1354^{fr},88.

Fers :

2 échelles..........................	302^k	
Parquets...........................	492	
Garde-corps........................	225	
Cales et boulons...................	1473	2492^k

3° *Transmission.*

Fonte de machine :

1 grande roue d'engrenage..............	9420^k	
2 gros paliers........................	2858	
2 petits paliers......................	2544	
4 glissières..........................	806	15628^k

Bronze :

2 coussinets des gros paliers............	224^k	
2 » des petits paliers...........	198	
Coussinets des têtes de bielle............	156	580^k

Fers :

1 pignon.............................	616^k	
1 arbre portant la roue d'engrenage........	5522	
2 manivelles et leurs boutons.............	1542	
2 demi-arbres de conjugaison.............	2035	
2 manivelles d'arbres de conjugaison......	1100	
2 manchons d'embrayage................	252	
2 bielles de pompes....................	788	
Clavettes, boulons, écrous, etc...........	947	12802^k

4° *Pompes.*

Fonte de machine :

2 pistons avec bague de serrage..........	1100^k	
2 corps de pompe......................	1478	
2 parties supérieures des pompes.........	1732	
2 parties inférieures »	2481	
2 conduits de refoulement...............	3250	
2 couvercles de pompe avec presse-étoupe..	789	
8 couvercles des chapelles des clapets......	932	
2 chapelles des clapets de retenue et leurs couvercles............................	1120	
2 vannes sur les conduits d'aspiration, avec leurs siéges, couvercles, etc............	1220	
Pièces diverses.	341	14443^k

Bronze :

2 cercles pour les pistons................	94[k]
8 siéges de clapet.....................	256
8 clapets.............................	433
2 siéges des clapets de retenue............	64
Presse-étoupe, etc.....................	90 947[k]

Fer :

2 tiges de piston et leurs écrous..........	448[k]
2 têtes de piston.....................	368
2 clavettes et 2 axes de tête.............	152
10 axes de clapet.....................	88
Freins, clavettes.....................	5o8 1564[k]

5° Marche des clapets.

Fonte de machine :

2 excentriques.......................	200[k]
2 colliers d'excentrique.................	198
8 supports de renvoi de mouvement avec chapeaux...........................	148 546[k]

Bronze :

Coussinets............................	6[k]

Fer :

2 barres d'excentrique.................	82[k]
20 manivelles et leviers de renvoi.........	99
Arbres de renvoi de mouvement...........	84
4 bielles et 8 tiges à ressort..............	112
Clavettes, boulons, etc.................	31 408[k]

Réservoirs d'air et conduite de refoulement à l'intérieur
du bâtiment.

Fonte de 1re classe :

3 réservoirs d'air de $1^m,10$ de diamètre....	17337[k]
Tuyaux de $0^m,52$ de diamètre intérieur....	6010
Tuyaux de $1^m,10$ de diamètre intérieur.....	10642
Tuyaux de raccordement de bifurcation....	3o18
45 supports............................	1478 38485[k]

Fer :

Boulons, traverses, etc....................	1010[k]

§ II. — EXPLOITATION.

140. *Organisation du service.* — Le système alimentaire du canal de l'Aisne à la Marne, comprenant le canal des eaux motrices, les machines élévatoires, la conduite forcée et la rigole qui fait suite, s'étend sur une longueur de plus de 24 kilomètres et renferme, en outre des machines, des ouvrages variés qui exigent, comme tous ceux qui ont pour destination de soutenir des eaux, une active surveillance de tous les instants.

Un conducteur résidant à Condé est chargé de centraliser et de diriger tout le service de l'entretien et de l'exploitation. Il a sous ses ordres :

Pour les machines : un mécanicien chef, un aide-mécanicien et deux graisseurs ;

Pour les canaux, la rigole, les bâtiments et tout ce qui est en dehors des machines : un garde résidant à Condé et quatre cantonniers résidant, le premier à Recy, le deuxième à Vraux, le troisième à Condé, et le quatrième, qui est spécialement chargé de la rigole, à Isses.

Le conducteur, les deux mécaniciens et le garde sont logés dans les bâtiments construits à proximité de l'usine.

141. *Service des mécaniciens.* — Les mécaniciens et les graisseurs ont à manœuvrer les vannes de décharge de manière à empêcher l'eau du bassin de dépasser le niveau normal de la retenue. Ils veillent au bon fonctionnement des machines dont le conducteur a prescrit la mise en marche et dont il a réglé la vitesse d'après les besoins de l'alimentation, que lui fait connaître chaque jour le bulletin des hauteurs d'eau du bief de partage.

Ils doivent visiter et nettoyer toutes les pièces et tous les organes du mouvement, vérifier le calage et le niveau des paliers, serrer les clavettes, boulons, écrous, etc.; refaire les joints des boîtes à étoupe, les garnitures des pistons, et exécuter à l'atelier les travaux de petite réparation.

Les machines, marchant jour et nuit, ne doivent jamais être abandonnées. Aussi les graisseurs sont à tour de rôle, pendant une semaine, l'un de service le jour, l'autre de service la nuit.

Le service de jour commence à 5 heures du matin et finit à 8 heures du soir; celui de nuit dure de 8 heures du soir à 5 heures du matin.

Le graisseur de nuit est surveillé par les mécaniciens, et ses rondes sont constatées par les indications d'un contrôleur du système Collin.

Le chef mécanicien constate chaque jour tous les faits intéressants de la marche des machines sur un bulletin disposé de la manière suivante :

Dans un premier tableau de ce bulletin il inscrit aux différentes heures : l'altitude de l'eau motrice à l'amont et à l'aval, l'altitude de l'eau dans la rigole et la hauteur manométrique. On en déduit la hauteur de chute, la hauteur de l'élévation réelle et la hauteur de l'élévation manométrique ou effective.

Dans un second tableau il note pour chaque système : l'heure de la mise en marche, l'heure de l'arrêt, les durées partielles de marche, la levée du vannage inférieur, le chiffre du compteur à la mise en marche et au commencement de la journée, le chiffre du compteur à chaque arrêt et à la fin de la journée. On en déduit le nombre de tours par jour et le nombre de cylindrées.

Dans un troisième bulletin il indique le volume de l'eau montée en mètres cubes, et, en le multipliant par la hauteur de l'élévation manométrique, on en déduit le travail effectif ou réel en dynamodes.

Il indique aussi dans ce tableau le nombre de tours de chaque système par minute d'activité, et il y ajoute les renseignements et les observations de toute nature qu'il croit utile de consigner.

Ces bulletins, transmis et annotés, s'il y a lieu, par le conducteur, sont dépouillés chaque jour au bureau de l'ingénieur, et les résultats en sont transcrits sur un registre spécial, de façon que, pour la durée d'une période quelconque, on peut voir exactement ce que les machines ont produit et connaître les circonstances de leur marche.

On y trouve, par exemple, que du 1er juillet 1871 au 1er décembre suivant les machines ont monté au bief de partage 7 730 010 mètres cubes d'eau, représentant 156 300 802 dynamodes; qu'à la reprise de la navigation, au mois de mai 1871, on a monté :

Le 17............	72 544	mètres cubes
Le 18............	82 726	»
Le 19............	77 479	»
Le 20............	75 049	»

On y voit que dans l'hiver dernier, qui a été si rigoureux, la marche des machines n'a été interrompue par les glaces que du 5 au 14 décembre, alors que, les canaux étant complétement gelés, il n'y avait plus de navigation possible.

142. *Service des cantonniers.* — Le garde et les cantonniers sont chargés de l'entretien du canal d'amenée, de la rigole, des bâtiments et des dépendances; ils surveillent attentivement le régime des eaux, et ils en règlent l'introduction aux vannes de Saint-Martin.

Les cantonnements sont courts, et, bien qu'il y ait peu à faire sur un canal dont les ouvrages en métal ou en pierre exigent peu d'entretien, ce personnel, au moins pendant quelque temps encore, est nécessaire pour veiller au maintien des digues et pour arrêter immédiatement la moindre fuite d'eau qui viendrait à se manifester.

143. *Dépenses de l'exploitation.* — Les dépenses de l'exploitation du système alimentaire se classent de la manière suivante :

Traitement et salaire du personnel;
Graissage et nettoyage des machines;
Garniture des pistons et des boîtes à étoupes;
Éclairage et chauffage du bâtiment des machines;
Entretien et réparation des machines;
Entretien et réparation des canaux et des bâtiments.

Nous allons passer en revue chacun de ces éléments de dépense, et en donner la valeur d'après les attachements de la Comptabilité. Nous prendrons, pour apprécier les consommations, une période de cinq mois, du 1er juillet au 30 novembre 1871, pendant laquelle les machines ont fonctionné régulièrement sans s'arrêter un seul jour; et en calculant ensuite les dépenses proportionnellement pour le reste de l'année, nous aurons bien un chiffre un peu trop élevé, attendu que ce sont les mois pendant lesquels les machines ont le plus à travailler, mais nous sommes conduit à choisir cette période, parce que, l'alimentation ayant été interrompue pendant une partie de la durée de la guerre, nous aurions trouvé un résultat inférieur à celui de la marche normale, en prenant seulement les consommations réelles des années 1870 et 1871 entières.

Les traitements et les salaires du personnel fixe sont actuellement, pour une année :

Un chef mécanicien	2200^{fr}
Un aide mécanicien...............	1500
Deux graisseurs..................	2000
Un garde	.900
Quatre cantonniers	2700
Total..............	9300

Les huiles et les graisses qu'on emploie pour lubrifier les organes mécaniques en mouvement forment la partie la plus importante des objets de consommation des moteurs hydrauliques. On a cherché à les économiser en disposant sous les surfaces à graisser des godets recueillant les matières grasses qui s'échappent, et l'on a tenté de réduire les dépenses en expérimentant diverses substances dont on avait cru l'emploi avantageux; mais on a reconnu, après de nombreux essais, que le graissage le plus économique ne s'obtenait, malgré l'élévation de leur prix, qu'avec des matières de la meilleure qualité.

On a dû proscrire les huiles minérales, qui avaient été un instant préconisées, et aujourd'hui l'on n'emploie plus aux usines de Condé que l'huile de pied de bœuf et l'huile ou graisse dite *de cheval* mêlée à l'huile brute de colza ou à l'huile d'olive dans des proportions variables avec la température.

Le relevé des attachements inscrits sur le carnet du conducteur indique que, pendant la période de cinq mois, du 1er juillet au 30 novembre 1871, on a dépensé, pour le graissage, 1370 kilogrammes d'huile et de graisse qui ont coûté 1903^{fr},96.

Le nettoyage des machines, pendant la période de cinq mois, a consommé du pétrole et de la toile émerisée pour une somme de 74 francs, et 231 kilogrammes de chiffons de coton et de laine valant 121^{fr},92.

La dépense de graissage et de nettoyage des machines, pendant la période de cinq mois, a ainsi été de 2099^{fr},88, ce qui élève celle de l'année entière à 5039^{fr},71.

Les garnitures de piston se font avec des cuirs emboutis dans un moule en fonte. La garniture d'un piston emploie 5^{kg},5 de ce cuir à 12 francs, en sorte que, la façon étant de 3 francs, les garnitures des six pompes coûtent 414 francs. Nous estimerons seulement leur durée à un an, bien que l'expérience semble en faire prévoir une plus longue.

Les garnitures des boîtes à étoupe n'ont exigé, pendant la période de cinq mois, que 15 kilogrammes de chanvre, ayant coûté 41^{fr},25.

Les dépenses des garnitures des pistons et des boîtes à étoupe ont donc été, pour la période de cinq mois, de 213^{fr},75, et devront être comptées pour l'année entière à 513 francs.

L'éclairage et le chauffage, pendant la période de cinq mois, ont pu se faire avec 237 litres de pétrole, 15 kilogrammes de chandelle et 3 tonnes de houille, au prix de 339^{fr},19, soit, pour une année entière, 814^{fr},06.

Les dépenses d'entretien et de réparation des machines ont été à peu près nulles jusqu'à présent, et, avec les rechanges qu'on tient en réserve, il y a tout lieu de croire que, pendant de longues années, le chef mécanicien et son aide suffiront pour faire dans leur atelier tous les travaux courants d'entretien et de réparation.

Dans la période de cinq mois, on a seulement acheté des ressorts de mouvement de clapets pour 120 francs, et des limes, du charbon et du fer pour 128^{fr},30.

Les canaux, la rigole et les bâtiments n'ont rien coûté jusqu'à présent, puisque les travaux de premier établissement sont à peine achevés, et il ne semble pas que dans l'avenir, par les raisons que nous avons déjà données, leur conservation puisse exiger de sérieuses dépenses en dehors des frais du personnel.

On peut être certain qu'avec la somme de 4333^{fr},23, qui reste disponible sur le budget de 20000 francs, après le prélèvement des dépenses de personnel, de graissage, de nettoyage et de garnitures, on peut pourvoir au parfait entretien du système. Cette somme de 4333^{fr},23 donnerait, pour la période de cinq mois, 1805^{fr},51.

D'après ces données, les dépenses de l'exploitation seraient les suivantes, pour la période de cinq mois et pour la période d'une année :

	CINQ MOIS (du 1ᵉʳ juillet au 30 novembre 1871).		UN AN.
Personnel		3875,00	9300,00
Graissage et nettoyage des machines.	2099,88		5039,71
Garniture des pistons et des presse-étoupe	213,75	2652,82	513,00
Chauffage et éclairage	339,19		814,06
Entretien des machines, des canaux, des bâtiments, etc		1805,51	4333,23
Totaux		8333,33	20000,00

Pendant la période de cinq mois on a élevé à une hauteur manométrique moyenne de 20^{m},22 un volume de 7730010 mètres cubes d'eau, représentant un travail effectif de 156300802 dynamodes.

Le prix des 1000 mètres cubes montés à 20^{m},22 a ainsi coûté 1^{fr},08, ce qui fait revenir seulement à 0^{fr},054 le prix des 1000 mètres cubes montés à 1 mètre de hauteur.

La force moyenne développée pendant cette période de cinq mois a été de 157,65 chevaux utiles; elle n'est guère que la moitié de celle que l'usine pourrait fournir.

A cette marche moyenne, les dépenses par cheval, et pour une année de trois cent soixante-cinq jours de travail, seraient :

	fr
Personnel de marche et d'entretien......	58,98
Graisse, huile et fournitures diverses....	40,42
Entretien du système.................	27,47
Total..................	126,86

Ces résultats sont très-avantageux au point de vue économique, et ils montreront le parti qu'on peut tirer, même dans des circonstances difficiles, de l'emploi de l'eau comme force motrice ; mais ils ne sont pas isolés, et l'on en obtient d'analogues dans d'autres usines hydrauliques bien établies. A ce sujet, on lira avec le plus grand intérêt le paragraphe suivant, que notre camarade et ami, M. Nouton, l'habile ingénieur qui, sous la haute direction de M. l'inspecteur général Belgrand, est chargé du service des établissements hydrauliques de la ville de Paris, a bien voulu écrire pour l'insérer dans notre publication.

§ III. — Usines hydrauliques de la ville de Paris ;

Par M. Nouton.

144. *Usines de la ville de Paris.* — La ville de Paris possède, pour l'élévation des eaux destinées à ses services publics, trois usines hydrauliques dont les machines sont mises en mouvement par des chutes d'eau. Toutes trois sont situées sur la Marne, savoir :

L'*usine d Isles-les-Meldeuses,* à 12 kilomètres en amont de Meaux, dans la commune de Congis (département de Seine-et-Marne) ;

L'*usine de Trilbardou,* dans la commune du même nom, à 8 kilomètres en aval de Meaux (département de Seine-et-Marne) ;

L'*usine de Saint-Maur,* dans le département de la Seine, à l'issue de la grande courbe connue sous le nom de *Boucle* ou *Tour de Marne*, et à 4 kilomètres en amont du confluent de la Seine.

Nous allons entrer dans quelques détails sur chacun de ces trois établissements en commençant par le dernier, qui est de beaucoup le plus important.

145. *Usine de Saint-Maur.* — La chute de cette usine est due à la fois à la retenue du barrage de Joinville et à la pente naturelle que présente la Marne sur environ 13 kilomètres de longueur, depuis ce barrage jusqu'à l'issue du canal souterrain qui conduit l'eau motrice aux machines, lequel est parallèle au tunnel de la navigation connu sous le nom de *Canal Saint-Maur*.

Le niveau réglementaire de l'eau d'amont, le barrage
étant relevé, est à l'altitude.................... 34^m
En basses eaux, le niveau d'aval se maintient vers
l'altitude.. 29

D'où résulte une chute de......... 5

Lors des crues, le barrage est couché, la dénivellation en ce point est complétement effacée et la chute est réduite à environ 3 mètres. Mais le volume d'eau débité par la Marne est alors assez considérable pour compenser en partie la diminution de chute, de sorte que la marche de l'usine reste sensiblement la même en toutes saisons.

Les manœuvres qui se font au barrage de Joinville, pour le service de la navigation, sont immédiatement signalées à l'usine au moyen d'un fil télégraphique, qui la met en communication avec la maison éclusière. La tenue d'eau peut ainsi être constamment réglée de la manière la plus avantageuse sans priver les riverains du Tour de Marne du volume auquel ils ont droit.

Les machines élévatoires sont au nombre de sept, savoir :

Trois turbines Fourneyron, produisant chacune 100 chevaux sur l'arbre ;

Et quatre roues turbines à axe horizontal, système Girard, donnant chacune 120 chevaux.

Une des turbines est spécialement affectée à l'alimentation des lacs et rivières du bois de Vincennes.

Elle refoule l'eau dans le lac de Gravelle à l'altitude..   68^m
Le niveau de l'aspiration étant..................... 34
La hauteur d'ascension réelle est de............... 34

Les pertes de charge, dans la conduite de refoulement de 0^m,60 de diamètre et 1300 mètres de longueur, augmentent au manomètre cette hauteur d'environ 2 mètres.

Les six autres machines fonctionnent sur les réservoirs de Ménilmontant par une conduite de 0^m,80 de diamètre et de 8500 mètres de longueur. L'altitude du point d'arrivée dans les bassins supérieurs est de 108 mètres, et dans les bassins inférieurs de 100^m,20, de sorte que la hauteur ascensionnelle réelle est, suivant les cas, de 74 mètres ou de 66; et lorsque toutes les machines marchent ensemble, la hauteur manométrique atteint 83 mètres.

Chaque turbine a 1^m,55 de diamètre et 0^m,80 de hauteur d'aubes. Sa vitesse maxima est de 80 tours par minute.

Un pignon d'angle de 1 mètre de diamètre, placé à la partie supérieure de l'arbre vertical, engrène une roue dentée de 5 mètres de diamètre, dont l'axe est horizontal. Cet axe porte à ses extrémités deux manivelles calées à 90 degrés, dont chacune actionne directement un piston plongeur mobile dans deux corps de pompe à simple effet, ce qui constitue en définitive deux systèmes de pompes à double effet. Le rapport des engrenages étant de 1 à 5, l'arbre des pompes fait au maximum 16 tours par minute.

Les clapets sont des cloches à libre déviation du système Girard, dont la tige se prolonge à l'extérieur à travers une petite boîte à étoupes, jusqu'à des ressorts doubles analogues à ceux des voitures suspendues, qui règlent la hauteur de levée et amortissent les chocs.

Le piston a 0^m,80 de course.

Le diamètre de celui de la pompe qui alimente le bois de Vincennes est de 0^m,50, engendrant un volume théorique de 613 litres par tour.

Les deux autres pompes ont un piston de $0^m,366$ de diamètre, et le volume théorique est de 328 litres par tour.

De nombreuses expériences ont prouvé que le rendement en volume varie entre 95 et 97,50 pour 100, et l'on compte moyennement un volume effectif par tour de 600 litres pour la pompe de Vincennes, et de 315 litres pour les deux autres.

Chacune des quatre roues turbines à axe horizontal a $11^m,60$ de diamètre et une largeur de $1^m,12$ dans la partie la plus évasée des aubes.

La roue reçoit l'eau motrice par l'intérieur et dans la partie basse de la couronne, au moyen d'un distributeur concentrique divisé en vingt compartiments par des cloisons mobiles pour le règlement de la dépense d'eau. Chacune de ces cloisons porte une tige, attachée directement au piston d'une petite pompe à double effet, dont les deux faces peuvent être mises en communication à volonté par un simple jeu de robinets avec le réservoir d'air de refoulement, de sorte que l'ouverture et la fermeture se font de la manière la plus rapide sous la pression de la conduite ascensionnelle, qui est environ de sept atmosphères en ce point. Une demi-minute suffit pour l'arrêt de la roue marchant à sa vitesse maxima de 8 à 9 tours par minute.

L'arbre horizontal de la roue actionne directement le piston plongeur d'une pompe à double effet, dont le système est absolument semblable à celui décrit ci-dessus.

La course du piston est de 1 mètre, son diamètre de $0^m,671$. Le volume théorique engendré par tour est donc de 690 litres, réduit dans la pratique à 676 litres.

L'aspiration de toutes les pompes se fait dans une galerie spéciale qui communique, au moyen d'une vanne en fonte, avec le canal d'amenée en amont.

Le produit total de l'usine, toutes les machines marchant, est de 50 000 mètres cubes d'eau par jour, dont 13 000 environ refoulés dans le bois de Vincennes à 36 mètres de hauteur, et le surplus à environ 80 mètres de hauteur dans les réservoirs de Ménilmontant.

Le personnel fixe, chargé de la surveillance, de la marche

et de l'entretien des machines, se compose de :

1 premier mécanicien, payé par an.............	2160$^{fr.}$
1 second mécanicien, payé par an.............	1920
1 graisseur de 1re classe......................	1680
7 graisseurs, à 1440 fr. chacun...............	10080
1 visiteur, chargé du magasin, de la surveillance, de la conduite et des écritures...............	2000
Une concierge................................	360
1 cantonnier-jardinier........................	1440
Une femme employée au télégraphe............	180
Total par an.............	19800

Ce personnel, très-suffisant pour la marche ordinaire, a dû être augmenté temporairement à diverses reprises par suite de nombreux accidents dus moins aux vices du système des machines qu'à la réduction irrationnelle des dimensions de leurs principaux organes. Depuis six ans, des remplacements partiels ont dû être bien souvent effectués; mais nous avons lieu d'espérer que cette cause considérable d'augmentation dans les dépenses annuelles cessera bientôt d'exister.

Le système de graissage a présenté à l'origine de grandes difficultés; les surfaces de frottement étaient trop faibles pour les énormes pressions qu'elles avaient à supporter, et il fallait, en sus de l'huile à graisser, un écoulement d'eau continu pour empêcher l'échauffement. Or l'eau de la Marne contient en suspension, surtout à l'époque des crues, une proportion considérable de matières siliceuses dont l'effet était désastreux.

Aujourd'hui l'eau est supprimée, et l'on n'emploie plus que l'huile de pied de bœuf, au prix de 2^{fr} 40 le kilogramme; c'est celle qui a été reconnue la plus avantageuse après de nombreux essais. La quantité dépensée est de 2658^{k},44, du 1er juillet au 31 décembre 1871, représentant un prix total de 6380^{fr},26.

Les autres dépenses, en graisses, suifs, potasse, chiffons, etc., s'élèvent, pour la même période de temps, à 8851^{fr},80.

Les frais de garnitures, comprenant le bitord pour les pistons, le chanvre pour les presse-étoupe, le caoutchouc et le cuir pour les joints de siéges des clapets et les pistons de vannettes, sont de 513^{fr},12.

Les dépenses de chauffage au coke et d'éclairage au gaz s'élèvent à 3376^{fr},71.

Enfin les menues fournitures et réparations d'entretien, telles que peinture, nettoyage des canaux, balais, vis, pointes, fils de fer, etc., s'élèvent à 3494^{fr},29.

En résumé, si l'on prend pour base la période écoulée du 1er juillet au 31 décembre 1871, la dépense normale d'exploitation se décompose ainsi qu'il suit :

	SIX MOIS.	UN AN.
	fr	fr
Personnel ordinaire.................	9910,00	19820,00
Huile de pied de bœuf..............	6380,26	12760,52
Autres dépenses de graissage........	8851,80	17703,60
Garnitures de pistons et presse-étoupe..	513,12	1026,24
Éclairage et chauffage..............	3376,71	6753,42
Dépenses accessoires...............	3494,29	6988,58
Totaux......	32526,18	65052,36

Le volume d'eau monté pendant la période semestrielle considérée est de 8071416 mètres cubes, ce qui ferait revenir le prix du mètre cube à 0^{fr},00403, et le prix des 1000 mètres cubes montés à 1 mètre de hauteur à 0^{fr},067.

La force développée a été en 1000 kilogrammètres utiles de 481426148, ou de 403,773 chevaux, supposant un travail continu de vingt-quatre heures par jour.

Dans ces conditions, la dépense moyenne d'exploitation par cheval et par an serait de :

	fr
Personnel................................	48,69
Graissage et garnitures....................	77,35
Éclairage et chauffage.....................	16,59
Accessoires..............................	17,17
Total.............	159,80

Mais on ne doit pas oublier la réserve importante que

nous avons déjà faite : de nombreux accidents, dus à l'insuffisance des principaux organes des machines, ont occasionné en réalité chaque année des dépenses très-supérieures à celles qui ont été précédemment analysées (¹), en même temps qu'ils ont diminué la puissance productive de l'usine. On en jugera par le résumé des arrêts que chaque machine a subie du 1er juillet au 31 décembre 1871.

	NOMBRE DE JOURS D'ARRÉT	
	Par suite de réparations aux machines.	Par insuffisance du volume d'eau ou glaces.
Turbine de Vincennes........	»	2
Turbine n° 2...............	9	6
Turbine n° 3...............	23	11
Roue n° 1................	65	1
Roue n° 2................	13	2
Roue n° 3................	21	8
Roue n° 4................	33	8
Totaux........	164	38

La durée des arrêts, dus aux accidents, est, comme on le voit, un peu plus de quatre fois celle des chômages dus à des causes naturelles.

Hâtons-nous d'ajouter que la fréquence et la gravité de ces accidents diminuent chaque année, et que, grâce aux consolidations et réparations déjà effectuées, nous avons la certitude que cette cause de faiblesse disparaîtra dans un avenir prochain. Le chiffre des dépenses annuelles ne devra jamais alors dépasser 75 000 francs, et la puissance effective des machines atteindra au moins 450 chevaux, d'où ressortira un prix moyen, très-acceptable, de 166^{fr},67 par cheval utile et par an.

(¹) Ainsi la dépense réelle pour l'année 1871 s'élève à 101 700^{fr},85 ; mais il y a lieu de tenir compte, dans ce total excessif, non-seulement des accidents, mais aussi des frais tout à fait exceptionnels qui ont été la conséquence des deux siéges de Paris.

146. *Usine d'Iles-les-Meldeuses.* — Cette usine utilise, pour l'augmentation du volume d'eau du canal de l'Ourcq, la chute du barrage établi par le service de la navigation de la Marne, au droit du village d'Iles-les-Meldeuses.

La rivière est divisée en deux bras par une petite île : celui de gauche, qui est seul navigable, comprend une écluse, un pertuis fermé par des vannes à bascule en bois, du système *Chanoine-Carro*, enfin un déversoir à hausses mobiles, système *Desfontaines*. Le petit bras est fermé par un barrage fixe en caisson de charpente et moellons à sec.

Le canal d'amenée à l'usine hydraulique prend l'eau normalement à la rive droite, en tête du barrage fixe, au moyen d'une porte busquée en tôle, et le petit bras sert directement de canal de fuite.

Le niveau légal de la retenue en amont est à l'altitude. $47^m,44$

En aval, le barrage immédiatement inférieur étant fermé, l'étiage s'abaisse à environ.............. $45,54$

D'où résulte une chute maxima de.... $1,90$

Mais cette chute diminue considérablement et peut même être complétement effacée lorsque le barrage est couché.

L'eau, aspirée par les pompes dans le bief d'amont, est refoulée dans le canal de l'Ourcq à l'altitude $59^m,17$.

La hauteur ascensionnelle réelle est donc de $11^m,73$.

L'augmentation due aux pertes de charge est insignifiante, le refoulement s'effectuant par une conduite de $0^m,80$ de diamètre et de 340 mètres de longueur seulement.

Les moteurs se composent de deux roues turbines à axe horizontal du système Girard, semblables à celles de Saint-Maur, ayant 10 mètres de diamètre et $1^m,20$ de largeur à l'évasement extérieur des aubes.

Chaque roue actionne directement deux pompes à piston plongeur et à double effet, dont les manivelles sont calées à 90 degrés sur l'arbre horizontal.

Le piston a 1 mètre de course et $0^m,80$ de diamètre, engendrant un volume théorique de 500 litres par tour, que des jaugeages fréquents font reconnaître, réduit pratiquement à 475 litres (soit un rendement de 95 pour 100).

Lorsque les quatre pompes marchent ensemble à leur vitesse maxima de sept tours et demi par minute, le volume d'eau monté au canal de l'Ourcq, en vingt-quatre heures, est ainsi de 40000 mètres cubes, en chiffres ronds.

Le constructeur des machines et des pompes ayant profité de son expérience de Saint-Maur pour donner à tous les organes des dimensions beaucoup plus larges, et les efforts que ceux-ci ont à supporter étant d'ailleurs relativement faibles, on n'a eu jusqu'ici que peu d'arrêts occasionnés par des accidents, et les dépenses de réparation n'ont pas été considérables; mais il existe un vice de construction qui paralyse complétement le fonctionnement des machines, alors qu'il serait souvent possible de les utiliser à marche réduite : afin d'éviter de donner un trop grand diamètre à la roue, le distributeur a été établi partiellement en siphon, c'est-à-dire que ses deux extrémités sont à un niveau plus élevé que celui de la retenue d'amont. Dans les basses eaux, lorsque l'on n'a besoin d'ouvrir que la moitié environ des vannettes de distribution, et par la partie inférieure seulement, cette disposition ne présente aucun inconvénient; mais en cas de crues, lorsque, pour compenser la diminution de chute, on veut augmenter le volume de l'eau motrice en ouvrant les vannettes extrêmes, si alors, le barrage étant couché, le niveau d'amont est descendu à 20 centimètres seulement au-dessous de la retenue normale, le siphon ne peut plus rester amorcé, parce que l'air rentre par les deux extrémités avec une vitesse supérieure à celle de la roue, et la machine s'arrête. Divers systèmes ont été essayés pour remédier à ce très-grave inconvénient; aucun n'a jusqu'à présent réussi. C'est ce qui explique le chiffre relativement considérable des jours de chômage dont on parlera ci-après, et, par suite, le prix élevé du cheval, mesuré en eau montée.

Les dépenses d'entretien et d'exploitation se décomposent de la manière suivante :

POUR SIX MOIS.   PAR AN.

1° *Personnel* :

	fr	
1 mécanicien, payé par an....................		2100,00
1 premier graisseur........................		1500,00
3 autres graisseurs, à 1300 francs chacun.......		3900,00

2° *Graissage* :

Du 1er juillet au 31 décembre 1871, il a été employé 205 kilogrammes d'huile à 2fr,45......	502,25	
Autres dépenses en graisses, chiffons, etc.....	247,19	
Total......................	749,44	1498,88

3° Les *frais de garniture* sont presque nuls; ils ne s'élèvent qu'à	8,80	17,60
4° *Dépenses d'éclairage et de chauffage*......	508,35	1016,70
5° *Dépenses accessoires*....................	333,01	666,02
6° *Faucardage des canaux*, environ.........	500,00	1000,00
Total général..............		11699,20

Par conséquent, les dépenses annuelles (abstraction faite des réparations qui, pour l'année 1871, en raison des suites de la guerre, ont été de 5790fr,13) s'élèvent au total de 11699fr,20.

Le volume d'eau monté pendant la période semestrielle considérée est de 4580981 mètres cubes, ce qui fait revenir le mètre cube à 0fr,00128, et le prix des 1000 mètres cubes montés à 1 mètre de hauteur, à 0fr,109.

La force développée a été, en 1000 kilogrammètres utiles, de 53717144, ou de 45,053 chevaux, en supposant un travail continu de vingt-quatre heures par jour.

Dans ces conditions, la dépense moyenne d'entretien et d'exploitation, par cheval et par an, serait de :

	fr
Personnel......................	165,11
Graissage et garnitures...........	33,39
Éclairage et chauffage...........	22,38
Accessoires	36,68
Total..............	257,56

C'est un chiffre assurément trop élevé, mais qui s'explique

par les nombreux chômages qu'occasionne, à des intervalles très-irréguliers, l'insuffisance de chute.

Ainsi, sur les cent quatre-vingt-quatre jours dont se compose la période du 1er juillet au 31 décembre 1871, il y a eu :

A la roue n° 1 . . . .   57 jours d'arrêt,
A la roue n° 2 . . . .   56 jours d'arrêt,

soit 31 pour 100.

Si nous parvenions à remédier au vice de système précédemment signalé, ces chômages se réduiraient d'au moins moitié : la puissance productive de l'usine pourrait être portée à 65 chevaux, et la moyenne par cheval et par an réduite au chiffre de 230 francs ; car il est évident que tous les éléments de dépense resteraient sensiblement les mêmes.

147. *Usine de Trilbardou.* — Cette usine, comme la précédente, enlève à la Marne un volume d'eau maximum de 500 litres par seconde, qu'elle refoule dans le canal de l'Ourcq.

La chute est obtenue par un barrage fixe, en maçonnerie de meulière et ciment, avec pertuis à aiguilles mobiles, établi dans une partie de la rivière qui n'est guère fréquentée que par des trains de bois, la batellerie empruntant ordinairement le canal de Meaux à Chalifert, qui raccourcit le trajet et offre un tirant d'eau plus uniforme.

La Marne, en ce point, est divisée en deux bras par une île d'environ 300 mètres de longueur. L'usine est établie tansversalement au bras droit, tout près de la pointe d'aval de l'île.

Le niveau réglementaire de la retenue est à l'altitude $40^m,105$.

La chute varie, suivant l'état des eaux, de 1 mètre à 30 centimètres ([1]).

______

([1]) Le décret du 6 novembre 1867, qui forme le titre réglementaire de l'usine, a autorisé un accroissement éventuel de chute de $0^m,40$, par le relèvement du niveau d'amont ; mais l'instruction administrative de cette affaire n'est pas encore terminée.

Le point d'arrivée du refoulement, dans le canal de l'Ourcq, est à l'altitude 55^m,02, ce qui donne une hauteur ascensionnelle réelle de 14^m,92 et une hauteur manométrique peu différente, la conduite de 60 centimètres de diamètre et 150 mètres de longueur ne produisant qu'une très-faible perte de charge.

L'usine comprend deux moteurs : une roue de côté du système ordinaire et une roue-vanne dite *roue Sagebien*.

La *roue de côté* a 7^m,20 de diamètre, 4^m,30 de largeur et vingt-quatre palettes de 1^m,50 de longueur.

Elle actionne, au moyen d'un double renvoi d'engrenages, un arbre horizontal qui commande deux pompes à simple effet et à piston plein, calées à 180 degrés, et formant ensemble une pompe à double effet.

Leur diamètre est de 1^m,67 et leur course de 20 centimètres, engendrant un volume théorique de 438 litres par tour de volant, et pratiquement de 420 litres.

Les clapets sont des plaques métalliques avec ressorts en caoutchouc, s'ouvrant par des charnières horizontales sur la tête du piston (système Farcot).

Le rapport entre la vitesse de la roue et celle de l'arbre des pompes est de 1 à 6.

Sous une chute de 1 mètre, le nombre de tours de la pompe peut atteindre vingt par minute; ce qui donne un volume d'eau monté au canal de 140 litres par seconde, ou 12.000 mètres cubes par vingt-quatre heures.

Mais lorsque la chute descend à 35 centimètres, le nombre de tours n'est plus guère que de six, et le volume d'eau monté de 3500 mètres cubes.

Au-dessous de ce minimum, la roue ne peut plus marcher.

La *roue Sagebien* a 11^m,04 de diamètre, 5^m,96 de largeur, soixante-dix aubes en bois mince de 2^m,50 de longueur.

Elle porte sur son arbre une roue de cent dents, qui s'engrène avec un pignon de trente-quatre dents, concentrique à l'arbre des manivelles des pompes.

Le rapport des vitesses est donc du tiers.

Il y a quatre pompes à piston plein et à double effet, calées d'équerre, et susceptibles de marcher soit simultanément, soit isolément.

Les pistons ont 85 centimètres de diamètre et 1 mètre de course, engendrant chacun un volume théorique de 1122 litres par tour, et pratiquement de 1110 litres.

Sous la chute de 1 mètre, la roue fait facilement 1,62 tour par minute, et les pompes 4,86 tours; le volume d'eau monté au canal est alors de 350 litres par seconde, ou 30000 mètres cubes par vingt-quatre heures.

Sous la chute minima de 35 centimètres, la vitesse est considérablement ralentie, la roue ne peut plus actionner que deux pompes, et le volume d'eau refoulé ne dépasse guère 5000 mètres cubes.

On voit qu'en résumé le contingent journalier fourni par les machines de Trilbardou peut varier, suivant l'état des eaux, de 8000 à 40000 mètres cubes.

Les dépenses annuelles d'exploitation et d'entretien se décomposent de la manière suivante :

		POUR SIX MOIS.	PAR AN.
1° *Personnel :*			
1 contre-maître remplissant l'office de mécanicien, et chargé en même temps de la surveillance d'Iles-les-Meldeuses, payé par an.....	fr 2700,00		
4 graisseurs à 1500 francs........	6000,00		
1 graisseur à 1300 francs........	1300,00		
Total.........	10000,00	fr 5000,00	fr 10000,00
2° *Graissage :*			
Du 1er juillet au 31 décembre 1871, 220 kilogrammes d'huile à 2fr,40.	528,00	863,04	1726,08
Graisses, chiffons, etc...........	335,04		
3° *Garnitures de pistons*		107,30	214,60
4° *Éclairage et chauffage*...........		570,97	1141,94
À reporter...........		6541,31	13082,62

POUR SIX MOIS.　　PAR AN.

	fr	fr
Report...............	6541,31	13082,62

5° *Dépenses accessoires*, comprenant fournitures diverses, planches, aiguilles de pertuis, moellons pour enrochements, fauchage et drainage des biefs ('')........................ 4195,61　　8391,22

Totaux.................. 10736,92　21473,84

Le volume d'eau refoulé au canal, du 1er juillet au 31 décembre 1871, est de 3408800 mètres cubes, ce qui fait revenir le prix du mètre cube à 0^{fr},00315, et le prix des 1000 mètres montés à 1 mètre de hauteur à 0^{fr},212.

La force développée a été, en 1000 kilogrammètres utiles, de 50519075, ou 42,37 chevaux, supposés travailler continûment vingt-quatre heures par jour.

Dans ces conditions, la dépense moyenne d'exploitation par cheval et par an serait de :

	fr
Personnel.....................	234,09
Graissage et garnitures..........	45,43
Éclairage et chauffage...........	26,73
Accessoires....................	196,43
Total..............	502,68

Ce résultat est très-désavantageux pour une machine hydraulique. Il est dû principalement à l'insuffisance de la chute, qui non-seulement occasionne d'assez fréquents chômages (ainsi, dans la période de cent quatre-vingt-quatre jours considérée, la roue de côté a été arrêtée pendant soixante et onze jours, et la roue Sagebien pendant quarante-trois), mais aussi, et surtout, au ralentissement plus fréquent encore qu'elle apporte à la marche des ma-

---

('') En 1871 et 1872, des dragages très-importants ont été effectués dans le bief d'aval. La dépense, qui a atteint près de 35 000 francs, a été imputée sur le crédit d'exploitation; mais on comprend du reste que c'est là un fait accidentel qui ne se reproduira plus d'ici à longtemps, et ne doit plus compter dans les frais normaux.

chines. La situation s'améliorera certainement beaucoup si la ville de Paris obtient à titre définitif l'augmentation de chute qui lui a été concédée à titre éventuel.

148. *Résumé.* — Il peut être utile de grouper dans un même tableau les divers éléments qui ont été succinctement analysés dans l'exposé qui précède :

ÉLÉMENTS DE COMPARAISON.	SAINT-MAUR.	ILES-LES-MELDEUSES.	TRILBARDOU.
Puissance effective en chevaux, en supposant un travail continu de 24 heures par jour...	ch 403,773	ch 43,053	ch 42,37
Dépenses par an et par cheval, en personnel.............	fr 48,69	fr 165,11	fr 234,09
Graissage et garnitures........	77,35	33,39	45,43
Éclairage et chauffage.........	16,59	22,38	26,73
Accessoires...................	17,17	36,68	196,43
Total..........	159,80	257,56	502,68
Prix du mètre cube d'eau élevé.	fr 0,00403	fr 0,00128	fr 0,00315
Prix des 1000 mètres cubes montés à 1 mètre de hauteur.	0,067	0,109	0,212

L'avantage, sous le rapport des dépenses, reste, dans tous les articles, sauf un seul, à l'usine de Saint-Maur; ce qui est parfaitement naturel, car les frais généraux sont toujours bien loin de varier proportionnellement à l'effet produit. L'article exceptionnel lui-même devrait contribuer dans le même sens au résultat final, sans les difficultés de graissage dont nous avons parlé et qui tendent, du reste, tous les jours à disparaître.

Ce qui s'explique moins *à priori*, c'est la différence considérable que présentent les deux usines d'Iles-les-Meldeuses et de Trilbardou, dont la puissance effective est à peu près la même. Elle tient surtout au personnel et aux dépenses accessoires. Dans la première, qui est établie sur une partie de rivière navigable, les manœuvres du barrage, son entretien, celui des biefs d'amenée et de fuite, s'effectuent par le travail d'ouvriers et sous la surveillance d'agents qui ne dépendent en rien de notre service. Le contraire a lieu dans la seconde, ce qui nous oblige à entretenir, à titre permanent, un personnel plus nombreux et à effectuer, à intervalles irréguliers, certains travaux spéciaux assez dispendieux.

Les dépenses de graissage et de garnitures sont également plus fortes avec des pistons pleins qu'avec des pistons plongeurs.

Enfin l'usine d'Iles-les-Meldeuses, qui ne se compose que d'un seul corps de bâtiment spécialement construit pour sa destination actuelle, est évidemment moins chère à chauffer et à éclairer que celle de Trilbardou, formée par d'anciennes et de nouvelles constructions juxtaposées, où les deux jeux de pompes sont établis dans des chambres distinctes et non contiguës.

Quoi qu'il en soit, il est évident que nos trois usines hydrauliques, tout en produisant des résultats incomparablement plus avantageux que ceux qu'on pourrait attendre de machines à vapeur, dans des conditions identiques, ne réalisent pas encore l'idéal d'économie qu'on est en droit d'espérer. Chacune a son *desideratum :* à Saint-Maur, c'est l'imperfection des organes des machines; à Iles-les-Meldeuses, c'est le siphonnement incomplet du distributeur de l'eau motrice; à Trilbardou, c'est l'insuffisance de chute. Si nous parvenons, dans un avenir plus ou moins prochain, à surmonter ces trois difficultés d'ordre différent, nous aurons obtenu un grand résultat; mais l'avantage restera toujours à l'usine de Saint-Maur, parce que, en premier lieu, elle représente une puissance totale bien supérieure, et parce que, en second lieu, la chute est permanente, tandis que celles des deux autres ne pourront jamais être soustraites à l'intermittence résultant des crues de la rivière.

§ IV. — Prix de revient d'eau élevée par des machines à vapeur.

149. *Élévations d'eau par machines à vapeur.* — Avant d'adopter pour l'alimentation du canal de l'Aisne à la Marne le mode d'élévation des eaux par les machines hydrauliques, nous avons, comme nous l'avons dit plus haut (n° 63), étudié un projet basé sur l'emploi des machines à vapeur. Nous avons, à cette occasion, recueilli sur les dépenses d'entretien et sur les consommations de ces machines, des documents que nous avons complétés depuis, et dont nous pensons qu'il y a intérêt à faire connaître les plus importants, parce qu'ils se rapportent à des machines élévatoires bien établies et bien conduites, et parce qu'ils résultent des chiffres de consommation obtenus, non dans des expériences de courte durée, mais pratiquement, dans des marches normales et réelles, et d'après les comptes réguliers d'une année entière d'exploitation.

Nous donnerons, comme exemple, le système alimentaire du canal de jonction de la Sambre à l'Oise et les meilleures machines à vapeur élévatoires de la ville de Paris.

150. *Alimentation du canal de jonction de la Sambre à l'Oise.* — Au canal de jonction de la Sambre à l'Oise, que nous sommes allé visiter, en 1864, à l'occasion de nos études, une partie des eaux d'alimentation est relevée de bief en bief pendant les sécheresses, aux trois écluses de Landrecies, Ors et l'Abbaye, qui sont sur le versant de la Sambre.

On a employé, pour ce relèvement, des vis dont l'enveloppe est fixe et qui sont mues par des machines à vapeur.

Ces vis, d'un usage très-répandu en Hollande, sont peu coûteuses, faciles à établir et à réparer, et se prêtent, avec de faibles dimensions, à l'élévation de volumes considérables, à des hauteurs de 2 à 3 mètres.

Mais ce sont des engins d'une bien médiocre valeur, au

point de vue du rendement mécanique, et on leur substituerait avec avantage les pompes rotatives, si perfectionnées aujourd'hui, et qui sont les appareils les meilleurs et les plus avantageux, quand la hauteur d'ascension ne dépasse pas 6 mètres.

Dans les vis, les causes de perte sont nombreuses. Ainsi, le jeu indispensable à ménager entre la vis et le berceau laisse écouler un volume qu'on élève, en pure perte, en moyenne à la moitié de la hauteur, et qui est à peu près indépendant de la vitesse de rotation. Pour diminuer sa valeur proportionnelle, on est obligé d'augmenter cette vitesse; mais alors le mouvement de rotation de la vis donne lieu, dans le puisard, à des chocs et produit dans le liquide élevé par les arcs hydrophores une agitation et une intumescence qui absorbent une quantité notable de force vive, qui s'ajoute à celle qu'emporte déjà l'eau projetée par la force centrifuge en dehors de la vis.

Afin que les spires soient complétement remplies et cependant ne se chargent pas d'un volume plus considérable que celui qu'elles peuvent retenir, le niveau de l'eau du puisard se règle par une vanne, et il doit être inférieur à la plus basse tenue du bief d'aval. De plus, l'arête supérieure du dégorgeoir doit être au-dessus du niveau le plus élevé du bief d'amont. Il en résulte que la hauteur effective du relèvement de l'eau est notablement plus grande que la hauteur utile. Au canal de jonction on a :

	CHUTE.	HAUTEUR du relèvement.
	m	m
Écluse de Landrecies...............	1,65	1,85
» d'Ors....................	2.00	2,62
» de l'Abbaye..............	2,20	2,98

Sans des conditions particulières qu'il est inutile de rappeler ici, l'excès de la hauteur effective du relèvement sur la hauteur de chute aurait pu n'être, à Ors et à l'Abbaye, que de 20 à 30 centimètres, comme à Landrecies.

Nous devons à M. Devot, ingénieur du canal de jonction, et à M. Brochet, contrôleur du même canal à Landrecies, des documents sur les prix de revient du relèvement des

eaux, que nous croyons devoir citer, bien qu'ils soient relatifs à l'année 1862, parce que l'administration du canal de
jonction, suivie de très-près dans ses détails et sagement
dirigée, peut être citée comme un modèle d'économie.

Les machines à vapeur de chaque écluse étaient neuves,
elles dataient seulement de 1859, et elles faisaient tout le
service de l'élévation, à l'exclusion des anciennes, qu'on
n'employait plus que très-rarement et par exception. Les
vis étaient à peu près de la même époque.

Nous donnerons une idée de la puissance des systèmes
élévatoires par les chiffres suivants :

		LANDRECIES.	ORS.	L'ABBAYE.
Vis	Diamètre	$1^m,64$	$1^m,68$	$1^m,68$
	Inclinaison	30°	30°	30°
	Tours par minute	30	40	40
Machines à va-peur	Diamètre du cylindre	$0^m,43$	$0^m,50$	$0^m,55$
	Course	$0^m,88$	$1^m,00$	$1^m,00$
	Pression	$3^{at}\frac{1}{4}$	$3^{at}\frac{1}{2}$	$3^{at}\frac{1}{2}$
	Coups de piston par minute	40	40	40
	Force nominale	20^{ch}	30^{ch}	35^{ch}
Volume d'eau élevé	Par seconde	417^{lit}	411^{lit}	487^{lit}
	Par tour de vis	833^{lit}	616^{lit}	730^{lit}

Les trois machines sont surveillées par un seul mécanicien, payé 1445 francs à l'année, et conduites par des chauf-
feurs qu'on emploie à d'autres travaux quand les machines
sont arrêtées. On tient des attachements exacts des dépenses
et des produits, et voici ce qu'en donne le dépouillement
pour l'année 1862 :

	LANDRECIES.	ORS.	L'ABBAYE.
Durée du tra- (Nombre de jours.	117	123	131
vail...... (Nombre d'heures.	1598	1956	1841
Dépense en (Mécanicien......	481,66 ^{fr}	481,66 ^{fr}	481,66 ^{fr}
personnel. (Chauffeurs......	758,00	950,00	1070,00
Combustible brûlé...........	3365,26	5786,37	5549,25
Graisses, huile, mastics, etc....	334,50	420,54	406,83
Réparations courantes.........	140,00	154,00	365,00
Dépenses totales.....	5079,42	7792,57	7872,76
Volume d'eau élevé dans l'année.	2 397 125^{mc}	2 896 836^{mc}	3 243 109^{mc}
Travail effectif en eau montée..	4 401 381^{dyn}	7 589 710^{dyn}	9 664 464^{dyn}
Prix de 1000^{mc} montés........	2^{fr},12	2^{fr},66	2^{fr},41
Prix de 1000^{mc} montés à 1^{m}...	1^{fr},15	1^{fr},02	0^{fr},81

La houille qu'on brûle sous les chaudières provient des charbonnages voisins; elle n'est pas à un prix très-élevé, mais le rendement des systèmes est faible, et l'on n'obtient, par kilogramme de charbon brûlé, le relèvement que de 30 à 32 mètres cubes à 1 mètre effectif.

La condition d'une petite hauteur de relèvement est très-défavorable au rendement des machines élévatoires; aussi devra-t-on en tenir un grand compte si, pour l'alimentation d'un canal, on veut comparer le mode de relèvement d'un seul jet jusqu'au bief de partage, au mode de relèvement d'écluse en écluse, et souvent on verra l'avantage donné par le premier mode compenser largement les frais nécessités par l'ouverture d'une rigole spéciale.

Les résultats que nous donnerons au numéro suivant feront juger de l'importance de cette observation.

La force moyenne développée par les machines du canal de jonction, calculée d'après le travail effectif et le nombre d'heures de marche, a été, en eau montée :

A Landrecies, de............. 10,2 chevaux utiles.
A Ors, de.................. 14,37   »
A l'Abbaye, de............. 19,44   »

En ramenant, comme plus haut, les dépenses à une année entière de 365 jours de travail, on trouve qu'avec le système alimentaire du canal de jonction de la Sambre à l'Oise, l'entretien annuel d'un cheval effectif, travaillant d'une manière continue, serait [1] :

	LANDRECIES.	ORS.	L'ABBAYE.
	fr	fr	fr
Personnel de marche.............	665,70	445,25	380,16
Charbon........................	1807,14	1799,56	1359,57
Graisse, huile et fournitures diverses.	179,62	130,79	99,67
Entretien et réparations...........	75,18	47,89	89,42
Dépenses totales.....	2727,64	2423,49	1928,42

151. *Machines élévatoires à vapeur de la ville de Paris.* — C'est encore à M. l'ingénieur Nouton que nous devons les documents dont nous avons extrait ce qui suit sur la marche des meilleures usines élévatoires à vapeur de la ville de Paris. Nous choisissons, pour en donner les consommations et les produits, l'année 1869, pendant laquelle les machines élévatoires ont fonctionné d'une manière normale, et nous allons grouper les chiffres relatifs aux cinq usines du quai d'Austerlitz, de Chaillot, de Maisons-Alfort, de Port-à-l'Anglais et de l'Ourcq.

---

[1] Dans ces dernières années, M. l'ingénieur Riche, par d'utiles perfectionnements apportés dans la construction des vis hollandaises, a augmenté leur rendement. Il parvient avec 1 kilogramme de charbon brûlé à élever $49^{mc},92$ d'eau à 1 mètre de hauteur, au lieu de 30 à 32 qu'on montait auparavant.

	AUSTERLITZ.	CHAILLOT.	MAISONS-ALFORT.	PORT-A-L'ANGLAIS.	OURCQ.
Charbon consommé. { Poids	$1\,706\,758^k$	$5\,527\,711^k$	$377\,040^k$	$615\,790^k$	$485\,941^k$
{ Valeur	fr 59 925,70	fr 179 338,28	fr 9 126,15	fr 15 717,96	fr ·16 081,60
Personnel de marche	25 465,99	41 868,79	8 970,87	10 854,56	11 424,12
Fournitures et dépenses diverses	10 501,22	7 785,94	5 620,67	4 539,96	4 614,63
Entretien et réparations	9 362,46	62 187,15	1 595,27	2 473,33	991,86
Dépenses totales en 1869	105 255,37	291 180.16	25 312,96	33 585,81	33 112,21
Travail développé en dynamodes effectifs	$283\,974\,984^{dyn}$	$464\,799\,856^{dyn}$	$47\,116\,220^{dyn}$	$58\,606\,816^{dyn}$	$63\,322\,569^{dyn}$
Travail moyen en chevaux utiles	120,06	196,52	19.92	24,78	26.77
Volume moyen monté par jour	$14\,182^{mc}$	$25\,372^{mc}$	$3\,321^{mc}$	$2\,937^{mc}$	$3\,978^{mc}$
Hauteur effective d'ascension	$54^m,85$	$50^m,19$	$38^m,86$	$54^m,67$	$43^m,53$
Dépense annuelle d'un cheval utile continu { Personnel	fr 212,11	fr 213.05	fr 450,34	fr 438,04	fr 426,75
{ Charbon	499,13	912,57	458,14	634,30	600,73
{ Graisse, huile, etc.	87,47	39,62	282,16	183,21	172,38
{ Entretien, réparations	77,98	316,44	80,08	99,81	37,05
Total	876,69	1481,68	1270,12	1355,36	1236,91
Dépense par 1000 m. cubes d'eau montée	$20^{fr},30$	$31^{fr},40$	$20^{fr},90$	$31^{fr},30$	$22^{fr},80$
Dépense par 1000 mètres cubes montés à 1 mètre effectif	$0^{fr},37$	$0^{fr},625$	$0^{fr},53$	$0^{fr},57$	$0^{fr},523$
Volume d'eau monté à 1 mètre par kilogramme de charbon brûlé	$166^{mc},38$	$88^{mc},40$	$124^{mc},96$	$95^{mc},17$	$130^{mc},31$
Charbon brûlé par heure et par cheval utile	$1^k,62$	$3^k,16$	$2^k,16$	$2^k,83$	$2^k,07$

Ces résultats sont très-remarquables, notamment ceux obtenus à l'usine du quai d'Austerlitz, dont les belles machines ont été construites par M. Farcot. La consommation y varie un peu avec la qualité et la nature du charbon; on la mesure exactement chaque jour, et souvent on la voit descendre à une moyenne, par vingt-quatre heures, de $1^k,20$ par heure et par cheval.

Les charbons, pour l'année 1869, étaient des provenances que voici :

		k
Austerlitz	Briquette d'Anzin	890371
	Coke	60000
	Ahun	756387
Chaillot	Briquette d'Anzin	1735075
	Ahun	1702479
	Flenu, Béthune, Cardiff, etc..	1820166
Maisons-Alfort	Coke	376040
	Ahun	1000
Port-à-l'Anglais	Coke	614760
	Ahun	1030
Ourcq	Coke	445400
	Ahun	40541

152. *Résumé comparatif des prix de l'élévation de l'eau.* — Nous terminerons ce que nous avons à dire sur l'exploitation des machines élévatoires, en rapprochant les résultats obtenus dans les différentes usines, soit hydrauliques, soit à vapeur, qui viennent d'être passées en revue.

Les chiffres de dépenses donnés au § III par M. Nouton pour les usines de Saint-Maur, d'Iles-les-Meldeuses et de Trilbardou sont, avec juste raison, diminués des frais de reconstruction des organes primitivement trop faibles, frais qui doivent faire partie plutôt du compte de premier établissement que de celui de l'exploitation. Si on les y comprend et si on calcule le prix de revient de l'eau d'après le travail de l'année entière, en prenant, par exemple, l'année 1869, dans laquelle on a fait des réparations

	fr
A l'usine de Saint-Maur, pour	66563,67
A Iles-les-Meldeuses, pour	10364,80
A Trilbardou, pour	1670,38

on trouvera, pour les frais de l'élévation de l'eau, des valeurs que nous donnons dans le tableau suivant, et dont les différences, avec celles du § III, proviennent non-seulement des frais de réparation, mais encore des chômages d'hiver, pendant lesquels on dépense sans produire.

DÉSIGNATION DES USINES.	VOLUME moyen monté par jour	HAUTEUR moyenne réduite d'ascension.	DÉPENSE par 1000 m. cubes montés à 1 mètre effectif.
	mc	m	fr
1° Usines hydrauliques.			
Usine de Condé-sur-Marne (2ᵉ semestre de 1871).	50 523	20,22	0,0534
Saint-Maur (2ᵉ semestre de 1871)................	43 866	59,65	0,067
Iles-les-Meldeuses (2ᵉ semestre de 1871).........	24 896	11,73	0,109
Trilbardou (2ᵉ semestre de 1871)................	18 526	14,92	0,212
Saint-Maur (année 1869, réparations comprises; travail de toute l'année).....................	38 799	58,45	0,147
Iles-les-Meldeuses (année 1869, réparations comprises; travail de toute l'année)...............	15 538	11,83	0,300
Trilbardou (année 1869, réparations comprises; travail de toute l'année)....................	12 885	14,92	0,230
2° Usines à vapeur.			
Landrecies, en 1862........................	20 488	1,85	1,150
Ors, id.	23 795	2,62	1,020
L'Abbaye, id.	24 756	2,98	0,810
Austerlitz, en 1869........................	14 182	58,85	0,370
Chaillot, id.	25 372	50,19	0,625
Maisons-Alfort, id.	3 321	38,86	0,530
Port-à-l'Anglais, id.	2 937	54,67	0,570
Ourcq id.	3 978	43,53	0,523

FIN.

TABLE DES MATIÈRES.

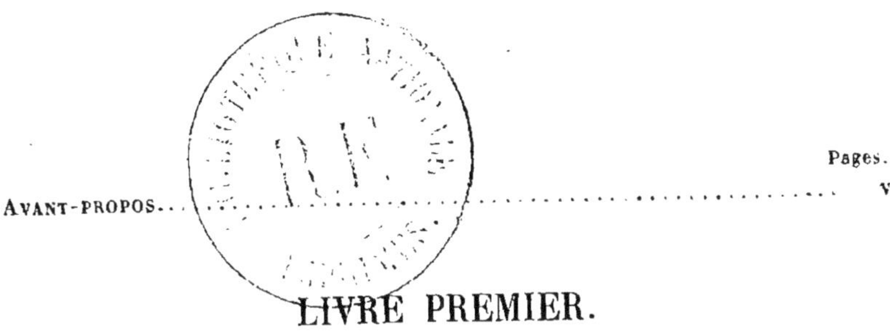

Pages.

AVANT-PROPOS.. v

LIVRE PREMIER.

THÉORIE DES MOTEURS HYDRAULIQUES.

CHAPITRE PREMIER.

DES MOTEURS HYDRAULIQUES.

§ I. — *Généralités sur les moteurs hydrauliques.*

1. Travail disponible d'une chute d'eau........................ 1
2. Moteurs hydrauliques.. 1
3. Mode d'action de l'eau et classification des moteurs........ 1
4. Disposition générale des moteurs........................... 2

§ II. — *Principes servant de base à la théorie des moteurs hydrauliques.*

5. Travail utile.. 3
6. Constitution de la matière................................ 3
7. Égalité de l'action et de la réaction..................... 5

CHAPITRE II.

ÉQUATION GÉNÉRALE DU TRAVAIL DANS UNE MACHINE HYDRAULIQUE.

§ I. — *Mouvement absolu de la masse motrice.*

8. Mouvement d'un élément matériel............................ 7
9. Mouvement du volume moteur................................. 9

§ II. — *Travail des forces extérieures.*

10. Forces extérieures.. 9

§ III. — *Travail dû à l'action des éléments matériels extérieurs.*

Pages.

11. Actions moléculaires.. 11
12. Actions des organes de la machine............................ 11
13. Action de l'air sur le liquide moteur....................... 15
14. Action du liquide extérieur................................. 16

§ IV. — *Travail dû à l'action exercée par les éléments matériels intérieurs les uns sur les autres.*

15. Actions mutuelles des éléments intérieurs................... 19

§ V. — *Équation du mouvement absolu et théorème fondamental de l'hydraulique.*

16. Substitution des valeurs dans l'équation du mouvement....... 19
17. Équation du mouvement absolu................................ 21
18. Théorème... 22

§ VI. — *Équation du mouvement relatif.*

19. Principes sur le mouvement relatif.......................... 26
20. Notations.. 27
21 à 25. Éléments de travail dans le mouvement relatif.......... 28
26. Équation dans le mouvement relatif......................... 32
27. Autre forme de l'équation et théorème...................... 33

§ VII. — *Équation définitive du travail utile.*

28. Équation générale.. 35
29. Généralité de l'équation................................... 36
30. Équation ramenée au mouvement principal.................... 36

§ VIII. — *Travail transmissible.*

31. Mouvement principal du récepteur........................... 43
32. Considération du travail transmissible donnant une autre manière d'obtenir l'équation générale du travail.............. 46

CHAPITRE III.

ÉTUDE PARTICULIÈRE DES RÉCEPTEURS.

§ I. — *Application des équations.*

33. Interprétation des termes de l'équation générale........... 48

§ II. — *Moteurs de la première classe.*

34. Roue à auget ou en dessus.................................. 51
35. Roue de côté... 53

CHAPITRE IV.

MOTEURS DE LA TROISIÈME CLASSE.

§ I. — *Action d'un liquide en mouvement.*

Pages.

36. Généralités... 56
37. Action d'un liquide sur un plan mobile............... 56
38. Axe de rotation dans le plan de la palette........... 59
39. Axe de rotation parallèle à la palette............... 61
40. Perte de force vive à l'entrée des aubes............. 62
41. Partage des moteurs en deux séries.................. 64

§ II. — *Moteurs de la troisième classe dont l'axe de rotation est vertical.*

42. Turbine Kœchlin.................................... 64
43. Turbine Fontaine-Baron............................ 80
44. Turbine Fourneyron................................ 81
45. Diminution de la dépense d'eau dans les turbines.... 83
46. Turbines à libre déviation de la veine liquide...... 83

§ III. — *Moteurs de la troisième classe dont l'axe de rotation est horizontal.*

47. Roues-turbine..................................... 87
48. Roues à la Poncelet............................... 89
49. Roues en dessous à palettes planes................. 90

LIVRE II.

APPLICATIONS, EXPÉRIENCES ET TRAVAUX EXÉCUTÉS POUR L'ALIMENTATION DU CANAL DE L'AISNE A LA MARNE PAR DES MACHINES.

CHAPITRE PREMIER.

VOLUME D'EAU NÉCESSAIRE A L'ALIMENTATION DU CANAL DE L'AISNE A LA MARNE.

§ I. — *Exposé.*

50. Tracé du canal.................................... 91
51. Nombre d'écluses.................................. 91
52. Tirant d'eau...................................... 92
53. Ancienne alimentation............................. 92

294   TABLE DES MATIÈRES.

§ II. — *Dépenses d'eau du canal.*

Pages.

54. Étendue des besoins.. 95
55. Première section.. 95
56. Deuxième section... 96
57. Troisième section.. 96
58. Ensemble du canal 98

CHAPITRE II.

DES DIFFÉRENTS SYSTÈMES D'ALIMENTATION.

§ I. — *Ressources locales.*

59. Alimentation par la Vesle.. 99
60. Dérivation de la Suippe.. 102
61. Abaissement du bief de partage....................................... 102

§ II. — *Alimentation par les eaux de la Marne.*

62. Impossibilité d'une dérivation directe............................... 103
63. Élévation des eaux par des machines.................................. 103

§ III. — *Système exécuté.*

64. Ensemble du système.. 105
65. Division du système en sections...................................... 106

CHAPITRE III.

CANAL D'AMENÉE DES EAUX MOTRICES ET CANAL DE FUITE.

§ I. — *Tracés, terrassements.*

66. Tracés et profils... 107
67. Puissance de débit.. 109
68. Terrassements... 109

§ II. — *Ouvrages accessoires des terrassements.*

69. Perrés.. 112
70. Gazonnages, semis... 112
71. Étanchements 113

§ III. — *Ouvrages d'art.*

72. Division des ouvrages d'art.. 117
73. Ouvrages destinés à assurer l'écoulement des eaux.................... 117

Pages.

74. Précautions à prendre dans la construction des ouvrages sous le canal... 119
75. Ouvrages destinés à rétablir les communications.............. 120
76. Ponts en maçonnerie.. 120
77. Ponts avec tablier métallique.............................. 123
78. Choix du métal... 124
79. Calculs d'établissement des ponts métalliques articulés......... 127

§ IV. — *Canal de fuite.*

80. Dispositions.. 140
81. Aqueduc sous le canal latéral............................. 141
82. Résistance d'une voûte à l'effort d'une sous-pression.......... 142
83. Expériences sur la résistance des voûtes à une sous-pression.... 160
84. Conclusions pratiques..................................... 162

§ V. — *Ouvrages régulateurs du niveau de l'eau.*

85. Ensemble des ouvrages régulateurs......................... 163
86. Choix de la fonte pour les vannages....................... 164
87. Mode de levage des vannes................................ 165
88. Vannage de l'aqueduc de Saint-Martin...................... 166
89. Vannage du pont Saint-Martin............................. 166
90. Vannage de l'aqueduc de la Veuve......................... 169
91. Déversoir et vannes de fond près de l'usine................ 169
92. Détails de fonderie....................................... 174

CHAPITRE IV.

MACHINES ÉLÉVATOIRES.

§ I. — *Description.*

93. Dispositions générales.................................... 176
94. Turbines... 177
95. Vannes motrices.. 179
96. Cabinets d'eau... 179
97. Transmissions.. 181
98. Bâtis.. 183
99. Pompes.. 188
100. Clapets... 189
101. Réservoirs d'air.. 195

§ II. — *Établissement du système élévatoire.*

102. Conditions mécaniques................................... 196
103. Construction des machines............................... 202

296   TABLE DES MATIÈRES.

§ III. — *Marche du système élévatoire.*

Pages.

104. Objet et disposition des expériences................................. 2o3
105. Expériences sur le rendement des pompes en volume.............. 2o5
106. Expériences sur le rendement mécanique........................... 2o8
107. Calcul théorique du rendement mécanique......................... 211
108. Nécessité des turbines de renfort.................................... 22o
109. Vannes des tuyaux d'aspiration des pompes......................... 223
110. Contre-poids des roues d'angle...................................... 223

CHAPITRE V.

BÂTIMENT DES MACHINES, SES ABORDS ET SES DÉPENDANCES.

§ I. — *Bâtiment des machines.*

111. Disposition... 225
112. Grille extérieure.. 226
113. Treuil de levage... 226
114. Portes et fenêtres... 226
115. Couverture et comble... 227
116. Dallage.. 228
117. Fondations.. 228

§ II. — *Dépendances.*

118. Maisons pour loger le personnel...................................... 234
119. Atelier de réparation.. 234
120. Grille de clôture.. 235

CHAPITRE VI.

CONDUITE ASCENSIONNELLE.

121. Disposition et système... 236
122. Tubulures... 236
123. Pose... 236

CHAPITRE VII.

RIGOLE.

124. Tracé.. 238
125. Section.. 238
126. Ouvrage de tête... 241
127. Ouvrages courants.. 241
128. Puissance de débit.. 241

CHAPITRE VIII.

DÉPENSES ET EXPLOITATION.

§ I. — *Dépenses de premier établissement.*

Pages.

129. Ensemble des dépenses.. 242
130. Observation générale............................. 244
131. Canal d'amenée des eaux motrices....... 245
132. Canal de fuite, déversoir, bâtiment des machines et dépendances. 248
133. Conduite ascensionnelle.-................................ 249
134. Rigole............................ 250
135. Machines élévatoires............................. 251
136. Conditions pour la construction et la mise en place des machines. 251
137. Classification des travaux sur série de prix................... 257
138. Classement des dépenses de l'établissement des machines....... 257
139. Éléments des poids des pièces........................ 258

§ II. — *Exploitation de l'usine de Condé.*

140. Organisation du service............................... 26
141. Service des mécaniciens............................... 261
142. Service des cantonniers. 263
143. Dépenses de l'exploitation.......................... 263

§ III. — *Usines hydrauliques de la ville de Paris* (par M. Nouton).

144. Usines de la ville de Paris............................ 267
145. Usine de Saint-Maur................................ 268
146. Usine d'Iles-les-Meldeuses.......................... 274
147. Usine de Trilbardou............................... 277
148. Résumé... 281

§ IV. — *Prix de revient d'eau élevée par des machines à vapeur.*

149. Élévation d'eau par machine à vapeur 283
150. Alimentation du canal de jonction de la Sambre à l'Oise....... 283
151. Machines élévatoires à vapeur de la ville de Paris............ 287
152. Résumé comparatif des prix de l'élévation de l'eau.. 289

FIN DE LA TABLE DES MATIÈRES.

TABLE DES PLANCHES.

ENSEMBLE.

Planches.

1   Carte. — Plan général. — Profils en long et en travers. — Plan de l'usine de Condé et de ses abords.

CANAL D'AMENÉE DES EAUX MOTRICES ET CANAL DE FUITE.

2   Types des ponts par-dessus en maçonnerie et des ouvrages courants.

3   Aqueduc déchargeoir avec tablier en fonte du ruisseau de la Veuve. — Détails du vannage.

4   Aqueduc siphon de 10 mètres d'ouverture sous le canal latéral.

5   }   (Ensembles.
6   } Types des ponts par-dessus avec tablier en fonte. } Détails.
7   }   (Id.

8   } Pont de Saint-Martin portant (Ensemble et maçonnerie.
9   }   vannage de prise d'eau.   (Détails du vannage.

10 Vannage de l'aqueduc de Saint-Martin.

11 Déversoir métallique et vannes de décharge près de l'usine.

MACHINES ÉLÉVATOIRES.

12 Bâtiment des machines.

13 Vannes motrices.

14 Ensemble des machines. — Élévation, plans et coupes.

15 }
16 } Détails d'un système comprenant une turbine, la transmission et
17 }   les pompes.

18 }
19 } Détails des caisses à eau et des plaques de fondation.

20 Figures théoriques, épure de la marche des clapets, expériences.

21 Détails des ferrures du bâtiment des machines. — Portes, grilles, passerelles, etc.

Planches.

22   Atelier de réparation. — Escalier tournant. — Plan de marche des travaux de fondation de l'usine.

DÉPENDANCES.

23   Maison du conducteur. — Maison des mécaniciens. — Maison de garde. — Grille de clôture.

RIGOLE.

24   Ouvrage de tête.
25   Types de profils en travers et d'ouvrages courants. — Aqueduc d'introduction et décharge.

FIN DE LA TABLE DES PLANCHES.

(212)   Paris — Imprimerie de GAUTHIER-VILLARS, quai des Augustins, 55.

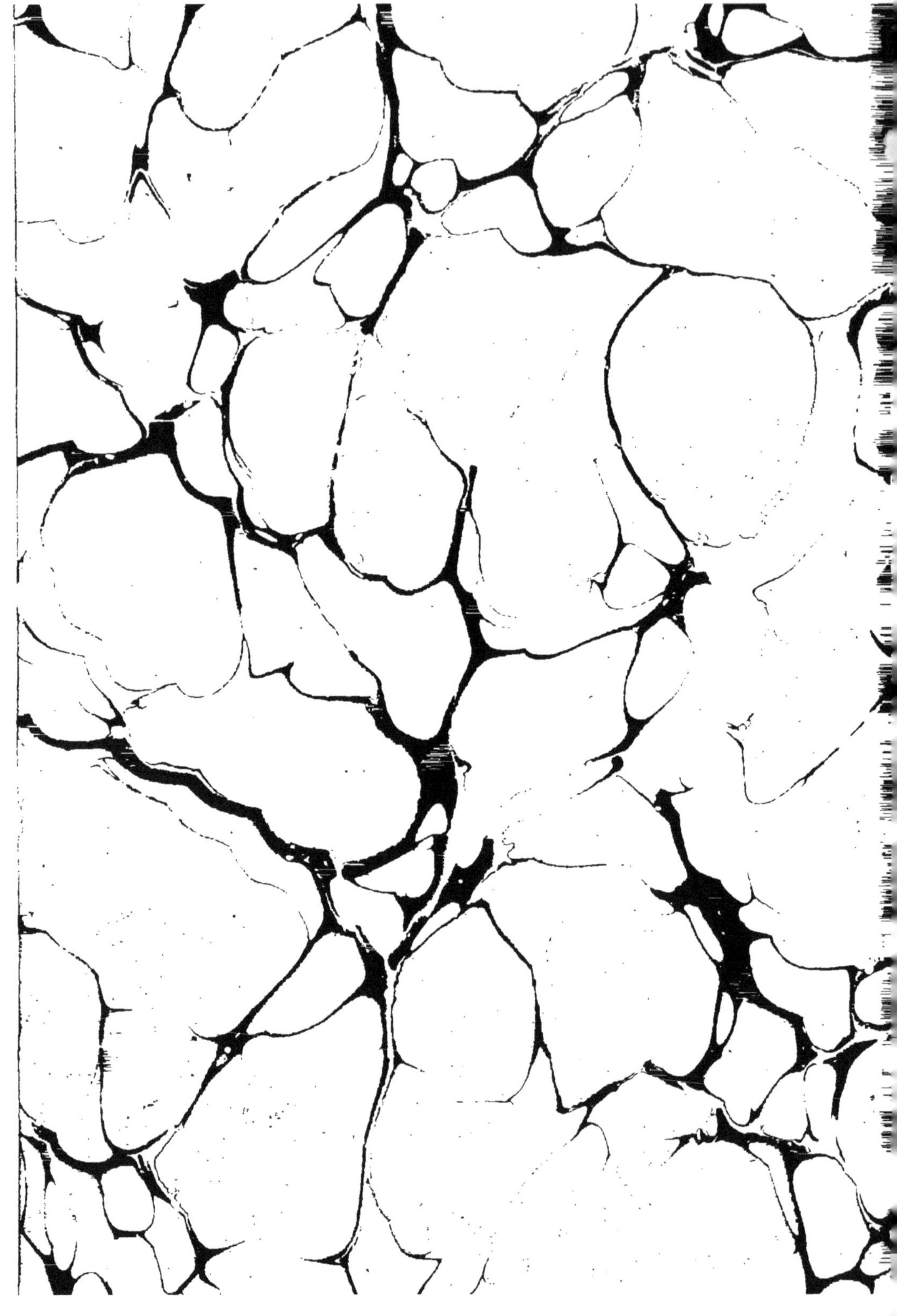

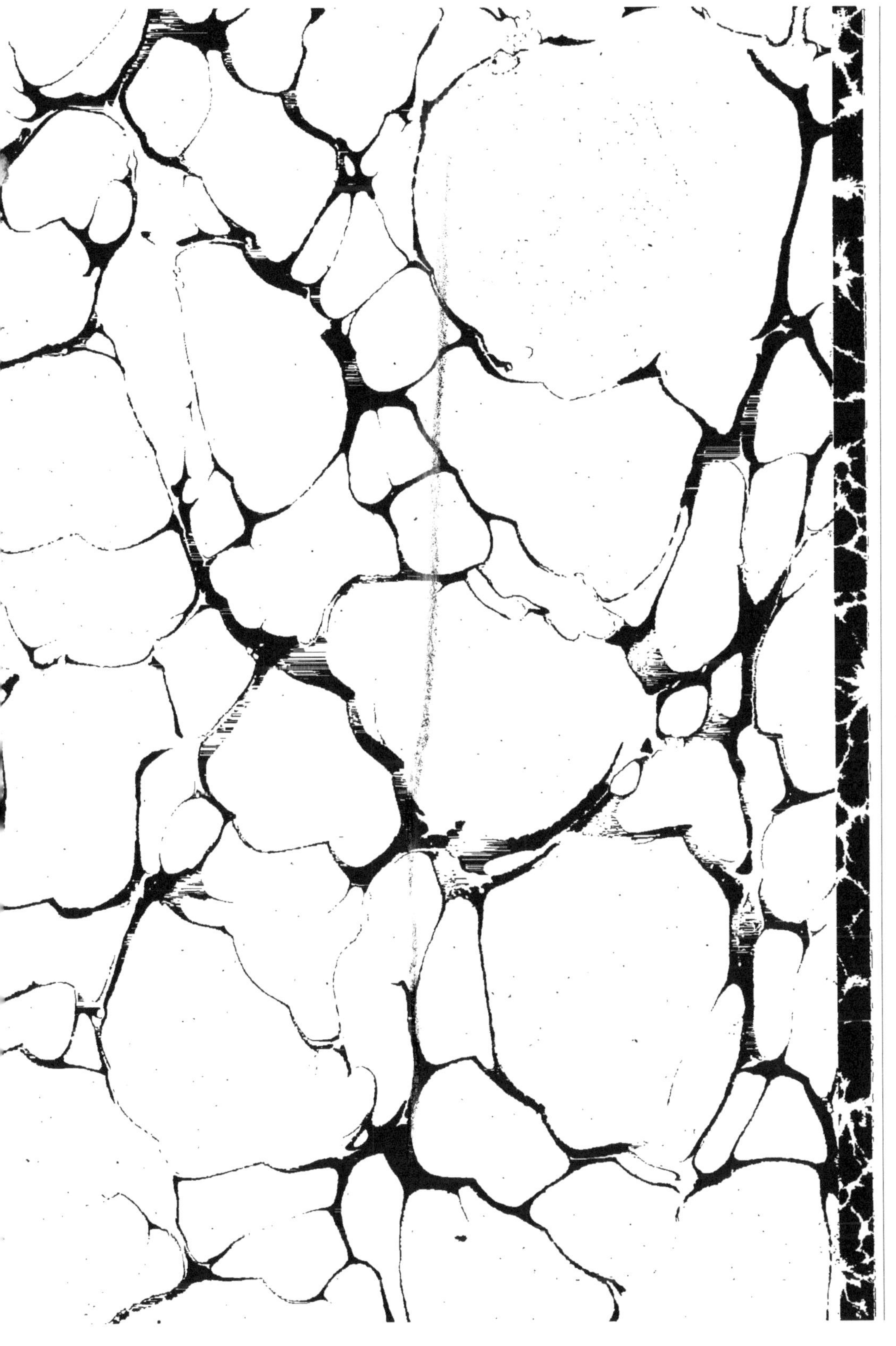